普通高等院校应用型本科计

大学计算机基础实验教程

主　编　蒋世华

副主编　万正兵　张立新

参　编　（以姓氏笔画为序）

王　腾　郑　静　呙明辉　熊守丽

重庆大学出版社

内容简介

本书是《大学计算机基础》教材配套的实验教材，用于辅助教师实践教学，帮助学生自学。全书分为3个部分。第1部分为与教学内容配套的19个实验，其中"计算机基础知识"1个实验、"Windows"3个实验、"Word"3个实验、"Excel"3个实验、"PowerPoint"2个实验、"Adobe Audition"1个实验、"Photoshop"1个实验、"Flash"1个实验、"计算机网络及应用"3个实验、"Access"1个实验。每个实验均以案例的方式介绍，结合实际操作配有明确的实验目的、实验内容和实验指导。为适应各类层次的学生，大部分实验都设置了验证性实验和设计性实验，供学生课后练习。第2部分为常用的工具软件介绍。第3部分是为提高学生的计算机应用技能而设计的测试题。本书内容丰富、全面，结构清晰，侧重应用能力的培养。

图书在版编目(CIP)数据

大学计算机基础实验教程/蒋世华主编.—重庆：
重庆大学出版社，2015.8(2021.8重印)
普通高等院校应用型本科计算机基础系列教材
ISBN 978-7-5624-9238-2

Ⅰ.①大…　Ⅱ.①蒋…　Ⅲ.①电子计算机—高等学校—教材　Ⅳ.①TP3

中国版本图书馆CIP数据核字(2015)第139673号

普通高等院校应用型本科计算机基础系列教材

大学计算机基础实验教程

DAXUE JISUANJI JICHU SHIYAN JIAOCHENG

主　编　蒋世华
副主编　万正兵　张立新
责任编辑：章　可　　版式设计：章　可
责任校对：邹　忌　　责任印制：赵　晟

*

重庆大学出版社出版发行
出版人：饶帮华
社址：重庆市沙坪坝区大学城西路21号
邮编：401331
电话：(023)88617190　88617185(中小学)
传真：(023)88617186　88617166
网址：http://www.cqup.com.cn
邮箱：fxk@cqup.com.cn(营销中心)
全国新华书店经销
重庆市正前方彩色印刷有限公司印刷

*

开本：787mm×1092mm　1/16　印张：13.25　字数：298千
2015年8月第1版　2021年8月第10次印刷
ISBN 978-7-5624-9238-2　定价：27.00元

前言

本书是与《大学计算机基础》配套的实验教材，是根据教育部高等教育司指定的《大学计算机教学基本要求》中公共基础部分教学内容的框架组织编写的，适合大学、高职高专计算机基础教学，也是办公人员操作计算机的参考资料。

本书分为3个部分。第1部分针对配套的教材安排了19个实验，其中“计算机基础知识”1个实验、“Windows ”3个实验、“Word”3个实验、“Excel”3个实验、“PowerPoint”两个实验、“Adobe Audition”1个实验、“Photoshop”1个实验、“Flash”1个实验、“计算机网络及应用”3个实验、“Access”1个实验。每个实验均以案例的方式介绍，结合实际操作配有明确的实验目的、实验内容和实验指导。为适应各类层次的学生，大部分实验都设置了验证性实验和设计性实验，供学生课后练习。第2部分介绍了学习、生活和工作中常用的工具软件。第3部分是为提高学生的计算机应用技能而设计的测试题。部分测试题由全国计算机等级考试(一级)MS Office的部分典型题目改编而成。

在实施实验环节时，可根据学生的实际水平和实际学时数选择实验内容，以满足不同层次学生的学习需要。

本书由蒋世华主编，万正兵和张立新任副主编。王腾编写了实验1，万正兵编写了实验2、3、4，熊守丽编写了实验5、6、7及Word部分的测试题，呙明辉编写了实验8、9、10、14及Excel部分的测试题；蒋世华编写了实验11、12、19、PowerPoint部分测试题及常用工具软件部分，郑静编写了实验13、15，张立新编写了实验16、17、18。全书由蒋世华统稿、定稿。

由于作者水平所限，本书难免有不足之处，欢迎广大读者批评指正。

编　者

2015年6月

前言

[illegible]

编者

2015年6月

目录

第 1 部分　实验指导

实验 1　计算机基础知识与打字练习

一、实验目的

- 熟悉计算机的基本配置及各个部件的功能；
- 了解计算机标准键盘的布局以及各个功能键；
- 掌握计算机键盘操作的基本指法；
- 通过指法练习熟悉键盘。

二、实验内容

内容 1：了解计算机的基本信息，并将实验室所用计算机的信息填入下表中

项目	品牌名称	型号	重要参数
显示器			尺寸： 分辨率：
CPU			主频：　　　GHz
内存			GB
硬盘			GB
键盘			
操作系统		—	版本： 32 位（ ）　64 位（ ）

查看计算机的基本信息，可以使用计算机的相关属性来查看，也可以借助专业的软件来查看。

【操作步骤】

（1）要知道显示器的品牌、型号信息可以查看显示器的铭牌信息，如图 1.1 所示。通过图可知显示器品牌是“acer”，型号为“V193WL”，生产日期为“2013 年 10 月”。通过百度搜索该型号的显示器信息，可知该显示器尺寸为“19 寸”。

图 1.1　显示器铭牌

(2)要知道键盘的品牌、型号信息可以查看键盘背面的铭牌。

(3)利用“计算机属性”查看 CPU、内存及操作系统信息。

在“计算机”图标上单击右键,弹出快捷菜单,选择“属性”命令。打开“系统属性”窗口,如图 1.2 所示。由图可知:处理器的品牌是“Inter”,型号是“Core(TM) i3-3240”,主频是“3.4 GHz”;内存的容量是“4 GB”;操作系统是“32 位的 Windows 7 旗舰版 SP1”。

图 1.2　计算机系统属性

(4)查看硬盘和显卡信息。

单击图 1.2 左侧的“设备管理器”,打开“设备管理器”窗口,单击“磁盘驱动器”和“显示适配器”,如图 1.3 所示。由图可知:硬盘的型号是“WDC WD5000AAKX-22ERMA0”,显卡使用的是“Inter HD Graphics”。

通过上述方式,只能了解计算机的一些基本信息,有些信息还是不够清晰。若要知道更加详细的信息可以借助专业的软件来查看。查看计算机硬件信息的软件有很多,例如“驱动精灵”、“鲁大师”、“EVEREST”等。现以“鲁大师”为例,查看计算机的硬件信息。

图 1.3 设备管理器窗口

(5)使用“鲁大师”查看计算机的基本配置及各个部件的功能。

双击桌面上的“鲁大师”图标，启动“鲁大师”软件，单击“硬件检测”。首先显示的是“电脑概况”，如图 1.4 所示。在该图中可以很明确地看到各硬件的品牌、型号及重要参数。若需要查看更详细的信息，可以单击左侧的“处理器信息”、“主板信息”、“内容信息”等按钮。如图 1.5 所示为“主板信息”。

内容 2：在“记事本”程序中，利用正确指法输入字符

(1)输入下列字母字符。

12345　67890　qwert　yuiop asdfg　hjkl；zxcvb　nm，./

abcdefg　hijklmn　opqrst　uvwxyz

ABCDEFG　HIJKLMN　OPQRST　UVWXYZ

【提示】输入大写字母时，可以先按大写锁定键“Caps Lock”。

(2)输入下列符号。

~　!　@　#　$　%　^　&　*　(　)　_　+　{　}　|　:　"　;　'　<

>　?　. [　] ￥　……　——　：　；　‘　。　，　“ ”　《　》　、

【提示】输入键帽上半部分字符时，可以先按住换挡键“Shift”不释放，然后单击相应键帽。输入中文标点符号时，先按“Shift + Ctrl”键，切换到合适的中文输入法。

(3)输入下列英文短语。

图 1.4　鲁大师硬件检测

图 1.5　主板信息

Laughter is timeless, imagination has no age, and dreams are forever.

"Ideas are, in truth, force."-Henry James, Writer

【提示】在英语段落中大部分都是小写字母，只有少量大写字母时，可以先按住换挡键"Shift"不释放，然后单击相应键帽，输入某个大写字母。

三、验证性实验

实验 1：中文打字练习。

要求：在记事本中输入以下内容。

三月春风萦绕耳边，带着花香从北方吹来，挑逗着叶上的阳光。站台，你披着长发款款走来，眉眸间牵引着我心灵。

你从那年匆匆向我走来，然后你又从那年匆匆消失在了茫茫的人群之中，使我的心就此迷失了方向，无处停泊。从此我的世界便落叶纷纷，深夜游魂，惆怅染尽了一个又一个的四季。

那时我哪里也不曾想去，就只想待在莞城的一个边缘小镇默默守候着。时间一天一天过去，内心的伤痕似乎没有一点好转。我便翻阅着各种书籍，听着不知名的小曲，也尝试着写作。

那是一个如往常的夜里，打开书籍，听着有声电台。电台中播放着一首长篇诗，而我也缓缓放下手中的书，这写的不就是我心中的思绪吗，竟还有和我一样命运的人。那是仓央嘉措所著的一篇长篇诗句“若能在一滴眼泪中闭关”。还记得连续的几个礼拜，我都重复着这首诗。慢慢地它把我的心也带进了那个地方。就此，终于，我也有了向往的地方，那就是“西藏”。

实验2：英文打字练习。

要求：在记事本中输入以下内容。

Dear Daughter:

As we drove off from Columbia, I wanted to write a letter to you to tell you all that is on my mind.

First, I want to tell you how proud we are. Getting into Columbia is a real testament of what a great well-rounded student you are. Your academic, artistic, and social skills have truly blossomed in the last few years. Whether it is getting the highest grade in Calculus, completing your elegant fashion design, successfully selling your painted running shoes, or becoming one of the top orators in Model United Nations, you have become a talented and accomplished young woman. You should be as proud of yourself as we are.

I will always remember the first moment I held you in my arms. I felt a tingling sensation that directly touched my heart. It was an intoxicating feeling I will always have. It must be that "father-daughter connection" which will bind us for life. I will always remember singing you lullaby while I rocked you to sleep. When I put you down, it was always with both relief (she finally fell asleep!) and regret (wishing I could hold you longer). And I will always remember taking you to the playground, and watching you having so much fun. You were so cute and adorable, and that is why everybody loved you so.

实验2　Windows 7 的基本操作

一、实验目的

- 熟悉 Windows 7 的桌面以及桌面图标；
- 掌握“开始”菜单的定制方法；

- 掌握 Windows 7 的任务栏和状态栏的设置。

二、实验内容

内容 1:桌面图标的设置

桌面是打开计算机并登录到 Windows 7 之后看到的主屏幕区域,用于显示屏幕工作区域上的窗口、图标、菜单和对话框。桌面图标由图片和文字组成,是代表文件、文件夹、程序和其他项目的软件标识。请按要求完成桌面图标的设置,要求如下:

(1)将桌面上隐藏的图标显示出来并将“计算机”图标更改为第 1 行第 5 个图标。

(2)在桌面上创建常用程序“Windows Media Player”的快捷方式图标。

(3)调整图标的大小。

(4)按照项目类型分类排列桌面图标,让用户更加直观地操作桌面图标。

【操作步骤】

(1)将桌面上隐藏的图标显示出来,并将“计算机”图标更改为第 1 行第 5 个图标。

①在计算机桌面上单击右键打开快捷菜单,如图 2.1 所示。

图 2.1 快捷菜单

②选择“查看”菜单的“显示桌面图标”命令,如图 2.2 所示,此时即可在桌面上显示或不显示常用图标,如图2.3 所示。

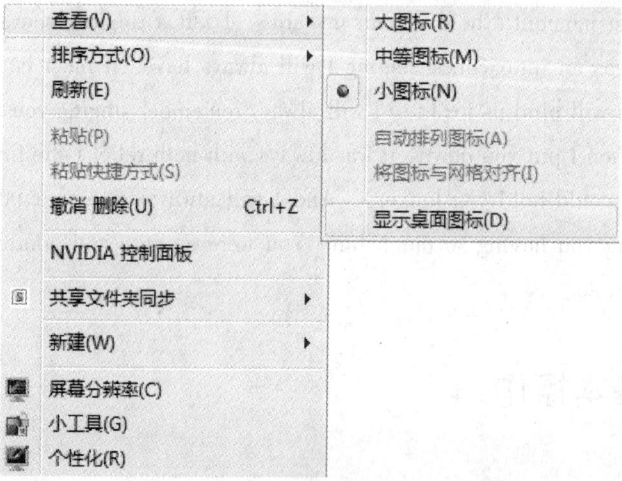

图 2.2 “查看”菜单

图 2.3 桌面图标示意

③右击桌面空白处再次弹出快捷菜单。

④选择“个性化”命令弹出控制面板中“个性化”设置界面，如图 2.4 所示。

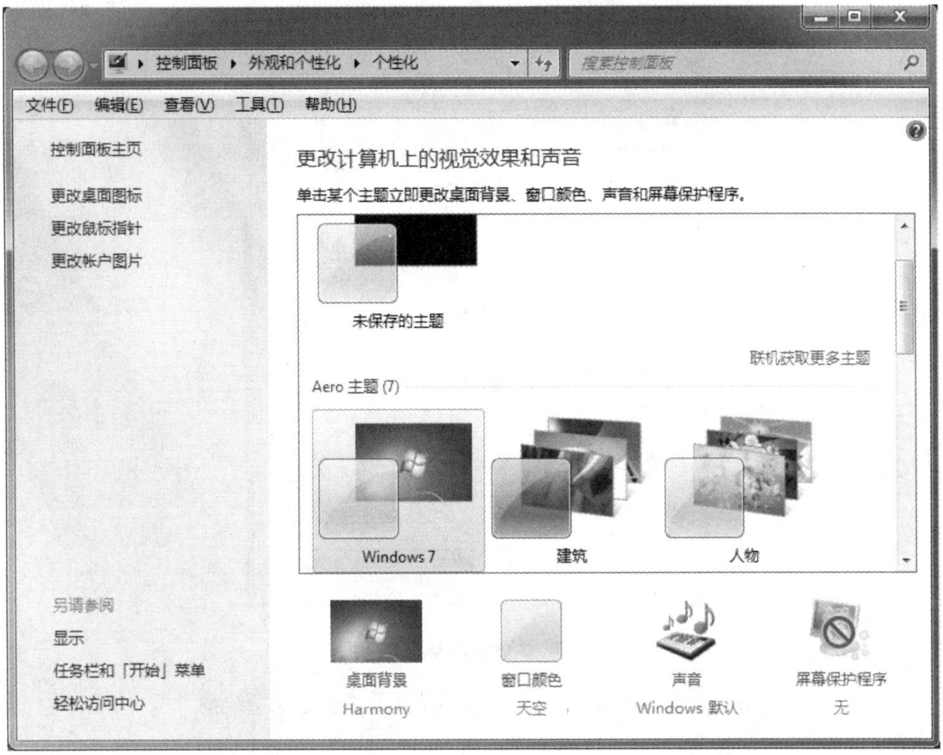

图 2.4 “个性化”设置界面

⑤单击“更改桌面图标”命令弹出“桌面图标设置”对话框，如图 2.5 所示。

图 2.5 “桌面图标设置”对话框

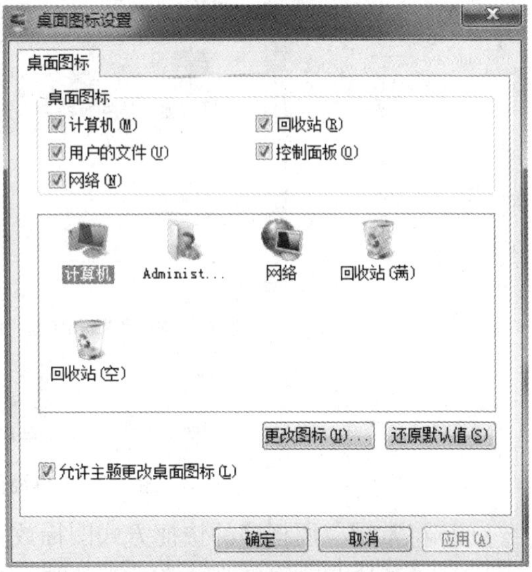

图 2.6 更改图标设置

⑥选中“计算机”单击“更改图标”按钮，如图 2.6 所示，弹出“更改图标”对话框，如图 2.7 所示。

⑦选择第 1 行第 5 列的图标,然后单击“确定”按钮。进入如图 2.8 所示的对话框。

⑧单击“确定”按钮,实现“计算机”图标的更改。

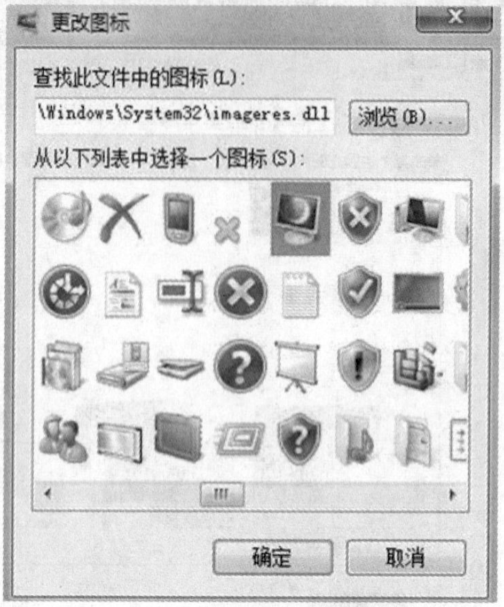

图 2.7 “更改图标”对话框

图 2.8 “桌面图标设置”对话框

(2)将常用应用程序的快捷方式图标放置在桌面上。

①从“开始”菜单的“所有程序”列表中选择某个常用的应用程序,或者在某个文件夹中选择一个常用的应用程序。

②右击打开快捷菜单。

③将鼠标指向快捷菜单中的“发送到”命令,此时将展开级联菜单。

④在级联菜单中选择“桌面快捷方式”命令,此时桌面上将显示该应用程序的快捷方式图标。

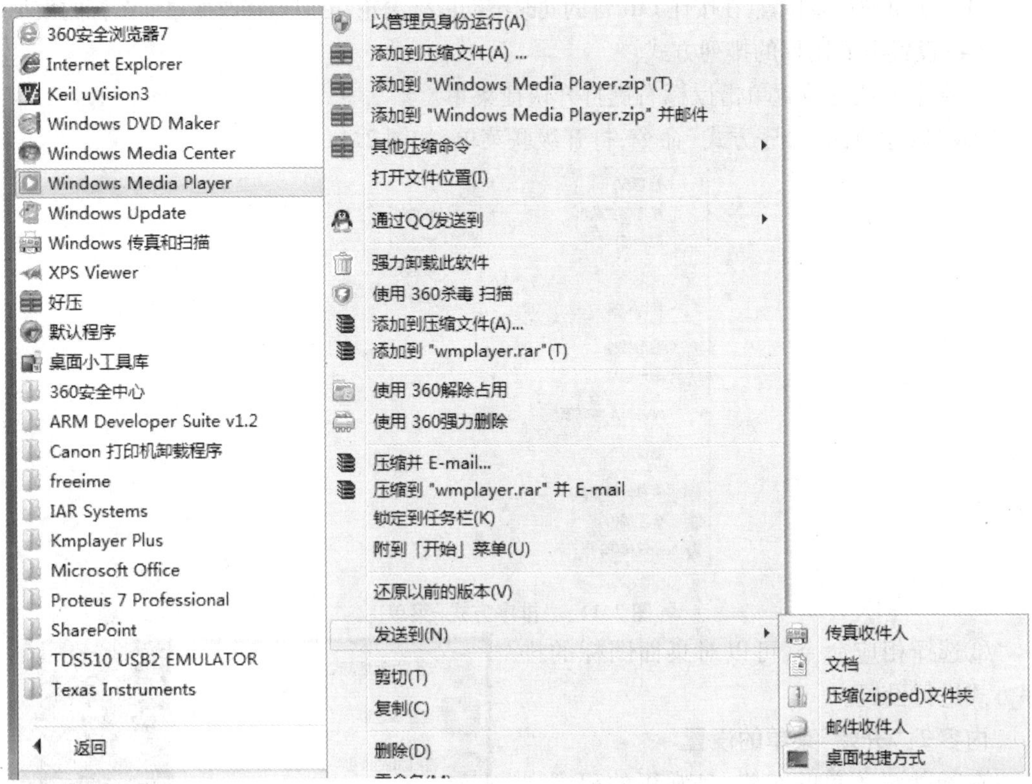

图 2.9　创建快捷方式图标并放置在桌面上

如图 2.9 所示,是为“开始”菜单中的“所有程序”列表中的视频播放软件 Windows Media Player 创建快捷方式图标并将其发送到桌面。

(3)调整桌面图标的大小。

①在桌面任意位置单击鼠标右键打开快捷菜单。

②将鼠标指向“查看”命令,打开级联菜单,如图 2.10 所示。

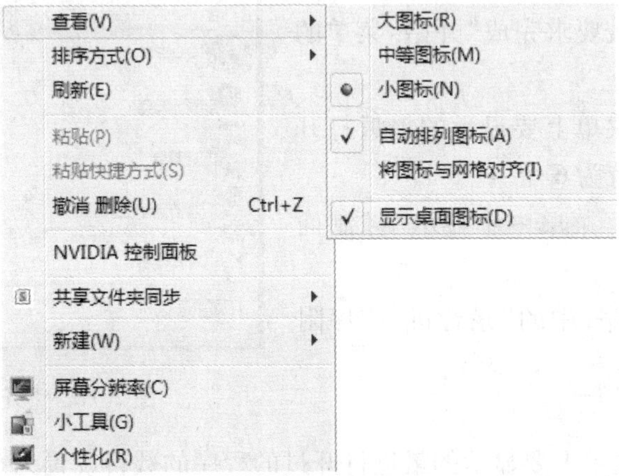

图 2.10　“查看”菜单

③选择相应命令，可以对显示图标的大小进行设置，可以设置为大图标、中等图标和小图标。

④单击桌面任意位置，在按住 Ctrl 键的同时滚动鼠标滚轮，可以直接改变桌面图标的大小。

(4)设置桌面图标的排列方式。

①在桌面任意位置单击鼠标右键打开快捷菜单。

②将鼠标指向“排序方式”命令，打开级联菜单，如图 2.11 所示。

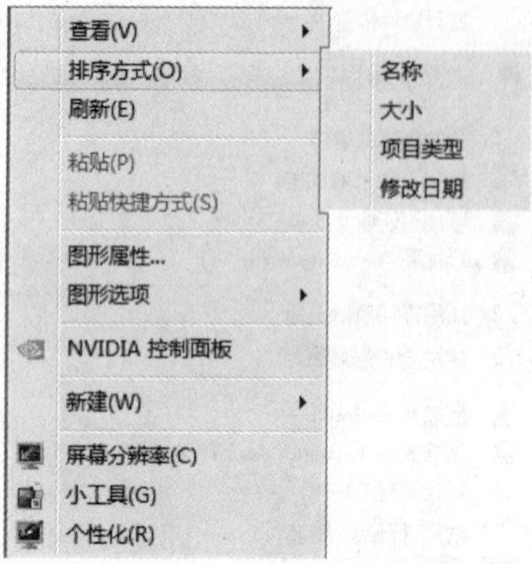

图 2.11 “排序方式”菜单

③选择相应命令，可以对桌面图标的排序方式进行设置。

内容 2:“开始”菜单的设置

在“开始”菜单的左侧，是常用的程序列表、用户最近使用的程序列表和“所有程序”命令，如图 2.12 所示。其中，常用程序列表中的项目是由用户自行添加或删除的；用户最近使用的程序列表中的项目是系统根据用户使用程序的频率自动添加的，其默认项目数为 10 个；单击“所有程序”命令，则将打开所有程序列表。请按要求完成“开始”菜单的设置，要求如下：

(1)将“开始”菜单上要显示的最近打开过的程序的数目设置为 6 个。

(2)设置“开始”菜单中不显示“控制面板”。

(3)将“所有程序”中的“录音机”程序附加到“开始”菜单中。

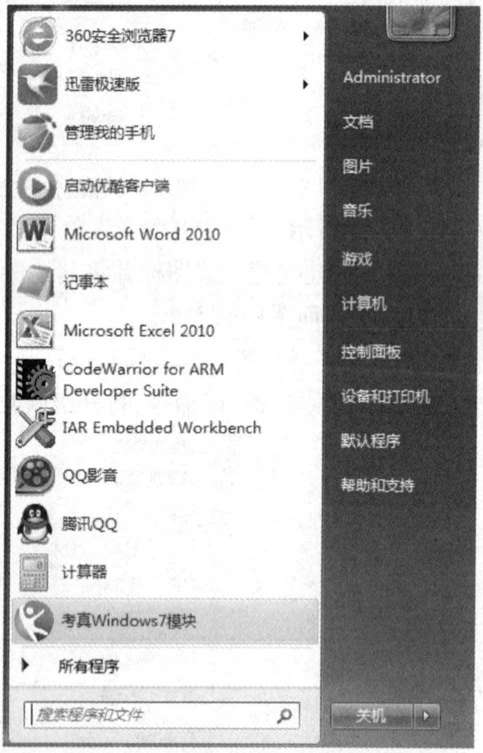

图 2.12 “开始”菜单布局

【操作步骤】

(1)将“开始”菜单上要显示的最近打开过的程序的数目设置为 6 个。

①右击“开始”按钮，选择“属性”弹出“任务栏和[开始]菜单属性”对话框。

②在“[开始]菜单”选项卡中单击“自定义”按钮，如图2.13所示，打开“自定义[开始]菜单”对话框，如图2.14所示，在“要显示的最近打开过的程序的数目”文本框中输入“6”，单击“确定”按钮完成设置。

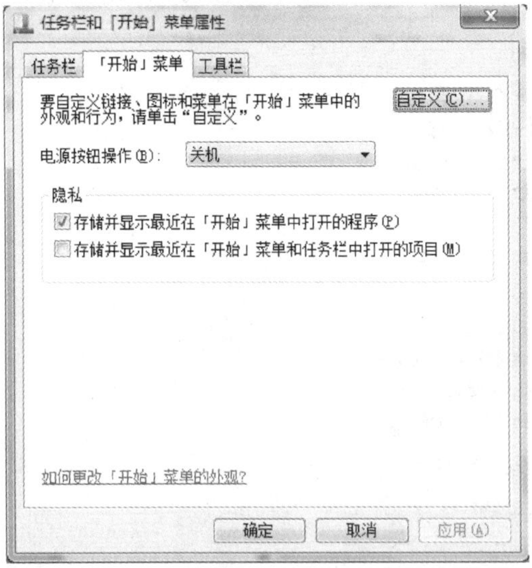

图2.13 “任务栏和[开始]菜单属性”对话框

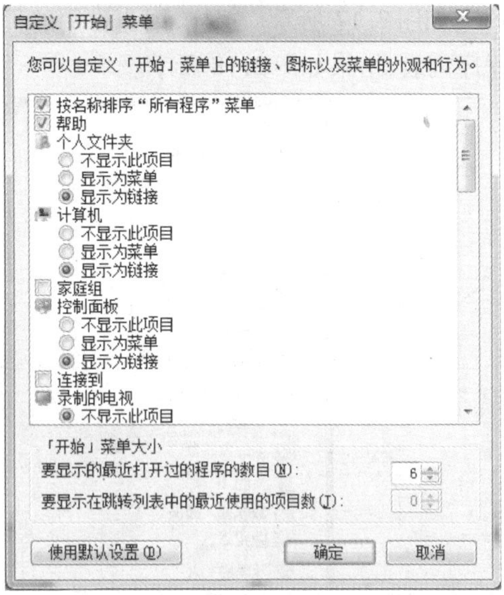

图2.14 “自定义[开始]菜单”对话框

(2)设置“开始”菜单中不显示控制面板。

用同样的方法打开“自定义[开始]菜单”对话框，在“控制面板”栏勾选“不显示此项目”单选按钮。然后单击“确定”按钮完成设置，如图2.15所示。

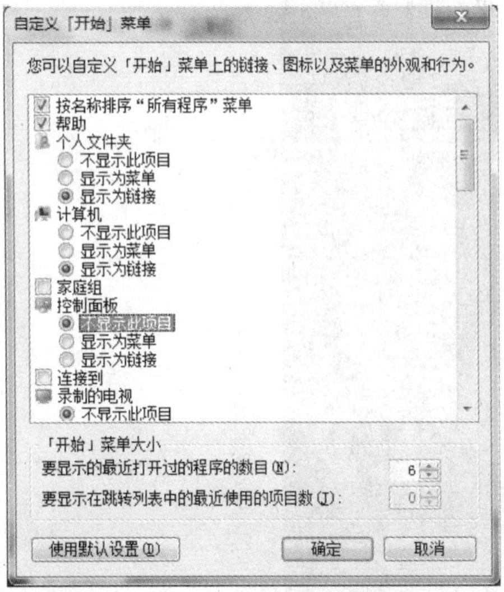

图2.15 “自定义[开始]菜单”对话框

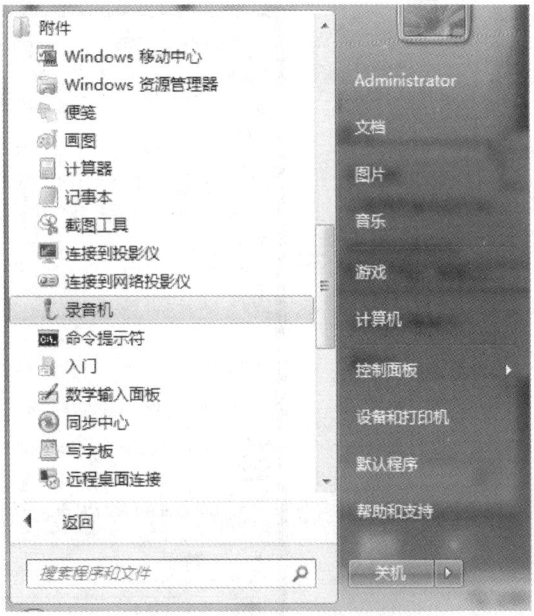

图2.16 “附件”列表

(3)将“所有程序”中的“录音机”程序附加到“开始”菜单中。

①单击“开始”按钮,选择“所有程序”按钮。

②单击“附件”按钮,如图 2.16 所示。

③找到“附件”列表中的“录音机”图标,单击右键打开级联菜单,选择“附到[开始]菜单”,如图 2.17 所示。这样,用户常用的程序“录音机”就从“所有程序”列表中附加到常用程序列表,结果如图 2.18 所示。

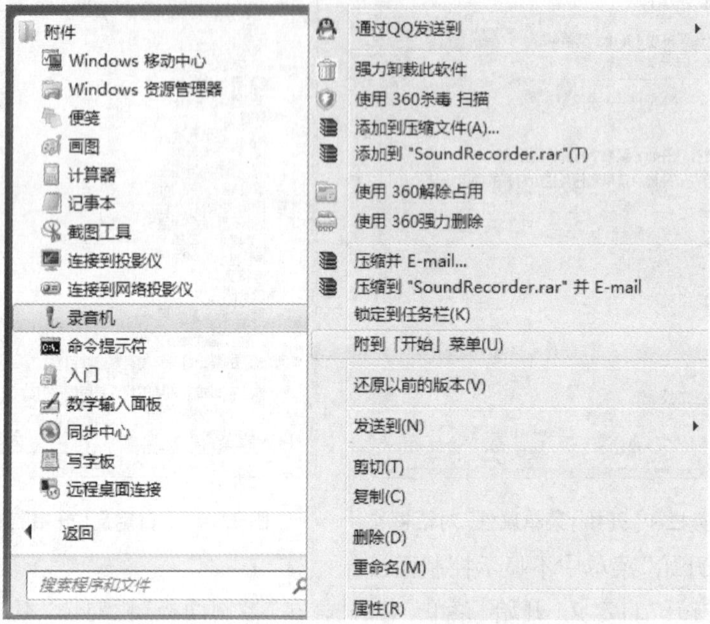

图 2.17 “附件”录音机附到[开始]菜单

图 2.18 “录音机”附加到常用程序列表结果

内容3:任务栏的使用

任务栏图标主要用来显示用户当前打开的程序窗口,用户可以使用任务栏图标对窗口进行还原、切换以及关闭等操作。Windows 7 操作系统的任务栏集传统的快速启动工具栏功能和任务栏功能于一身,并且任务栏图标明显比以往操作系统中的任务栏图标都要大。单击这些任务栏图标即可打开对应的程序,任务栏图标也转换为按钮外观,这样能够很容易地分辨出未启动程序的任务栏图标和运行中的程序窗口按钮的区别。

请按要求完成任务栏的设置,要求如下:

(1)在任务栏中,隐藏"链接"栏,然后显示出"地址"栏,然后利用地址栏打开:www.baidu.com 。

(2)将"我的文档"建立在任务栏上。

(3)任务栏图标的锁定和解锁,可以添加使用频率较高的程序到任务栏或者执行相反操作。

(4)设置"任务栏"自动隐藏。

【操作步骤】

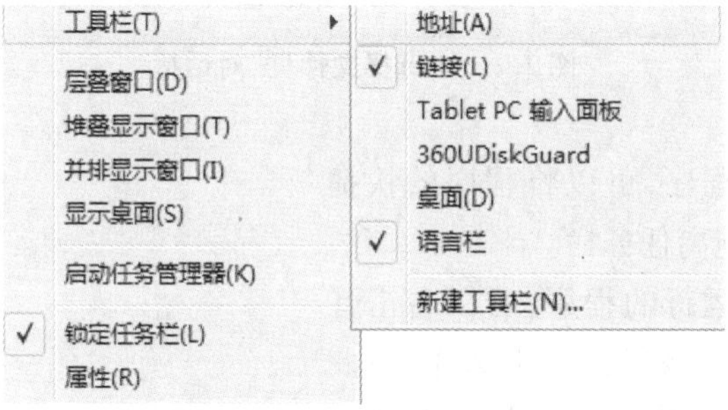

图 2.19 "任务栏"级联菜单

(1)在任务栏中,隐藏"链接"栏,显示出"地址"栏,然后利用地址栏打开:www.baidu.com 。

①在任务栏空白处单击右键打开快捷菜单。在打开的快捷菜单中选中"工具栏"命令打开级联菜单,如图 2.19 所示。

②通过单击鼠标左键,将"链接"前的钩去掉,然后勾选"地址"命令,结果如图 2.20 所示。按回车键,系统便会通过浏览器打开"百度"的网页。

图 2.20 任务栏中的"地址"栏

(2)将"我的文档"建立在任务栏上。

①在任务栏空白处单击右键打开快捷菜单,在打开的快捷菜单中选中"工具栏"命令打开级联菜单。

②单击"新建工具栏"命令,打开如图 2.21 所示的对话框,选择"我的文档",单击"选择文件夹"按钮。任务栏上的"我的文档"显示结果如图 2.22 所示。

(3)任务栏图标的锁定和解锁。可以添加使用频率较高的程序到任务栏或者执行相反

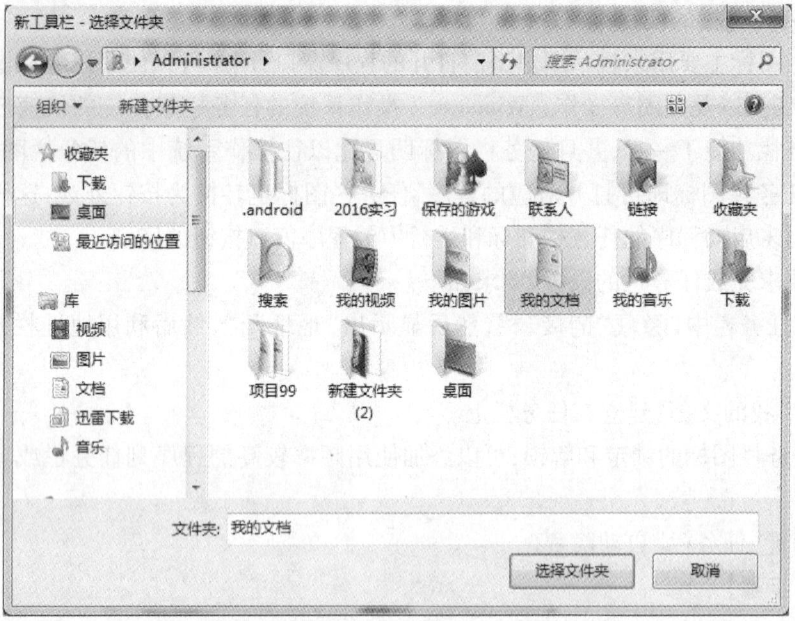

图 2.21 “选择文件夹”对话框

操作。

①对于未运行的程序，可以将程序的快捷方式图标直接拖放或拖离任务栏。

②对于一个正在运行的程序，可以右击任务栏中的相应按钮，再在跳转列表中选择“将此程序锁定到任务栏”或“将此程序从任务栏解锁”。

(4)设置“任务栏”自动隐藏。

①在任务栏空白处单击鼠标右键打开快捷菜单。

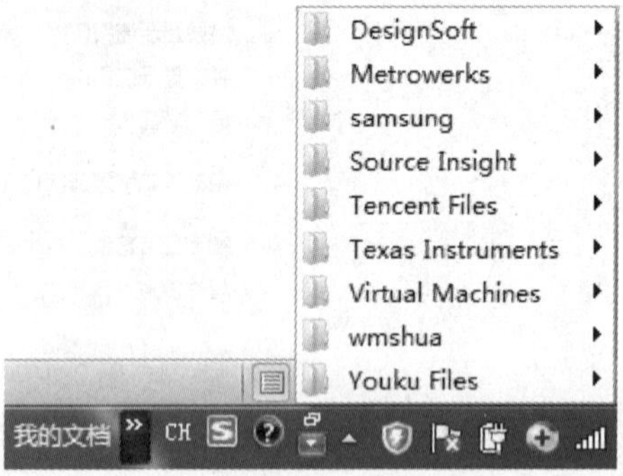

图 2.22 “我的文档”示意

②单击“属性”按钮，打开“任务栏和[开始]菜单属性”对话框，如图 2.23 所示勾选“自动隐藏任务栏”复选框，单击“确认”按钮完成设置。

三、验证性实验

实验 1：桌面图标是由图片和文字组成，是代表文件、文件夹、程序和其他项目的软件标识，文字是用于描述图片所代表的对象。请按下列要求完成桌面图标的设置，要求如下：

(1)通过任务栏最小化当前打开的所有窗口，将桌面显示出来；

(2)请通过设置使桌面上的图标不显示蓝色阴影；

(3)桌面上显示“计算机”和“网络”图标，并将“网络”图标更改为第 1 行第 4 个图标；

(4)将桌面上“用户的文件”图标隐藏；

(5)将桌面图标设置为自动排列。

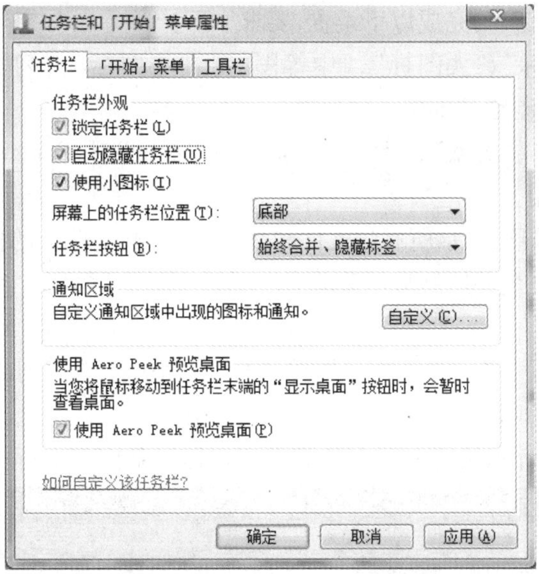

图 2.23 "任务栏和[开始]菜单属性"对话

实验 2:请按下列要求完成"开始"菜单和"任务栏"的设置,要求如下:

(1)通过设置,使"开始"菜单中不显示"设备和打印机"选项,并查看新的"开始"菜单。

(2)在当前控制面板中,设置在"开始"菜单中突出显示新安装的程序;

(3)将"开始"菜单固定项目列表中的"画图"快捷方式删除;

(4)通过任务栏将桌面上窗口层叠排列;

(5)调整任务栏在屏幕上的位置,将其移动到右侧。

实验 3 Windows 7 的文件管理

一、实验目的

- 熟悉 Windows 7 的"资源管理器"界面;
- 熟练掌握文件、文件夹的选定、复制、移动、删除、重命名等基本操作及文件的打开操作;
- 掌握文件属性的查看和设置;
- 学会使用 Windows 7 提供的搜索功能完成文件或文件夹的查找;
- 掌握回收站的使用。

二、实验内容

内容 1:资源管理器的使用

在 Windows 中,可以利用资源管理器对文件和文件夹进行查看和管理。双击桌面上的"计算机"图标或右击"开始"按钮,在打开的快捷菜单中单击"打开 Windows 资源管理器"

命令,打开资源管理器窗口,完成以下设置,要求如下:

(1)选择“超大图标”、“大图标”、“中等图标”、“小图标”、“列表”、“详细信息”、“平铺”和“内容”8 种方式浏览 Windows 主目录。

(2)分别按“名称”、“类型”、“大小”、“递增”和“递减”对 Windows 主目录进行排序,观察 5 种排序方式的使用。

(3)设置“查看”选项,显示所有的文件和文件夹,隐藏受保护的操作系统文件,显示已知文件类型的文件扩展名并始终显示菜单。

【操作步骤】

(1)选择“超大图标”、“大图标”、“中等图标”、“小图标”、“列表”、“详细信息”、“平铺”和“内容”8 种方式浏览 Windows 主目录。

①双击桌面上的“计算机”图标打开“资源管理器”,如图 3.1 所示。

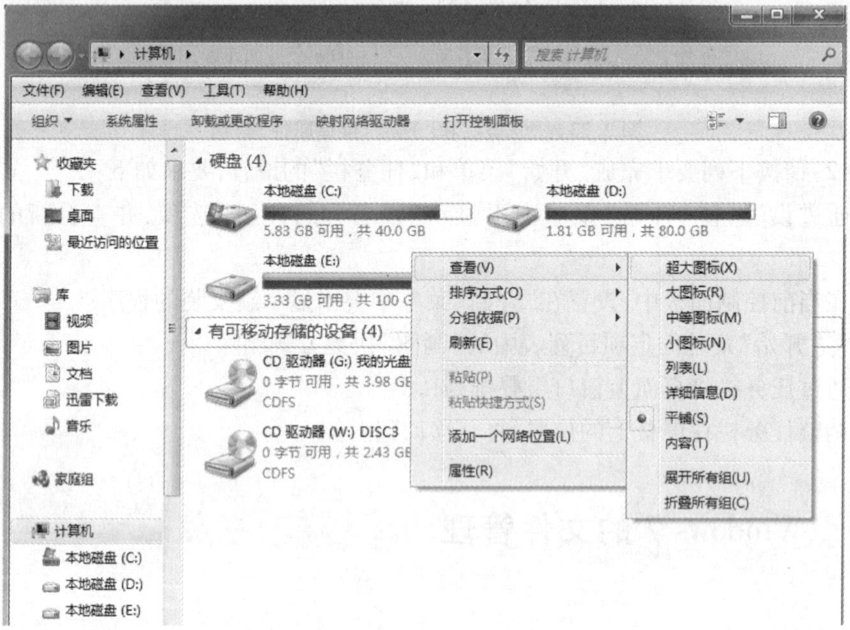

图 3.1　资源管理器界面

②在“计算机”窗口的空白处单击右键打开快捷菜单,选择“查看”按钮,进入级联菜单,然后分别选择“超大图标”、“大图标”、“中等图标”、“小图标”、“列表”、“详细信息”、“平铺”和“内容”8 个命令进入相应的浏览模式。

(2)分别按“名称”、“类型”、“大小”、“递增”和“递减”对 Windows 主目录进行排序,观察 5 种排序方式的使用。

①双击桌面上的“计算机”图标打开“资源管理器”,如图 3.2 所示。

②在“计算机”窗口的空白处单击右键打开快捷菜单,选择“排序方式”按钮进入级联菜单,然后分别选择“名称”、“类型”、“总大小”、“递增”和“递减”等命令进入相应的排序模式。

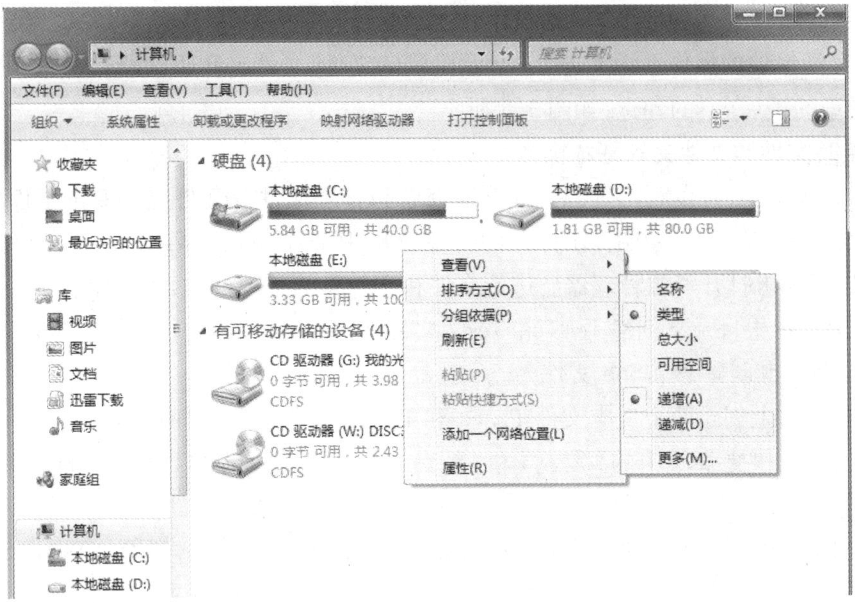

图3.2 “计算机”资源管理器

(3)设置“查看”选项，显示所有的文件和文件夹，隐藏受保护的操作系统文件，显示已知文件类型的文件扩展名并始终显示菜单。

①在“计算机”窗口的菜单栏上选择“工具”→“文件夹选项”，如图3.3所示。单击“文件夹选项”后会打开“文件夹选项”对话框，如图3.4所示。

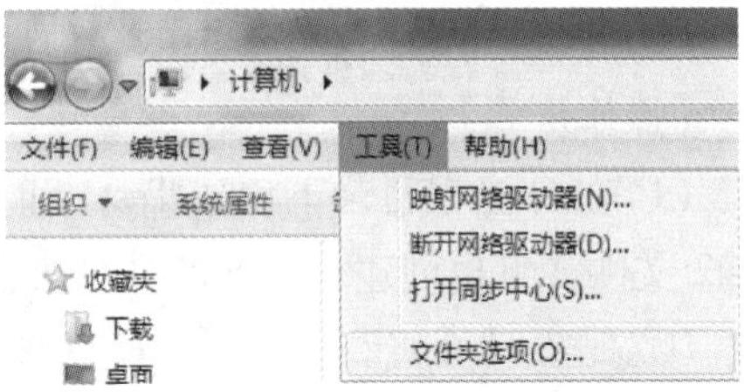

图3.3 “计算机”窗口的菜单

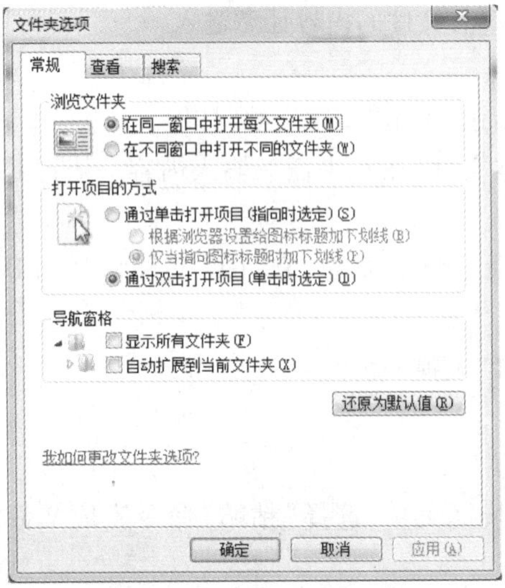

图3.4 “文件夹选项”对话框

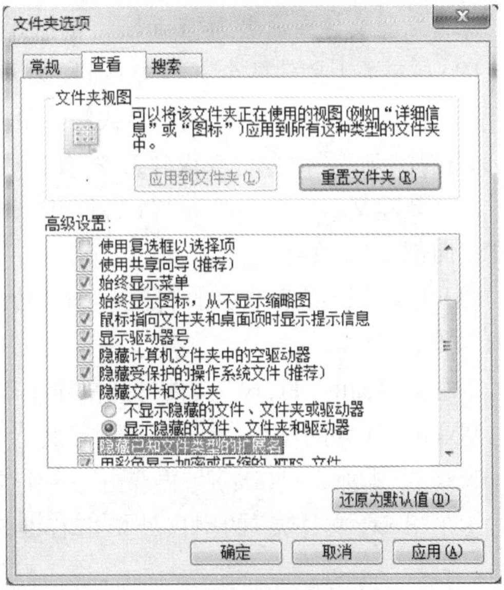

图3.5 “查看”属性设置

②在打开的“文件夹选项”对话框中选择“查看”选项卡，在设置中勾选“始终显示菜单”、“隐藏受保护的操作系统文件”、“显示隐藏的文件、文件夹和驱动器”，并取消“隐藏已知文件类型的扩展名”的勾选，如图 3.5 所示。

内容 2：文件和文件夹的基本操作

在 Windows 中，可以利用资源管理器来查看和管理文件及文件夹。双击桌面上的“计算机”图标或右击“开始”按钮，在打开的快捷菜单中选择“打开 Windows 资源管理器”命令，请按以下要求打开资源管理器后进行文件和文件夹的基本操作，要求如下：

(1)在 D 盘根目录下创建 Test1 和 Test2 文件夹，在 Test1 文件夹下创建 Sub 文件夹，在 Test2 文件夹下也创建一个 Sub 文件夹。

(2)在桌面上创建两个文本文件 T1. txt 和 T2. txt，文件的内容任意输入。

(3)用文件快捷菜单中的“复制”和“粘贴”命令将桌面的“T1. txt”文件复制到 D:\Test1 文件夹中。

(4)用快捷键 Ctrl + C 和 Ctrl + V 将桌面的“T1. txt”文件复制到 D:\Test1\Sub 文件夹中。

(5)将桌面的“T2. txt”文件用鼠标拖动的方式复制到 D:\Test2 文件夹中。

(6)将 D:\Test2 文件夹中的文件用鼠标拖动的方式复制到 D:\Test2\Sub 文件夹中。

【操作步骤】

(1)在 D 盘根目录下创建 Test1 和 Test2 文件夹，在 Test1 文件夹下创建 Sub 文件夹，在 Test2 文件夹下也创建一个 Sub 文件夹。

①双击“计算机”进入资源管理器界面，双击“本地磁盘(D:)”，在空白处单击右键弹出快捷菜单。

②选择“新建”命令打开级联菜单，如图 3.6 所示，单击“文件夹”按钮。

③将新建文件夹命名为“Test1”。依据此方法分别创建 Test2 文件夹和 Sub 文件夹。

(2)在桌面上创建两个文本文件 T1. txt 和 T2. txt，文件的内容任意输入。

①在桌面空白处单击右键弹出快捷菜单。

②选择“新建”命令打开级联菜单，如图 3.7 所示，单击“文本文档”按钮。

③将新建文本文档命名为“T1”，打开 T1 文本文件，在其中任意输入内容。依据此方法在桌面创建 T2 文本文件。

(3)用文件快捷菜单中的“复制”和“粘贴”命令将桌面的“T1. txt”文件复制到 D:\Test1 文件夹中。

①右击桌面的“T1. txt”文件打开快捷菜单选择“复制”命令。

②双击“计算机”进入资源管理器界面。

③双击“本地磁盘(D:)”，再双击“Test1 文件夹”。

④在“Test1 文件夹”的空白处单击右键弹出快捷菜单，选择“粘贴”命令完成文件的复制。

(4)用快捷键 Ctrl + C 和 Ctrl + V 将桌面的“T1. txt”文件复制到 D:\Test1\Sub 文件夹中。

图 3.6 “新建文件夹”级联菜

图 3.7 “新建文本文档”级联菜单

①单击选中桌面的“T1.txt”文件。

②按键盘上的快捷键 Ctrl + C 将“T1.txt”复制到剪贴板。

③双击“计算机”进入资源管理器界面。

④依次双击“本地磁盘(D:)”→“Test1”→“Sub”,打开 Sub 文件夹。

⑤按键盘上的快捷键 Ctrl + V 将桌面上的“T1. txt”文件复制到 D:\Test1\Sub 文件夹中。

(5)将桌面的“T2. txt”文件用鼠标拖动的方式复制到 D:\Test2 文件夹中。

①依次双击“本地磁盘(D:)”→“Test2”,打开 D:\Test2 文件夹。

②单击桌面的“T2. txt”文件且鼠标按住不放将其拖动到 D:\Test2 文件夹中,如图 3.8 所示。

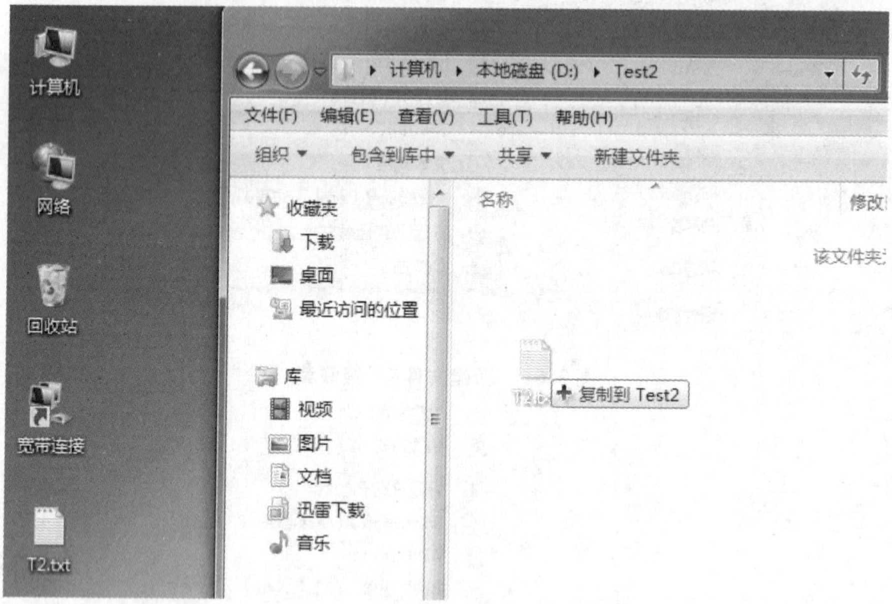

图 3.8 不同磁盘文件复制示例图

(6)将 D:\Test2 文件夹中的文件用鼠标拖动的方式复制到 D:\Test2\Sub 文件夹中。

①依次双击“本地磁盘(D:)”→“Test2”,打开“D:\Test2”文件夹。

②按住 Ctrl 键,鼠标左键单击选中 Test2 文件夹中的文件且按住不放将其拖动到 Sub 文件夹,如图 3.9 所示。

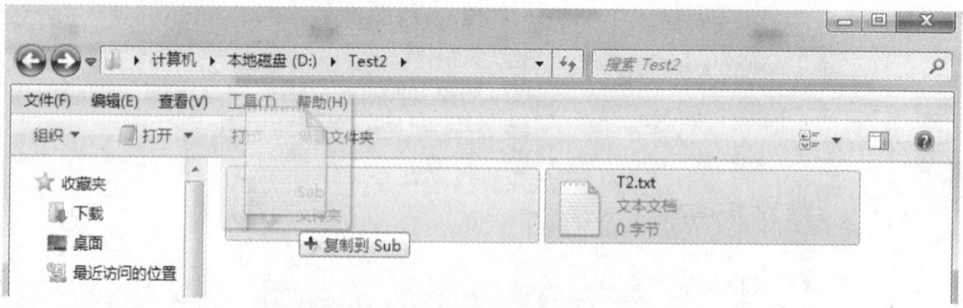

图 3.9 同一磁盘的文件复制示例图

内容 3:文件和文件夹的属性设置及查看

文件属性用于反映该文件的特征信息,常见的文件属性一般分为三类:时间属性、空间属性、操作属性。

请按下列要求完成文件和文件夹的属性设置及查看，要求如下：

(1)将 D:\Test2\Sub 文件夹设置为“隐藏”属性，然后设置显示或不显示隐藏的文件和文件夹。观察设置前后文件夹 Sub 的变化。

(2)打开 D:\Test2\Sub 文件夹，然后设置系统显示或不显示文件类型的扩展名，观察该文件夹下的 T2. txt 文件扩展名的显示及隐藏情况。

(3)打开 D:\Test2\Sub 文件夹，将其中的“T2. txt”文件设置为“只读”属性，然后打开该文件并输入新内容，观察最后在保存文件时会出现什么提示，能否保存输入的新内容。

【操作步骤】

(1)将 D:\Test2\Sub 文件夹设置为“隐藏”属性，然后设置显示或不显示隐藏的文件和文件夹。观察设置前后文件夹 Sub 的变化。

①依次双击“计算机”→“本地磁盘(D:)”→“Test2”，打开 D:\Test2 文件夹。

②选中“Sub”文件夹，单击右键打开快捷菜单，选择“属性”命令。

③勾选“隐藏”复选框，如图 3.10 所示。

④单击“确定”按钮打开“确认属性更改”对话框，再单击“确定”按钮完成文件夹的属性设置，如图 3.11 所示。

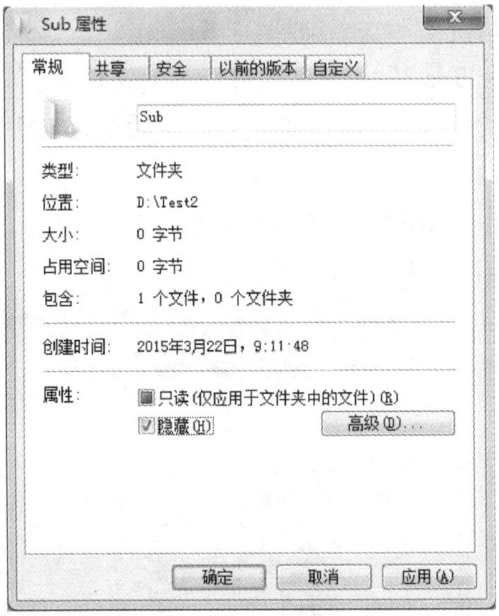

图 3.10 “Sub 属性”对话框

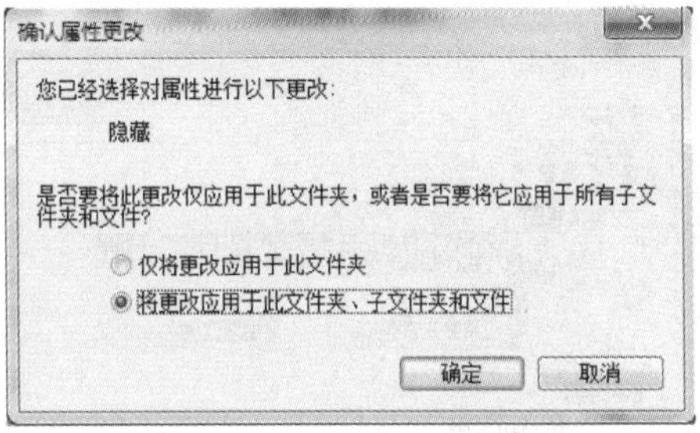

图 3.11 “确认属性更改”对话框

⑤选择“资源管理器”中的“工具”菜单栏的“文件夹选项”命令，打开“文件夹选项”对话框，如图 3.12 所示。

⑥选择“查看”选项卡，分别选中“显示隐藏的文件、文件夹和驱动器”或“不显示隐藏的文件、文件夹和驱动器”单选按钮，如图 3.13 所示。然后单击“确定”按钮，观察“Sub”文件夹中文件显示的区别。

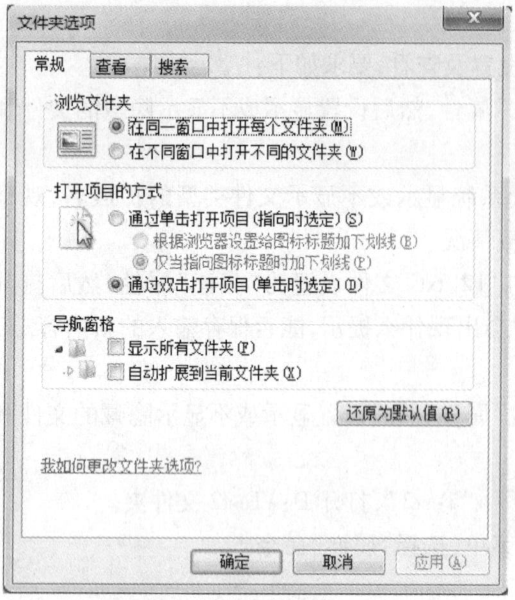

图 3.12 “文件夹选项”对话框

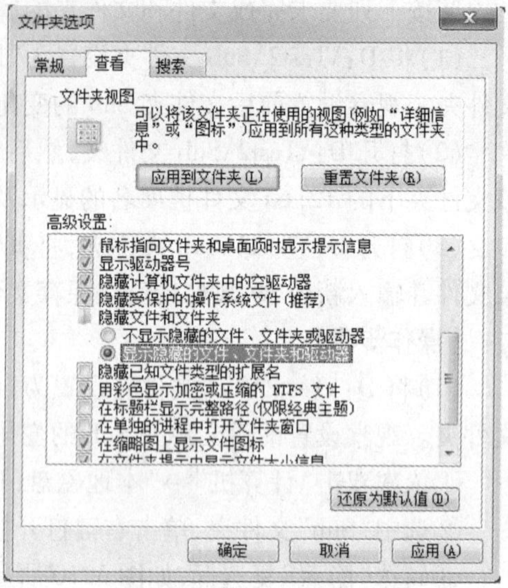

图 3.13 “查看”选项卡

(2)打开 D:\Test2\Sub 文件夹,然后设置系统显示或不显示文件类型的扩展名,观察该文件夹下的 T2. txt 文件扩展名的显示及隐藏情况。

①依次双击“计算机”→“本地磁盘(D:)”→“Test2”→“Sub”,打开 Sub 文件夹。

②选择 “工具”菜单栏的“文件夹选项”命令,打开“文件夹选项”对话框,如图 3. 12 所示。

③选择“查看”选项卡,勾选“隐藏已知文件类型的扩展名”复选框或取消勾选,观察 Sub 文件夹中 T2. txt 文件扩展名的显示和隐藏情况,如图 3. 14 所示。

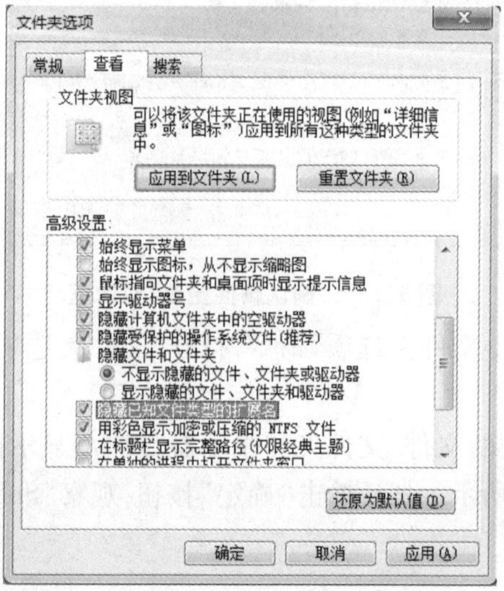

图 3. 14　隐藏已知文件类型的扩展名设置

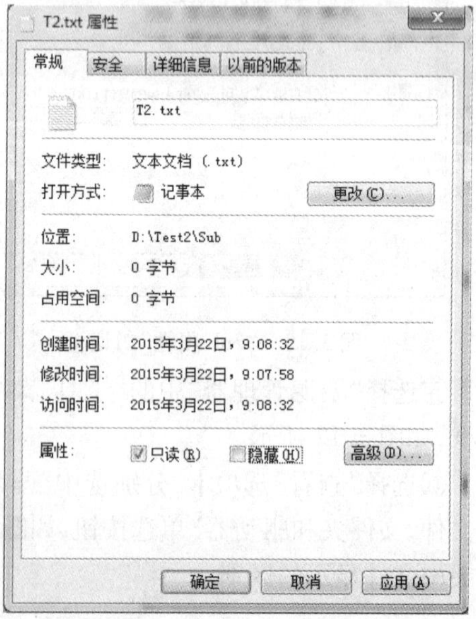

图 3. 15　“T2. txt 属性”对话框

(3)打开 D:\Test2\Sub 文件夹,将其中的“T2. txt”文件设置为“只读”属性,然后打开该文件并输入新内容,观察最后在保存文件时会出现什么提示,能否保存输入的新内容。

①依次双击“计算机”→“本地磁盘(D:)”→“Test2”→“Sub”,打开 Sub 文件夹。

②选中“Sub 文件夹”中的“T2. txt”文本文件。

③单击右键,选择“属性”打开“T2. txt 属性”设置对话框,如图 3.15 所示。

④勾选“只读”复选框,单击“确定”按钮完成。

⑤双击“T2. txt”文本文件,在其中输入“长江大学文理学院”,然后单击“文件”菜单的“保存”命令,弹出“另存为”对话框,单击“保存”按钮,如图 3.16 所示。

图 3.16 “另存为”对话框

⑥弹出“T2. txt 已存在,要替换它吗?”对话框,单击“是”按钮,弹出“另存为”对话框,如图 3.17 所示。

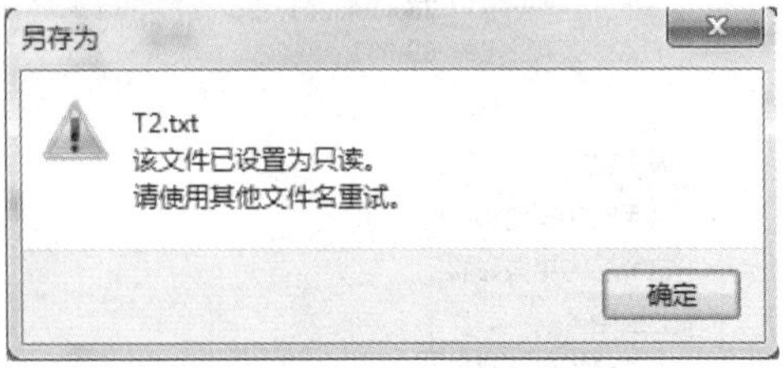

图 3.17 显示结果

内容 4:文件和文件夹的搜索

当计算机中的文件和文件夹过多时,用户在短时间内难以找到,这时用户可借助 Windows 7 的搜索功能快速搜索到指定的文件或文件夹。

请按下列要求进行文件和文件夹的搜索操作,要求如下:

(1)查找 D 盘上所有扩展名为. txt 的文件。

(2)查找 C 盘上文件名中第二个字符为 a、第四个字符为 b、扩展名为 jpg 的文件,并将搜索结果以文件名“JPG 文件. Search-ms”保存在“我的文档”文件夹中。

(3)查找 D 盘中上星期修改过的所有“ *. jpg 文件”,如果查找到,将它们复制到 C:\JSJ12\ABC1 文件夹中。

(4)查找“计算机”上所有大于 128 MB 的文件。

【操作步骤】

(1)查找 D 盘上所有扩展名为. txt 的文件。

①依次双击“计算机”→“本地磁盘(D:)”,打开 D 盘。

②在“搜索栏”输入“ *. txt”,然后按 Enter 键。

(2)查找 C 盘上文件名中第二个字符为 a、第四个字符为 b、扩展名为 jpg 的文件,并将搜索结果以文件名“JPG 文件. Search-ms”保存在“我的文档”文件夹中。

①双击打开 C 盘,在地址栏右侧的搜索文本框中输入“? a? b *. jpg”后按 Enter 键,开始搜索。

②搜索结束后,单击“保存搜索”按钮,弹出“另存为”对话框,在地址栏中选择 Admin →“我的文档”路径,在“文件名”文本框中输入“JPG 文件”,在“保存类型”下拉列表中选择“保存的搜索结果(*. Search-ms)选项。

(3)查找 D 盘中上星期修改过的所有“ *. jpg 文件”,如果查找到,将它们复制到 C:\JSJ12\ABC1 文件夹中。

①双击打开 D 盘,在地址栏右侧的搜索文本框中输入“ *. jpg”,选择“修改日期”为“上星期”,如图 3.18 所示,按 Enter 键系统便立即开始搜索。

②如果搜索到“ *. jpg”文件,将其复制到 C:\JSJ12\ABC1 文件夹中。

图 3.18 “修改日期”设置

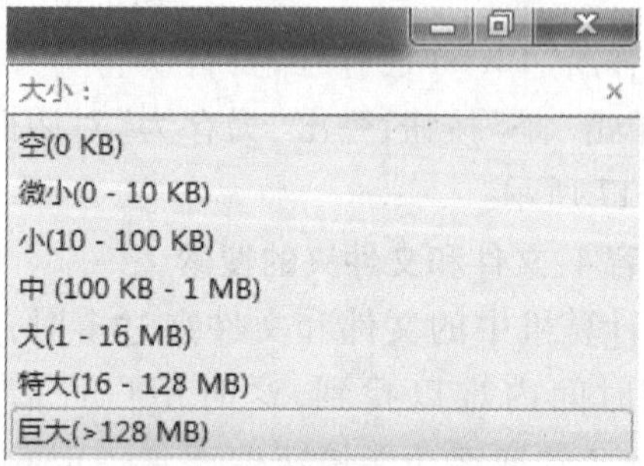

图 3.19 “大小”设置

(4)查找“计算机”上所有大于 128 MB 的文件。

①在桌面上双击“计算机”图标进入“计算机”窗口。

②单击地址栏右侧的搜索文本框,从弹出的下拉列表中选择“大小”选项,在弹出的下拉列表中选择“巨大(>128 MB)”选项,如图 3.19 所示,按 Enter 键,系统便立即开始搜索,搜索结束后系统即会将计算机上所有大于 128 MB 的文件显示于右侧的窗格中。

内容 5:回收站的使用

请设置回收站属性,使其在删除文件时不显示删除确认对话框;同时在删除文件夹时不将文件移入回收站,移除文件后立即将其删除。

【操作步骤】

(1)右键单击"回收站"图标弹出快捷菜单,在该菜单中选择"属性"命令,打开"回收站属性"对话框,如图3.20所示。

(2)在"选定位置的设置"组中勾选"不将文件移入回收站中。移除文件后立即将其删除。"的单选项,然后将"显示删除确认对话框"复选框的钩去掉,再单击"确定"或"应用"按钮即可完成设置。

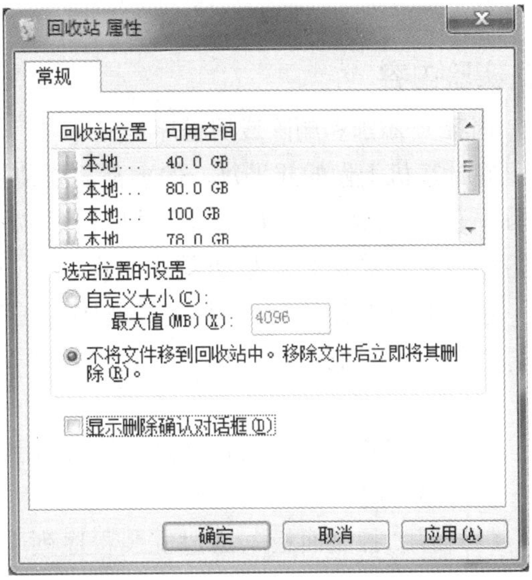

图3.20 "回收站属性"对话框

三、验证性实验

实验1:"文件夹选项"是"资源管理器"中的一个重要菜单项,通过它可以修改文件的查看方式,编辑文件的打开方式等。请按下列要求完成文件夹选项的设置,要求如下:

(1)在当前窗口中,设置文件夹选项,"始终显示图标,从不显示缩略图";

(2)设置文件夹选项,直接单击就能够打开文件夹;

(3)通过对文件夹选项的设置,使鼠标指向文件夹和桌面项时显示其提示信息;

(4)设置文件夹选项,使得在标题栏中显示完整的路径;

(5)将当前窗口的文件夹视图应用到其他所有的文件夹中。

实验2:请按下列要求完成文件和文件夹的操作,要求如下:

(1)在桌面新建一个文本文件"名人名言.txt",其内容任意输入;

(2)通过属性命令设置"名人名言.txt"文件用写字板打开(该格式文件以后都用写字板打开),并双击打开"名人名言.txt"文件查看效果;

(3)将"名人名言.txt"文件的属性设置为"只读";

(4)利用鼠标拖动的方式将"名人名言.txt"文件删除。

实验4 Windows 7控制面板的应用

一、实验目的

- 掌握通过控制面板添加和删除应用程序的方法;
- 掌握控制面板中输入法的设置方法;
- 掌握控制面板中的帐户管理;
- 掌握控制面板中显示属性的设置;
- 掌握控制面板中时间日期的设置。

二、实验内容

内容1:添加和删除应用程序

在计算机上做的几乎每一件事都需要使用程序。例如,想要绘图,需要使用绘图或画图程序;要输入文字,需要使用字处理程序;要浏览 Internet,需要使用 Web 浏览器程序。这些应用程序经常需要安装、更新或卸载。

请按下列要求完成应用程序的添加和删除操作,要求如下:

(1)使用"控制面板",通过安装程序列表,为 Microsoft Office Excel 添加"电子表格模板"。

(2)使用"控制面板",将"QQ 影音"应用程序卸载。

【操作步骤】

(1)使用"控制面板",通过安装程序列表,为 Microsoft Office Excel 添加"电子表格模板"。

①单击"开始"按钮,然后再单击打开"控制面板",如图 4.1 所示。

图 4.1 "控制面板"界面

②单击"程序"组中的"卸载程序"按钮。

③选中"Microsoft Office Professional Plus 2010",单击"更改"按钮,如图 4.2 所示。

④弹出"Microsoft Office Professional Plus 2010"安装对话框,如图 4.3 所示。

⑤在安装选项中选中"Microsoft Excel",在下拉列表中选择"从本机运行",如图 4.4 所示。然后单击"继续"按钮即可为"Microsoft Office Excel"添加"电子表格模板"。

(2)使用"控制面板",将"QQ 影音"应用程序卸载。

①单击"开始"按钮,再单击打开"控制面板"。

②单击"程序"→"卸载程序"按钮。

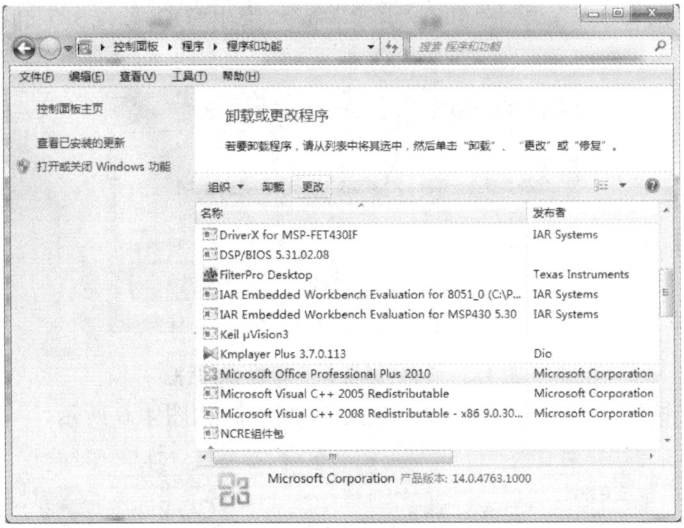

图 4.2 "卸载或更改程序"界面

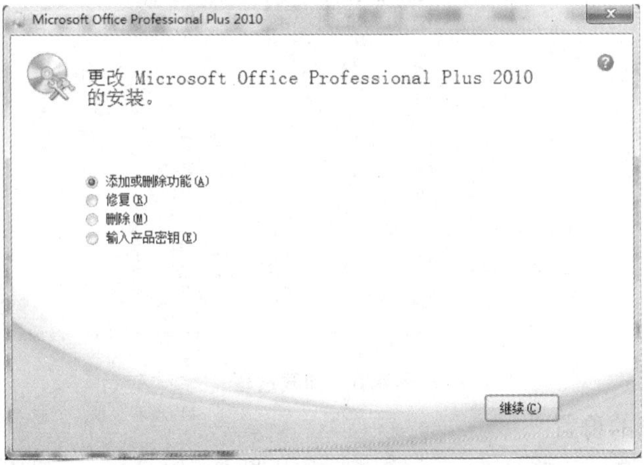

图 4.3 安装设置

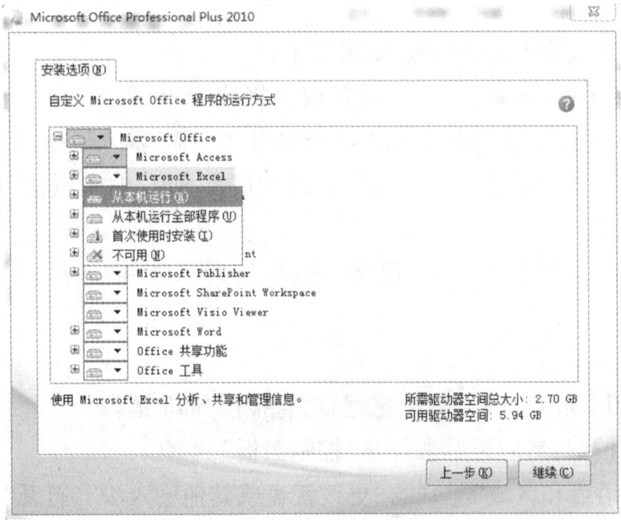

图 4.4 安装选项

③选中“QQ 影音 3.7”,单击“卸载/更改”命令,弹出“QQ 影音 3.7 卸载”对话框,如图 4.5 所示。

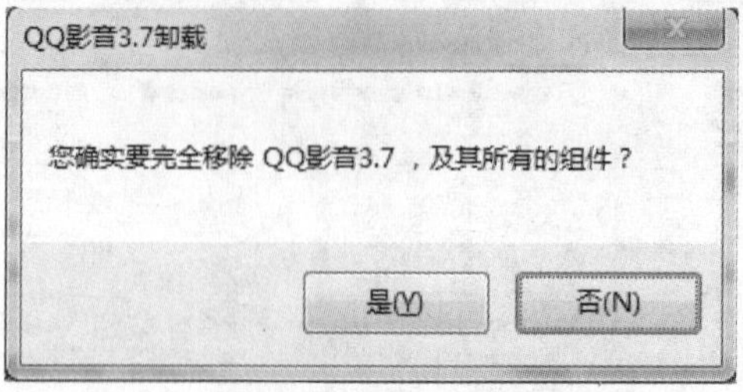

图 4.5 “QQ 影音 3.7 卸载”对话框

④单击“是”按钮,即可将“QQ 影音”应用程序删除,如图 4.6 所示。

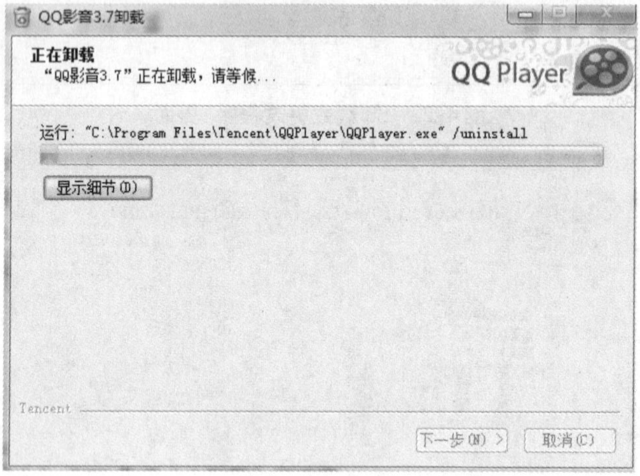

图 4.6 卸载过程

内容 2:输入法的设置

输入法是指为将各种符号输入计算机或其他设备(如手机)而采用的编码方法,是文字生产力发展到一定阶段的产物。

请按下列要求完成输入法的设置,要求如下:

(1)请设置关闭 CapsLock(大写锁定键)时直接按 Shift 键。

(2)通过“控制面板”添加“中文(简体)-微软拼音 ABC 输入风格”输入法。

(3)通过“控制面板”设置“中文(简体)-微软拼音 ABC 输入风格”的属性为“词频调整”。

(4)通过“控制面板”为“中文(简体)-微软拼音 ABC 输入风格”设置按键顺序为“Ctrl + Shift + 4”。

【操作步骤】

(1)请设置关闭 CapsLock(大写锁定键)时直接按 Shift 键。

①单击“开始”按钮,然后再单击打开“控制面板”。

②单击“时钟、语言和区域”类别的“更改键盘或其他输入法”,打开“区域和语言”对话框,如图 4.7 所示。

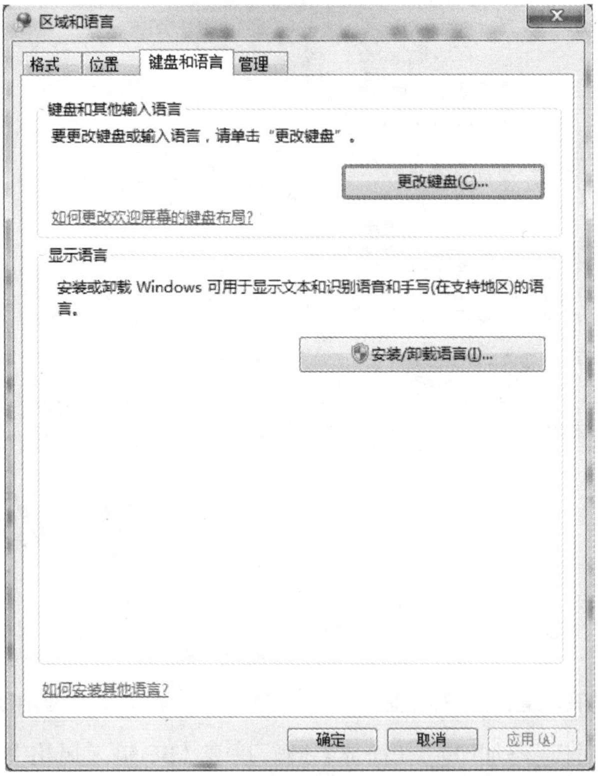

图 4.7　“区域和语言”对话框

③单击“键盘和语言”选项卡的“更改键盘”按钮，打开“文本服务和输入语言”对话框，如图 4.8 所示。

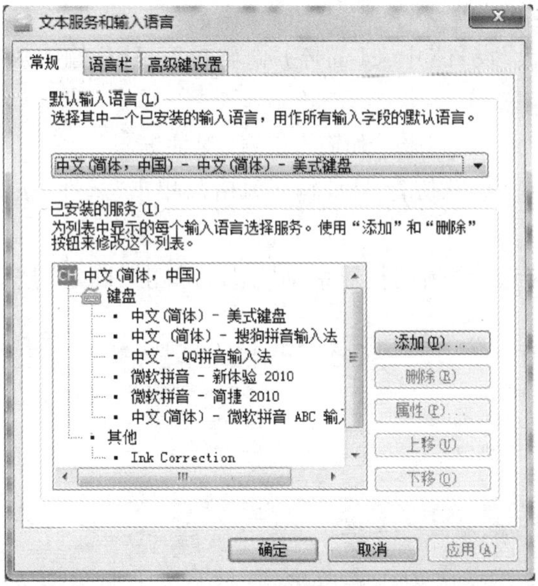

图 4.8　“文本服务和输入语言”对话框

④单击“高级键设置”选项卡，如图 4.9 所示，选中“按 Shift 键”的单选按钮，然后再单

击“确定”按钮即可完成设置。

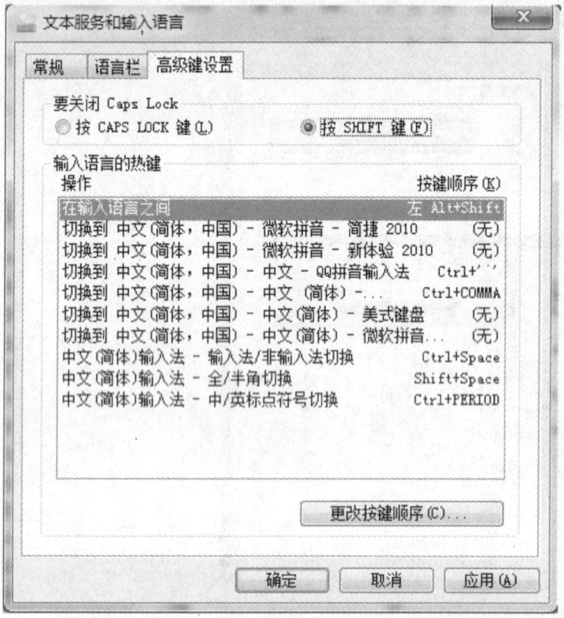

图 4.9 “高级键设置”对话框

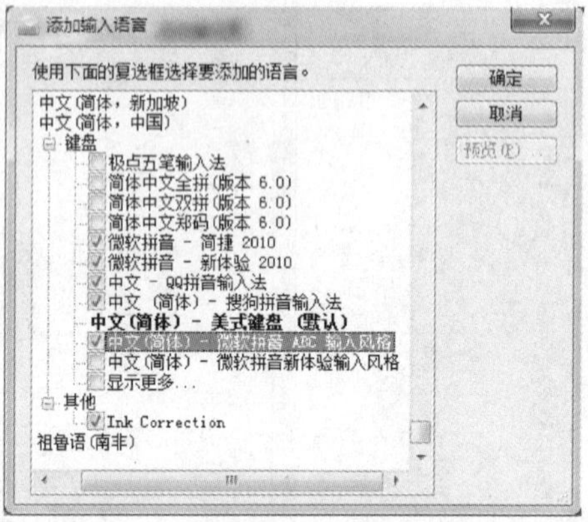

图 4.10 “添加输入语言”对话框

(2)通过“控制面板”添加“中文(简体)-微软拼音 ABC 输入风格”输入法。

①用同样的方法打开“文本服务和输入语言”对话框。

②单击“添加”按钮,打开“添加输入语言”对话框,如图 4.10 所示。

③在“添加输入语言”对话框中勾选“中文(简体)-微软拼音 ABC 输入风格”,然后单击“确定”按钮即可完成设置。

(3)通过“控制面板”设置“中文(简体)-微软拼音 ABC 输入风格”的属性为“词频调整”。

①用同样的方法打开“文本服务和输入语言”对话框。

②单击“中文(简体)-微软拼音 ABC 输入风格”,单击“属性”按钮,打开“设置选项”对话框。

③在该对话框中勾选“词频调整对话框”,然后单击“确定”按钮即可完成设置,如图 4.11所示。

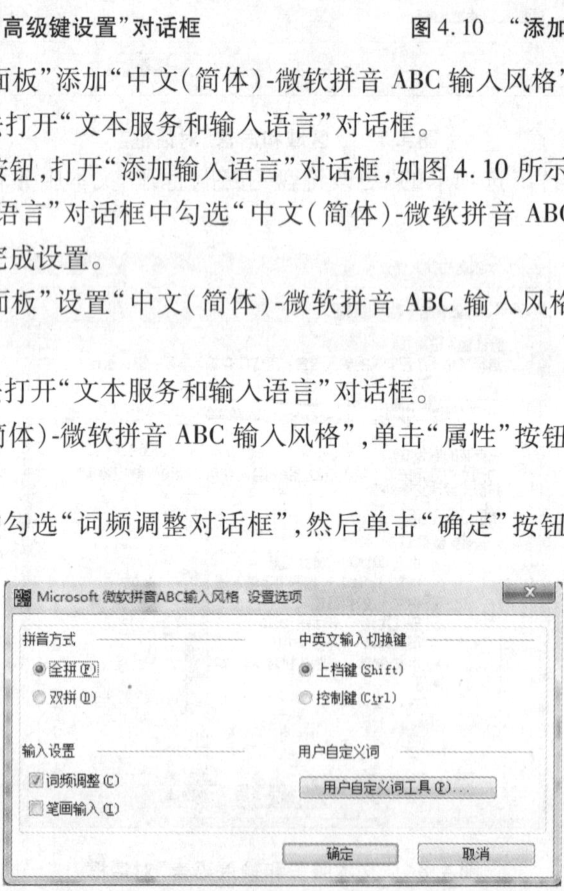

图 4.11 “设置选项”对话框

(4)通过"控制面板"为"中文(简体)-微软拼音 ABC 输入风格"设置按键顺序为"Ctrl + Shift +4"。

①用同样的方法打开"文本服务和输入语言"对话框。

② 单击"高级键设置"选项卡,选中"切换到 中文(简体,中国)-中文(简体)-微软拼音输入 ABC 风格",执行"更改按键顺序"命令,打开"更改按键顺序"对话框,如图 4.12 所示。

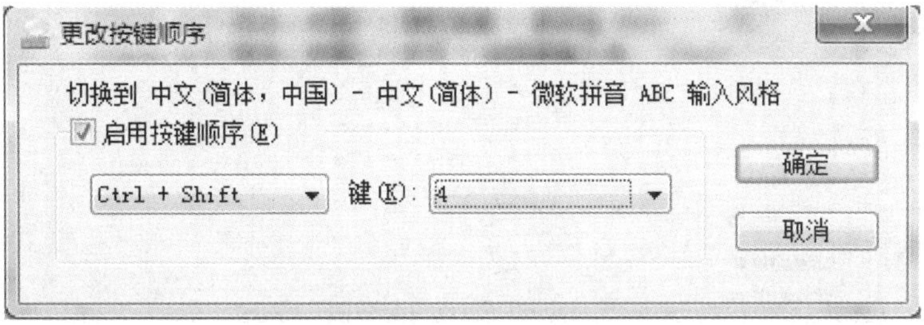

图 4.12 "更改按键顺序"对话框

③勾选"启用按键顺序"设置"Ctrl + Shift +4",然后单击"确定"按钮即可完成设置。

内容 3:帐户管理

当多个用户同时使用一台计算机时,需要在系统中创建多个帐户,不同用户可以在各自的帐户下进行操作,这样更能保证各自文件的安全。Windows 7 支持多用户使用,只需为每个用户建立一个独立的帐户,用户就可以按照自己的喜好和习惯配置个人选项。每个用户可以用自己的账号登录系统,并且多个用户之间的系统设置可以相互独立、互不影响。

请按下列要求完成帐户管理的设置,要求如下:

(1)请利用"控制面板"创建一个名为"考试"的计算机管理员用户,创建一个名为"wlxy"的标准用户。

(2)通过"控制面板"为帐户"wlxy"创建密码,密码设置为"123456"。

(3)请删除帐户"wlxy"的密码,并将用户图片更改为第一个图片。

(4)系统中已经建立了多个帐户,计算机当前正由 Administrator 使用,请把当前帐户切换到"考试"帐户。

(5)将计算机管理员用户"考试"的帐户类型改为"标准用户",然后删除帐户"wlxy"(包括其拥有的文件)。

【操作步骤】

(1)请利用"控制面板"创建一个名为"考试"的计算机管理员用户,创建一个名为"wlxy"的标准用户。

①单击"开始"按钮,然后再单击打开"控制面板"。

②单击"用户帐户和家庭安全"类别的"添加或删除用户帐户",打开"管理帐户"界面,如图 4.13 所示。

③单击"创建一个新帐户"按钮,打开"创建新帐户"界面,如图 4.14 所示。

④选中"标准用户"输入"wlxy",选中"管理员"输入"考试",然后单击创建帐户,便能

图 4.13 “管理帐户”界面

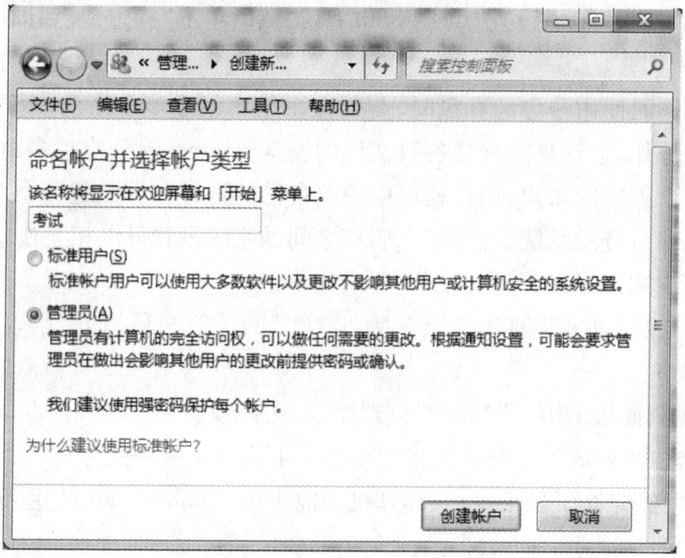

图 4.14 “创建新帐户”界面

创建名为“wlxy”的标准用户和名为“考试”的计算机管理员用户。

(2)通过“控制面板”为帐户“wlxy”创建密码，密码设置为“123456”。

①用同样的方法打开“管理帐户”界面。

②单击“wlxy”帐户，打开“更改帐户”界面，如图 4.15 所示。

③单击“创建密码”按钮，打开“创建密码”界面，如图 4.16 所示。

④输入密码“123456”两次，单击“创建密码”按钮即可完成设置。

图 4.15 “更改帐户”界面

图 4.16 “创建密码”界面

(3)请删除帐户“wlxy”的密码,并将用户图片更改为第一个图片。

①用同样的方法打开“管理帐户”界面。

②单击“wlxy”帐户,打开“更改帐户”的界面。

③单击“更改帐户”界面中的“删除密码”,打开“删除密码”的界面,如图 4.17 所示。然后单击“删除密码”按钮即可完成操作。

(4)系统中已经建立了多个帐户,计算机当前正由 Administrator 使用,请把当前帐户切换到“考试”帐户。

①单击“开始”按钮,打开如图 4.18 所示界面。

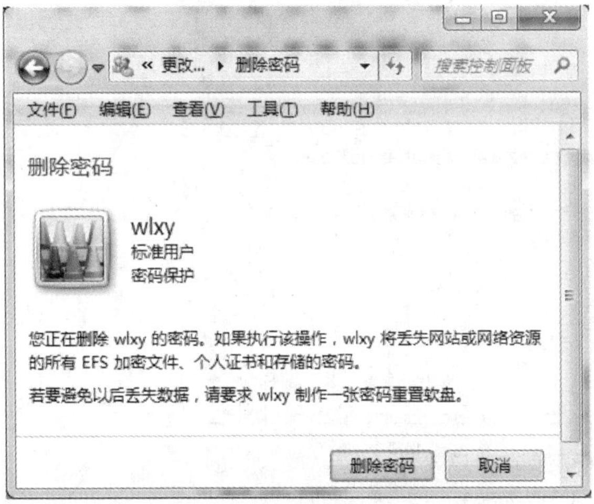

图 4.17 “删除密码”界面

图 4.18 “开始”菜单

②单击“关机”右边的箭头,再单击“切换用户”按钮,如图 4.19 所示。

③单击“考试”帐户即可完成用户账号的切换。

(5)将计算机管理员用户“考试”的帐户类型改为“标准用户”,然后删除帐户“wlxy”(包括其拥有的文件)。

①用同样的方法打开“管理帐户”界面。

②单击“考试”帐户,进入更改帐户界面,如图4.20所示。

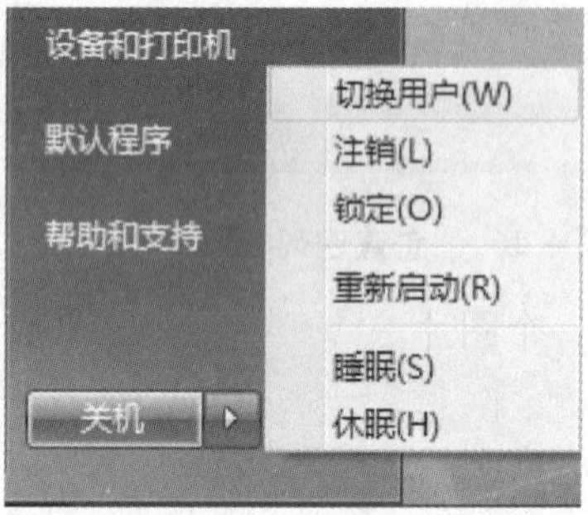

图4.19 “切换用户”界面

图4.20 “更改帐户”界面

③鼠标左键单击“更改帐户类型”,打开如图4.21所示的界面,选中“标准用户”单选按钮,然后单击“更改帐户类型”按钮即可完成更改。

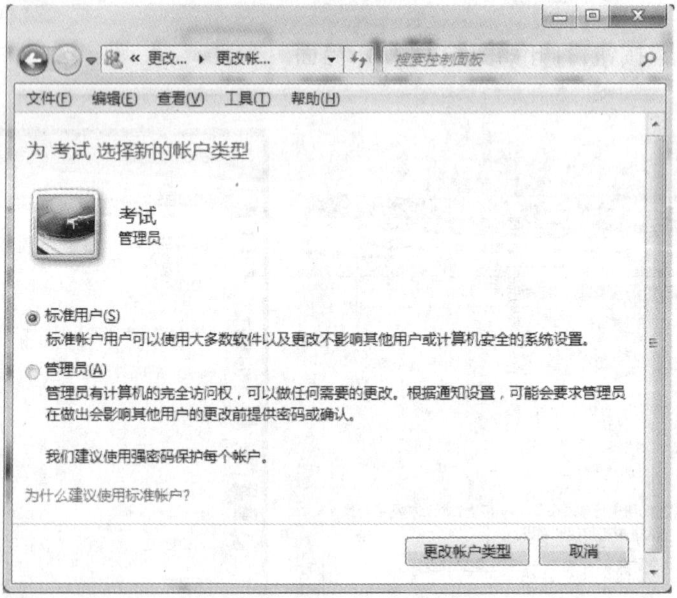

图4.21 确定更改帐户类型

④打开“更改wlxy帐户”的界面,如图4.22所示。

⑤单击“删除帐户”按钮,打开如图4.23所示的“确认删除”界面。然后单击“删除文件”按钮即可将该帐户和该帐户的文件删除。

图 4.22 “更改帐户”界面

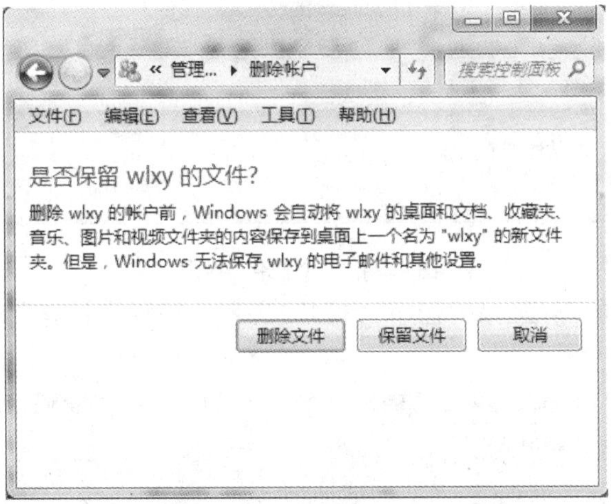

图 4.23 “是否保留 wlxy 的文件”界面

内容 4:显示设置

在 Windows 7 中,显示器设置主要涉及显示器的分辨率、刷新频率和颜色等参数,恰当的设置使得显示器的图像更加逼真、色彩更加丰富,同时降低屏幕闪烁给用户视力带来的影响。请按下列要求完成显示设置,要求如下:

(1)请在当前窗口设置屏幕保护程序为“三维文字”,表面样式为第 1 行第 7 列,分辨率为最低。

(2)请在当前窗口将显示器的颜色设置为“真彩色(32 位)”,将“屏幕刷新频率”设置为 60 赫兹。

(3)请在当前窗口将桌面背景设置为场景中的第 3 个。

(4)请在当前窗口中将库/图片/公用图片/示例图片中的图设置为桌面背景,更换图片时间间隔为 5 分钟,无序播放,最后使用标题栏的按钮关闭“控制面板”窗口查看效果。

【操作步骤】

(1)请在当前窗口设置屏幕保护程序为“三维文字”,表面样式为第 1 行第 7 列,分辨率为最低。

①单击“开始”按钮,然后再单击打开“控制面板”。

②单击“外观和个性化”类别的“更改主题”,打开“个性化”界面,如图4.24所示。

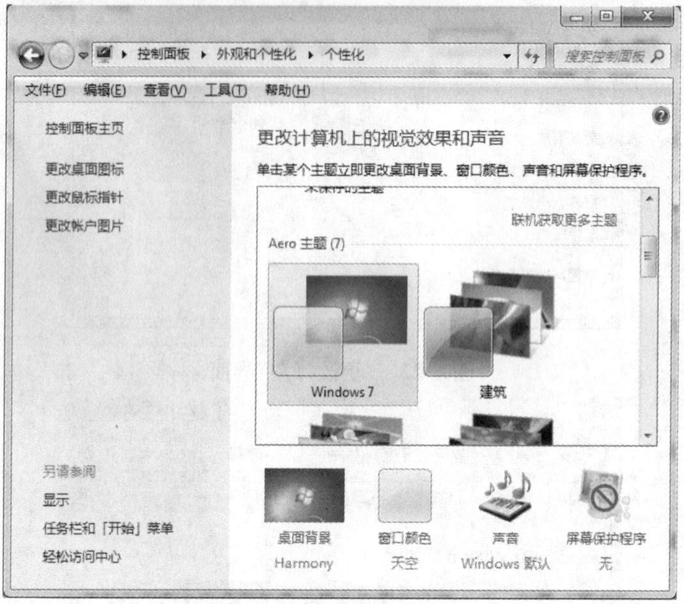

图4.24 “个性化”界面

③单击该界面中的“屏幕保护程序”,打开“屏幕保护程序设置”对话框,选择“三维文字”,如图4.25所示。

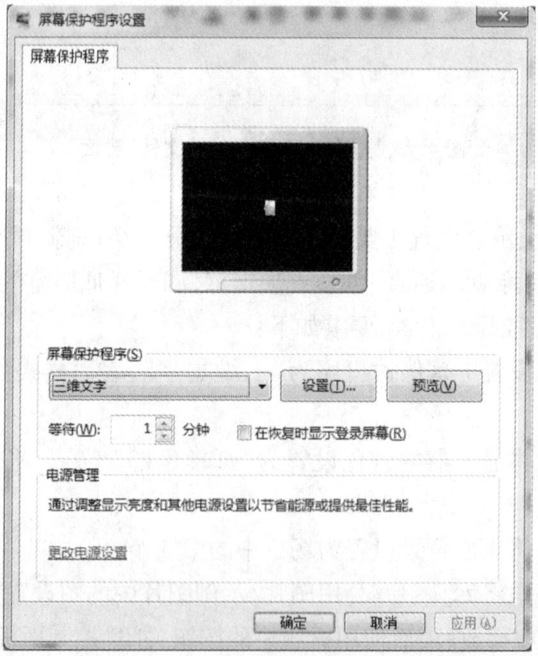

图4.25 “屏幕保护程序设置”对话框

④单击“设置”按钮，打开“三维文字设置”对话框，如图 4.26 所示。

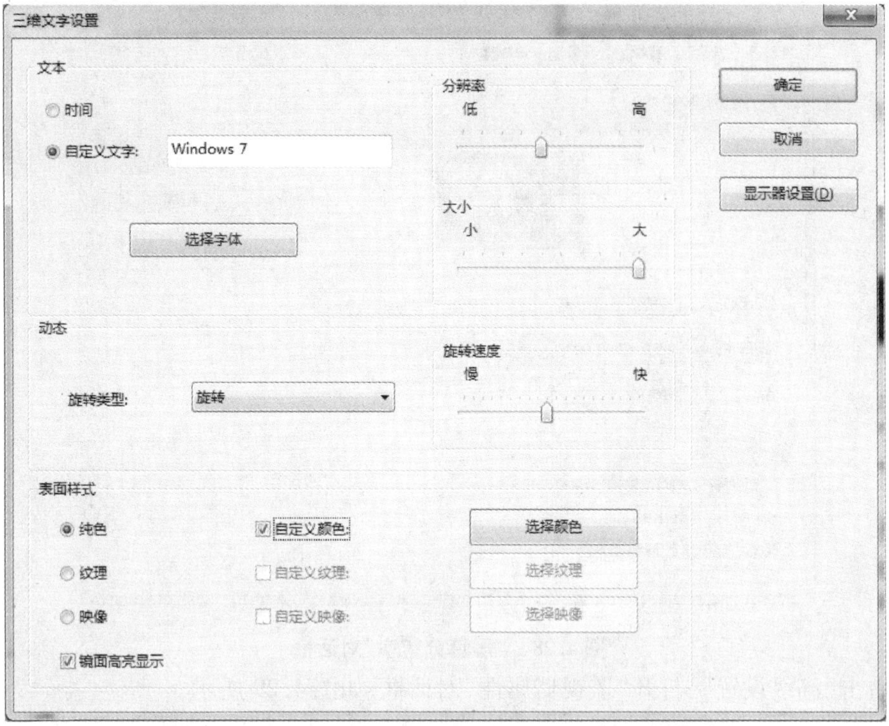

图 4.26 “三维文字设置”对话框

⑤选中“表面样式”的“纯色”、“自定义颜色”，然后单击“选择颜色”打开“颜色”对话框，如图 4.27 所示。

⑥选中第 1 行第 7 列的颜色，单击“确定”按钮，即可完成设置。

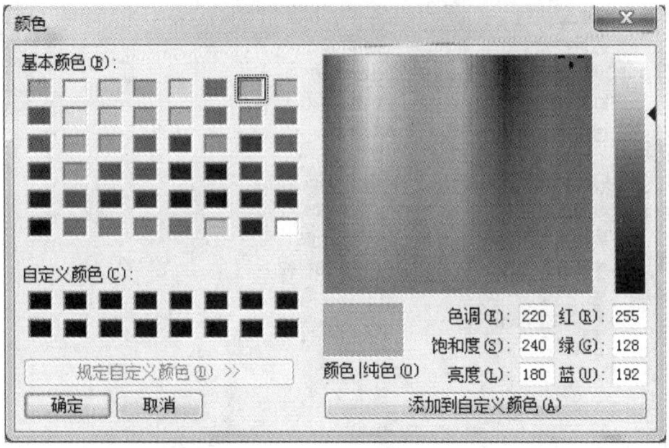

图 4.27 “颜色”对话框

(2)请在当前窗口将显示器的颜色设置为“真彩色(32 位)”，将“屏幕刷新频率”设置为 60 赫兹。

①单击“开始”按钮，然后再单击打开“控制面板”。

②单击“外观和个性化”类别的“调整屏幕分辨率”，打开“屏幕分辨率”界面，如图4.28 所示。

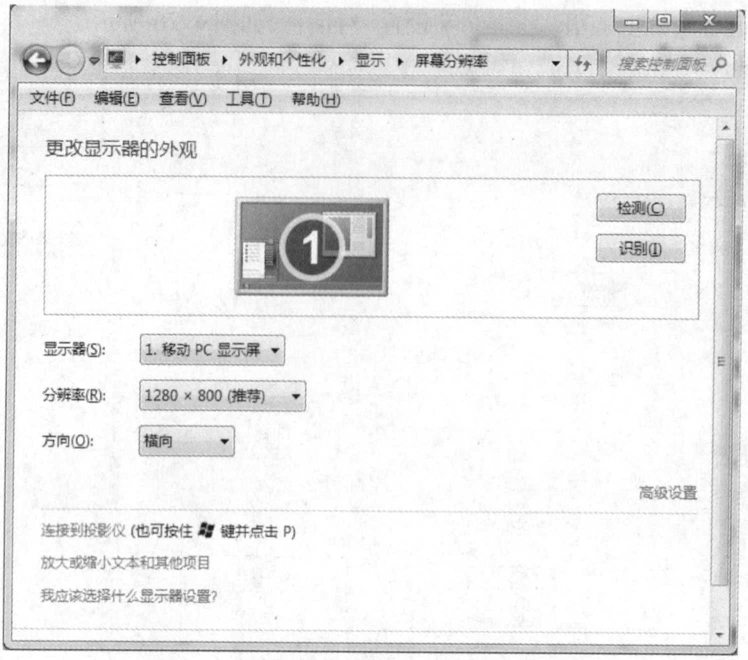

图 4.28 “屏幕分辨率”对话框

③单击“高级设置”，打开“监视器属性”对话框，如图 4.29 所示。

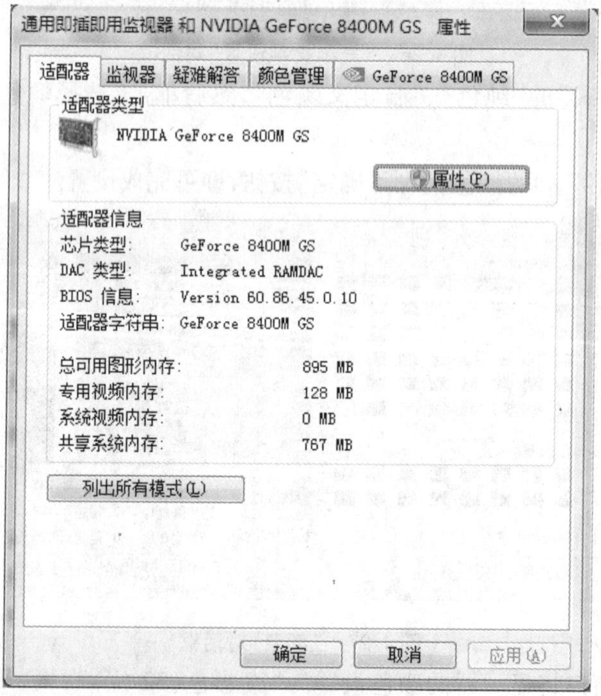

图 4.29 “监视器属性”对话框

④将“屏幕刷新频率”设置为 60 赫兹，“颜色”设置为“真彩色(32 位)”，然后单击“确定”按钮即可完成设置。

(3)请在当前窗口将桌面背景设置为场景中的第 3 个。

①单击“开始”按钮,然后再单击打开“控制面板”。

②单击“外观和个性化”类别的“更改桌面背景”,打开“桌面背景”界面,如图 4.30 所示。

图 4.30 “桌面背景”界面

③勾选中“场景”中的第 3 个图片,然后单击“保存修改”即可完成设置。

(4)请在当前窗口中将库/图片/公用图片/示例图片中图的设置为桌面背景,更换图片时间间隔为 5 分钟,无序播放,最后使用标题栏的按钮关闭“控制面板”窗口查看效果。

①单击“开始”按钮,然后再单击打开“控制面板”。

②单击“外观和个性化”类别的“更改桌面背景”,打开“桌面背景”界面。

③将“图片位置”处的下拉列表从“Windows 桌面背景”修改为图片库,然后将“更改图片时间间隔”修改为“5 分钟”,勾选“无序播放”复选框,单击“保存修改”按钮,“控制面板”即可查看到效果,如图 4.31 所示。

内容 5:日期和时间的设置

计算机的日期和时间能够设置为当前的日期和时间,请按下列要求完成时间日期的设置,要求如下:

(1)请利用“控制面板”将系统的日期和时间设置为 2014 年 5 月 1 日 8:08:08(请按年、月、日、时、分、秒顺序设置)。

(2)请利用“控制面板”将日期和时间设置为与 Internet 时间服务器同步。

(3)通过“控制面板”,设置系统短日期格式为“yy-M-d”。

(4)通过“控制面板”,设置长时间格式为“HH:mm:ss”。

(5)请从当前窗口开始操作,为“瑞典语(芬兰)”设置时间格式为“H:mm:ss”,AM 符号为“上午”,PM 符号为“下午”。

图 4.31 “图片库”的设置

【操作步骤】

(1)请利用“控制面板”将系统的日期和时间设置为 2014 年 5 月 1 日 8:08:08(请按年、月、日、时、分、秒顺序设置)。

①单击“开始”按钮,然后再单击打开“控制面板”。

②单击“时钟、语言和区域”,然后再单击“设置时间和日期”打开“时间和日期”对话框,如图 4.32 所示。

③单击“更改日期和时间”打开“日期和时间设置”对话框,如图 4.33 所示。

④将时间按照年月日时分秒的顺序设置为 2014 年 5 月 1 日 8:08:08,然后单击“确定”按钮即可完成设置。

(2)请利用“控制面板”将日期和时间设置为与 Internet 时间服务器同步。

①用同样的方法打开“时间和日期”对话框。

②单击选中“Internet 时间”选项卡,单击“更改设置”打开“Internet 时间设置”对话框,勾选“与 Internet 时间服务器同步”,如图 4.34 所示。单击“确定”按钮即可完成设置。

(3)通过“控制面板”,设置系统短日期格式为“yy-M-d”。

①单击“开始”按钮,然后再单击打开“控制面板”。

②单击“时钟、语言和区域”,然后单击“区域和语言”打开“区域和语言”对话框,将短日期后的下拉列表设置为“yy-M-d”,如图 4.35 所示。单击“确定”按钮完成设置。

(4)通过“控制面板”,设置长时间格式为“HH:mm:ss”。

用同样的方法打开“区域和语言”对话框,将长时间后的下拉列表设置为“HH:mm:ss”,如图 4.36 所示。单击“确定”完成设置。

图 4.32 “日期和时间”对话框

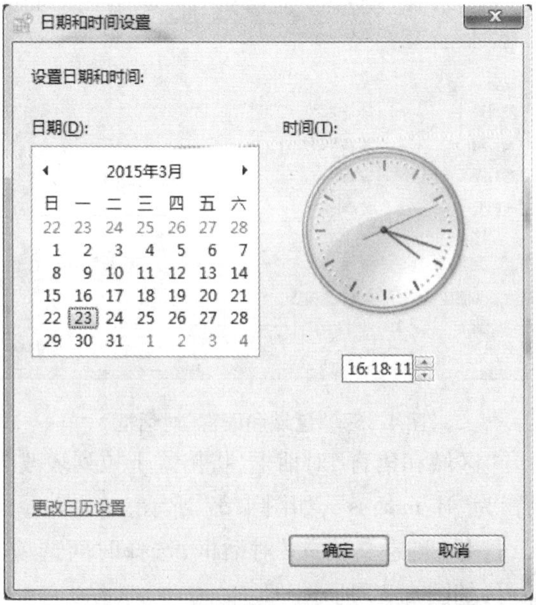

图 4.33 “日期和时间设置”对话框

(5)请从当前窗口开始操作,为“瑞典语(芬兰)”设置时间格式为“H:mm:ss”,AM 符号为“上午”,PM 符号为“下午”。

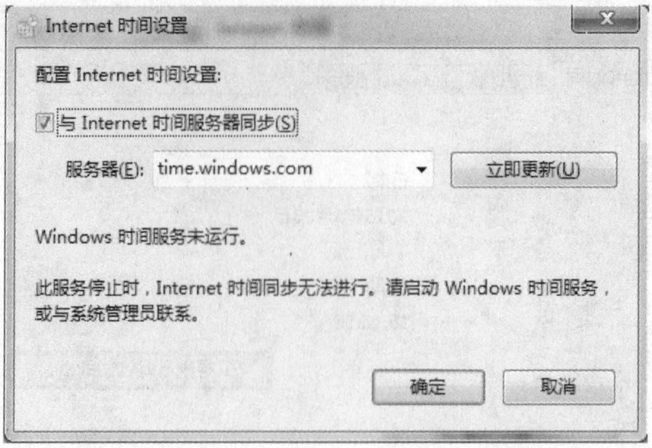

图 4.34 “Internet 时间设置”对话框

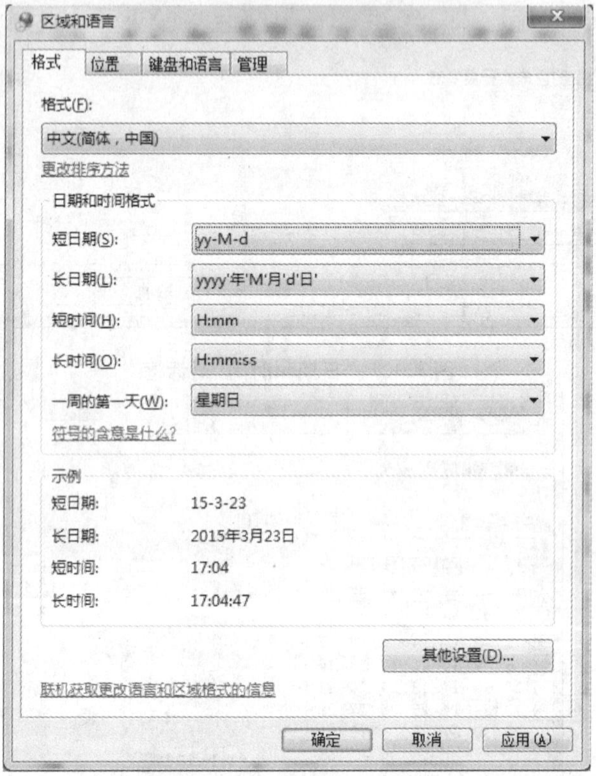

图 4.35 “区域和语言”对话框

①用同样的方法打开“区域和语言”对话框，将格式下拉列表改为“瑞典语(芬兰)”，将长时间后的下拉列表设置为“H:mm:ss”，如图 4.37 所示。

②单击“其他设置”，打开“自定义格式”对话框，选择时间选项卡，将“AM 符号”的下拉列表修改为“上午”即可，如图 4.38 所示。

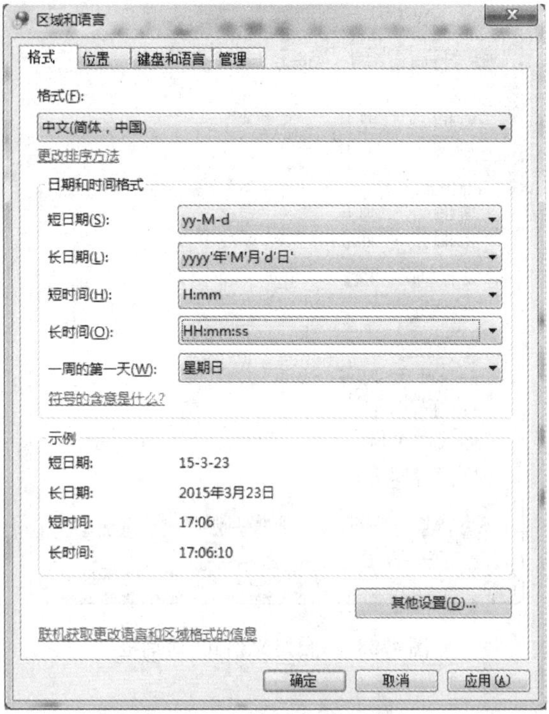

图 4.36 时间格式设置

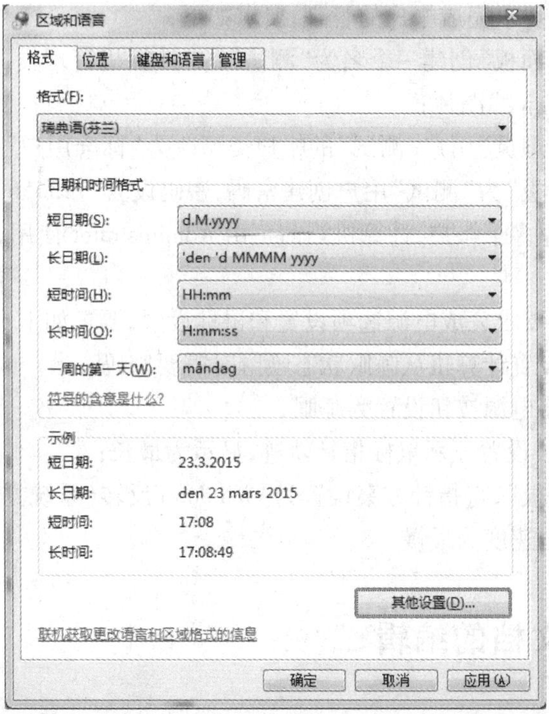

图 4.37 “区域和语言”对话框

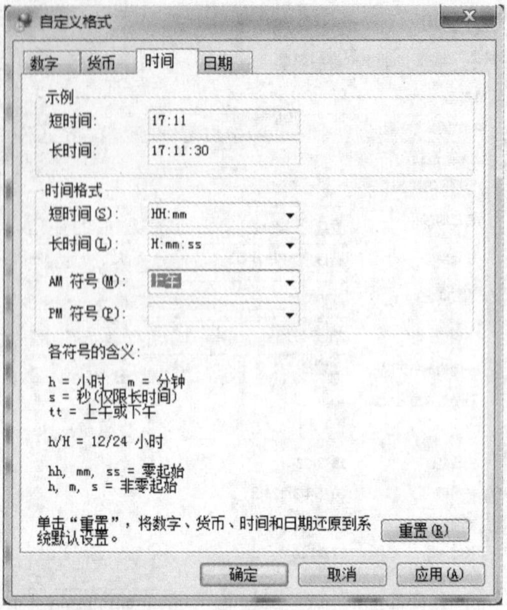

图 4.38 “自定义格式”对话框

三、验证性实验

实验1:请按下列要求完成帐户的管理,要求如下:

(1)请利用“控制面板”创建一个名为“测试”的“计算机管理员”用户,图片为“示例图片”文件夹下的“企鹅.jpg”图片;

(2)将“计算机管理员”用户“测试”的帐户类型改为“标准用户”;

(3)通过“控制面板”为“测试”用户创建密码,密码设为“123456”;

(4)系统中已建立多个帐户,计算机当前正由 Administrator 使用,请把当前帐户切换到“测试”用户。

实验2:请按下列要求完成电源选项设置和鼠标设置,要求如下:

(1)在当前窗口设置计算机从睡眠状态唤醒时需要密码;

(2)在当前窗口将电源按钮设置为睡眠;

(3)在“控制面板”设置显示鼠标指针轨迹,显示为最长;

(4)通过“控制面板”,将指针方案设置为“Windows 反转(系统方案)”;

(5)设置鼠标双击速度为最慢。

实验5 Word 文档的编辑

一、实验目的

- 掌握 Word 2010 的启动与退出,熟悉 Word 2010 的工作窗口;
- 熟练掌握文档的创建、输入、保存和打开操作;

• 熟练掌握文档的编辑操作,包括插入、修改、删除、移动、复制、查找和替换、拼写和语法等基本操作。

二、实验内容

内容:w1 文档的输入和编辑

题目要求:

(1)创建一个新文档,输入以下方框中的内容,把当前文档保存在桌面上,文件命名为"w1. docx"。

We are one ♬♬♬♬ date:April 13, 2015 Put your flags up in the sky, And wave'em side to side, Show the world where you're from, Show the world we are one, (two, love, life). (two, love, life). Olê olê, olê olá. Olê olê, olê olá. Olê olê, olê olá. Olê olê, olê olá. When the goin gets tough, The tough get goin, One love (love), one life (life), one world (world), one fight (fight) , Whole world (world), one night (night), one place (place), Brazil (Brazil) . Everybody put your flags in the sky and do what you feel, It's your world, my world, our world today, And we invite the whole world, whole world to play. ☺

(2)打开文档"w1. docx",进行如下修改:

①在文档的最后插入一行 fifa world cup (小写),使其成为单独一个段落,将句子中的单词首字母改成大写。

②将正文第 5 行(two, love, life). 删除。

③将正文第 4 行(two, love, life)中的 two 更改成 one。

④将最后一行的 fifa world cup 移动到第二行的段首。

⑤查找文档中文字"Olê",全部替换成"噢嘞",字体:红色,着重号,加粗。

⑥将段落标记全部换成手动换行符↓。

⑦利用"审阅"选项卡"校对"选项组中的"拼写和语法"功能,检查文档中的拼写和语法错误,并改正所有错误。

⑧在原位置保存文档。

⑨为使 PDF 阅读器能读取文件,将文件另存为 pdf 文件"w1. pdf"。

【操作步骤】

(1)双击桌面上的"Word 2010"快捷方式图标,启动 Word 2010,进入 Word 2010 的工作窗口。输入文字一般在插入状态下进行,此时状态栏中显示"插入"字样。如果不是,可以单击“改写”按钮或按 Insert 键进行切换。

①输入日期。单击“插入”选项卡的“文本”组中的“日期和时间”按钮,打开“日期和时间”对话框。在“语言(国家/地区)”下拉列表框中选择“英语(美国)”,在“可用格式”列表框中选择需要的格式,并选中“自动更新”复选框,如图 5.1 所示,单击“确定”按钮。

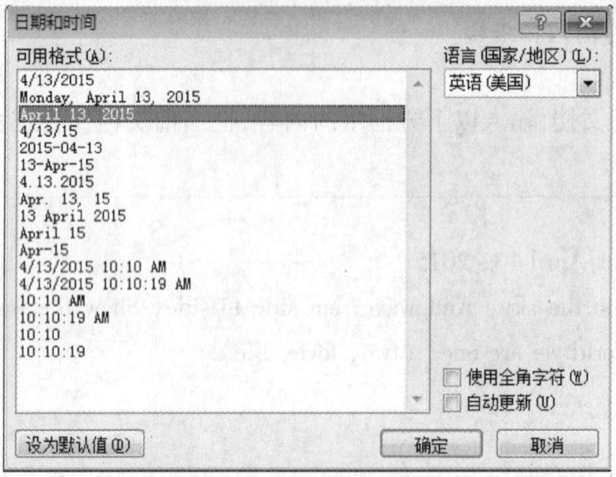

图 5.1 “日期和时间”对话框

②输入♬、ê 符号。单击输入法状态条上的“软键盘”按钮 ⌨ ,在弹出的菜单中选择“特殊符号”,弹出“符号大全”对话框,单击“特殊符号”中的“♬”,如图 5.2 所示。单击“拼音/注音”中的“ê”,插入“ê”。

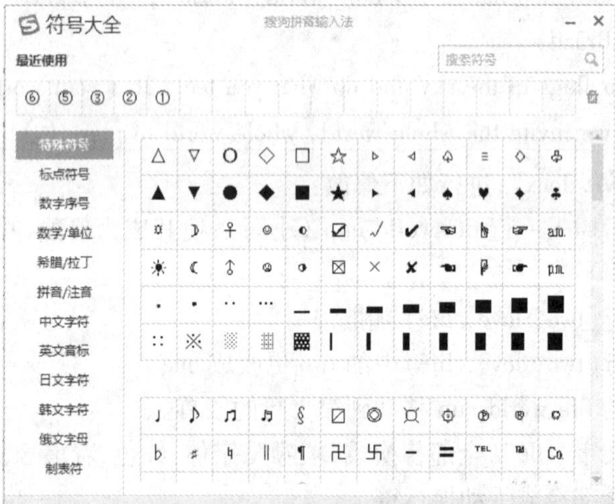

图 5.2 “符号大全”对话框

③输入☺符号。单击“插入”选项卡的“符号”组中的“符号”下拉按钮,在下拉菜单中选择“其他符号”命令,弹出“符号”对话框。在“字体”下拉列表框中选择“Wingdings”,然后选择需要的符号,如图 5.3 所示,单击“插入”按钮,单击“关闭”按钮。

④单击“文件”按钮,在菜单中选择“保存”命令,打开“另存为”对话框。在地址栏下拉列表框中选择“桌面”,在“保存类型”下拉列表框中选择“Word 文档(*. docx)”,在“文

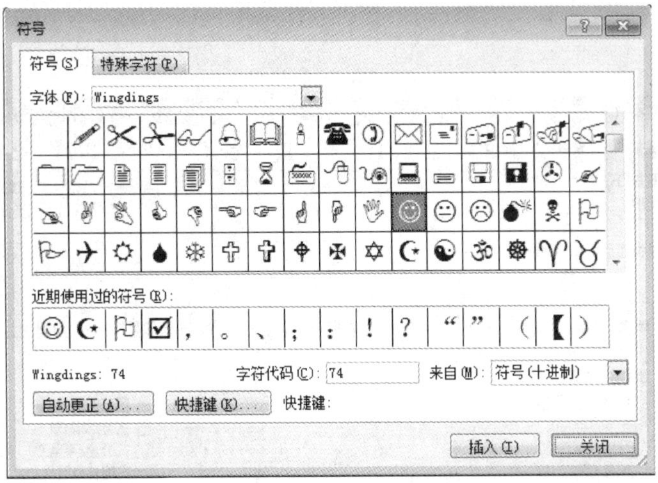

图 5.3 “符号”对话框

件名”下拉列表框中输入文件名“w1”,单击“保存”按钮,然后关闭该文档。

(2)打开“w1.docx”,对文档按要求进行如下修改。

①在插入状态下,将光标移到文档的最后,按回车键插入新的一行,输入“fifa world cup”,单击“开始”选项卡的“字体”组中的Aa图标,在弹出的下拉菜单中选择“每个单词首字母大写”。

②选中正文第 5 行(two, love, life),按 Delete 键。

③选中正文第 4 行(two, love, life) 中的 two,按 Delete 键,输入“one”。

④选中“Fifa World Cup”(注意不选中段落标记),单击右键,在快捷菜单中选择“剪切”命令,将光标移到第二行段首,按快捷键 Ctrl + V,也可以使用“鼠标拖动”的快捷方法。

⑤单击“开始”选项卡“编辑”组中的“替换”按钮,打开“查找和替换”对话框。在“查找内容”下拉列表框中输入“Olê”,在“替换为”下拉列表框中输入“噢嘞”。单击“替换”选项卡中“更多”按钮,出现图 5.4 所示的高级查找替换对话框。单击“格式”按钮将其设置成红色,着重号,加粗,如图 5.5 所示,然后单击“全部替换”按钮,再关闭对话框。

⑥单击“开始”选项卡的“编辑”组中的“替换”按钮,打开“查找和替换”对话框。单击“替换”选项卡中“更多”按钮。单击“查找内容”文本框,再单击“特殊格式”按钮,弹出特殊格式字符组成的列表,选定“段落标记”。单击“替换为”文本框,再单击“特殊格式”按钮,弹出特殊格式字符组成的列表,选定“手动换行符”,然后单击“全部替换”按钮。

⑦单击“审阅”选项卡的“校对”组中的“拼写和语法”按钮,进行拼写检查。如果有错误,在“拼写和语法”对话框中更改。

⑧单击“快速访问工具栏”上“保存”按钮保存文档。

⑨单击“文件”按钮,在菜单中选择“保存并发送”命令,单击“创建 PDF/XPS 文档”,再单击“创建 PDF/XPS”按钮,弹出“发布为 PDF 或 XPS”对话框,如图 5.6 所示。在“文件名”下拉列表框中输入文件名“w1”,单击“发布”按钮。

w1 文档的示例如图 5.7 所示。

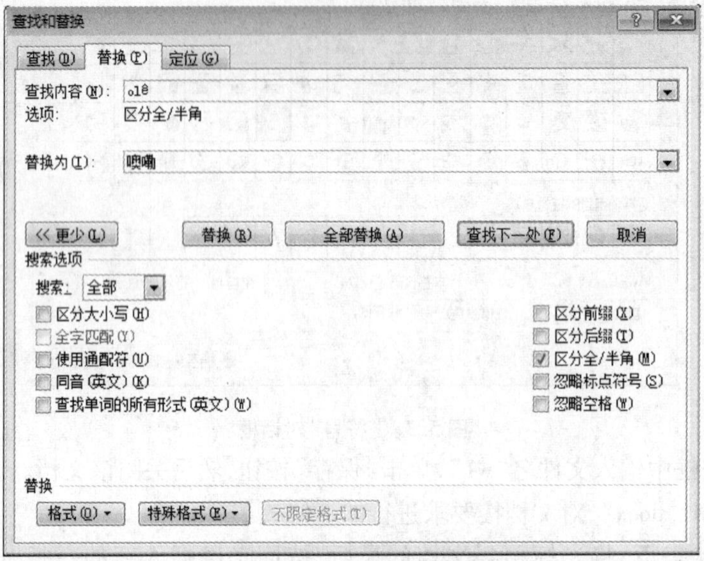

图 5.4 “查找和替换”对话框

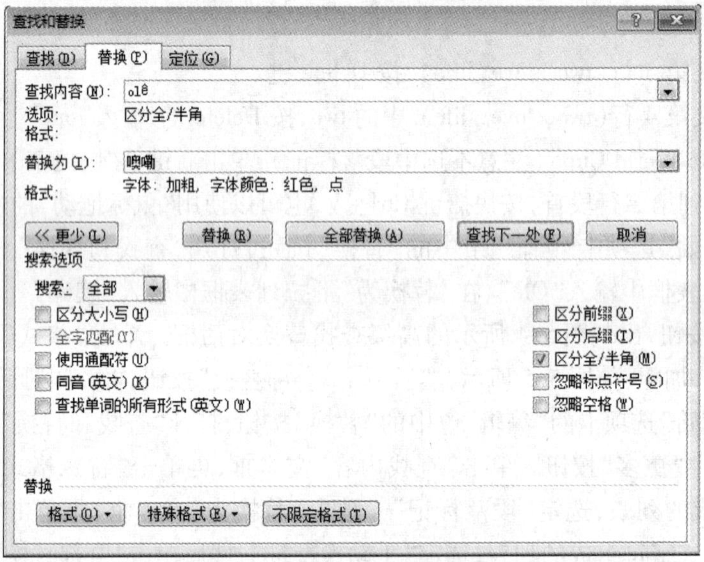

图 5.5 “查找和替换-格式”对话框

图 5.6 “发布为 PDF 或 XPS”对话框

We are one

Fifa World Cup ♫♫♫♫　　date: April 13, 2015

Put your flags up in the sky, And wave'em side to side, Show the world where you're from, Show the world we are one, (one, love, life).

噢嘞 噢嘞，噢嘞 olá

噢嘞 噢嘞，噢嘞 olá

噢嘞 噢嘞，噢嘞 olá

噢嘞 噢嘞，噢嘞 olá

When the goin gets tough, The tough get goin, One love (love), one life (life), one world (world), one fight (fight), Whole world (world), one night (night), one place (place), Brazil (Brazil). Everybody put your flags in the sky and do what you feel, It's your world, my world, our world today, And we invite the whole world, whole world to play. ☺

图 5.7　w1 文档的示例

三、验证性实验

实验：w2 文档的输入和编辑，按下列要求完成：

(1) 创建一个新文档，输入以下方框中的内容，把当前文档保存在桌面上，文件命名为“w2. docx”。

"One World One Dream" fully reflects the essence and the universal values of the Olympic spirit — Unity, Friendship, Progress, Harmony, Participation and Dream. It expresses the common wishes of people all over the world, inspired by the Olympic ideals, to strive for a bright future of Mankind. In spite of the differences in colors, languages and races, we share the charm and joy of the Olympic Games, and together we seek for the ideal of Mankind for peace. We belong to the same world and we share the same aspirations and dreams. “同一个世界同一个梦想”,集中体现了奥林匹克精神的实质和共同价值观——团结、友谊、进步、和谐、参与和梦想,表达了全世界在奥林匹克精神的感召下,追求人类美好未来的共同愿望。尽管人类肤色不同、语言不同、种族不同,但我们共同分享奥林匹克的魅力与欢乐,共同追求着人类和平的理想,我们同属一个世界,我们拥有同样的希望和梦想。

(2)将文档分成 2 个段落,第 2 段落以“同一个世界 同一个梦想”为首句。

(3)选定第 2 段“同一个世界同一个梦想……”,将其移动到第 1 段之前。

(4)在文档的最后插入一行 one world one dream(小写),使其成为单独一个段落。将句子中的单词首字母改成大写。

(5)利用“审阅”选项卡的“校对”选项组中的“拼写和语法”功能,检查文档中的拼写和语法错误,并改正所有错误。

(6)查找文档中的文字“奥林匹克”,将其替换成英文 Olympic,字体:Arial Unicode MS,蓝色,着重号,加粗。

(7)在原位置保存文档。

w2 文档的示例如图 5.8 所示。

“同一个世界同一个梦想”,集中体现了 **Olympic** 精神的实质和共同价值观——团结、友谊、进步、和谐、参与和梦想,表达了全世界在 **Olympic** 精神的感召下,追求人类美好未来的共同愿望。尽管人类肤色不同、语言不同、种族不同,但我们共同分享 **Olympic** 的魅力与欢乐,共同追求着人类和平的理想,我们同属一个世界,我们拥有同样的希望和梦想。
"One World One Dream" fully reflects the essence and the universal values of the Olympic spirit — Unity, Friendship, Progress, Harmony, Participation and Dream. It expresses the common wishes of people all over the world, inspired by the Olympic ideals, to strive for a bright future of Mankind. In spite of the differences in colors, languages and races, we share the charm and joy of the Olympic Games, and together we seek for the ideal of Mankind for peace. We belong to the same world and we share the same aspirations and dreams.↵
One World One Dream↵

图 5.8 w2 文档的示例

四、设计性实验

收集自己喜欢的文字题材(如电影素材、文学作品、游戏介绍等),输入 Word 文档中保存,尽量用到所学的文档输入和编辑知识。

实验 6 文档排版

一、实验目的

- 熟练掌握 Word 文档的字符排版;
- 熟练掌握 Word 文档的段落排版;
- 熟练掌握 Word 文档的页面排版。

二、实验内容

内容:w3 文档的排版

题目要求:

(1)创建一个新文档,输入以下方框中的内容,把当前文档保存在桌面上,文件命名为"w3. docx"。

> **一剪梅**
>
> 北宋　李清照
>
> 红藕香残玉簟秋。
> 轻解罗裳,独上兰舟。
> 云中谁寄锦书来?
> 雁字回时,月满西楼。
> 花自飘零水自流。
> 一种相思,两处闲愁。
> 此情无计可消除,
> 才下眉头,却上心头。
> 【评解】
> 这是一首抒写离别情绪的词,重在写别后的相思之情。上片虽没有一个离情别绪的字眼,却句句饱含离别之情,极为含蓄。下片则是直抒相思与别愁。词以浅近明白的语言,表达深思挚爱之情,缠绵感人。
> 【注释】
> 藕:红色的荷花。
> 玉簟:光华如玉的席子。
> 雁字:指雁群飞时排成"一"或"人"形。相传雁能传书。

【译文】

荷已残，香已消，冷滑如玉的竹席，透出深深的凉秋，轻轻脱换下薄纱罗裙，独自泛一叶兰舟。仰头凝望远天，那白云舒卷处，谁会将锦书寄有？正是雁群排成“人”字，一行行南归时候，月光皎洁浸人，洒满这西边独倚的亭楼。花，自在地飘零，水，自在地飘流，一种离别的相思，你与我，牵动起两处的闲愁。啊，无法排除的是——这相思，这离愁，刚从微蹙的眉间消失，又隐隐缠绕上了心头。

(2)页面格式设置：纸张为 A4；页边距为上、下 2.5 厘米，左、右各 3 厘米。

(3)将标题段(一剪梅)设置为二号红色楷体、加粗、居中，绿色边框，边框宽度为 3 磅，黄色底纹。

(4)将正文(北宋　李清照……才下眉头，却上心头。)字体设置为宋体、小四号，居中。

(5)将正文(【评解】……又隐隐缠绕上了心头。)字体设置为宋体、五号，首行缩进 2 字符，行距设置为固定值 22 磅。

(6)将正文(这是一首抒写离别情绪的词……缠绵感人。)设置为首字下沉两行、隶书、距正文 0.6 厘米；将正文最后一段(荷已残……又隐隐缠绕上了心头。)分两栏，中间加分割线。

(7)为【注释】部分(藕：红色的荷花……相传雁能传书。)的 3 段文字设置项目符号◆。

(8)为第 2 行(北宋　李清照)插入脚注，脚注内容为“李清照(1084—约 1155) 中国宋代词人”。脚注字体为小五号宋体。将该行文本效果设置为“渐变填充-紫色，强调文字颜色 4，映像”。

(9)插入页眉，页眉内容为“经典宋词”，字体为楷体、三号，右对齐，文本效果设置为“填充-红色，强调文字颜色 2，双轮廓-强调文字颜色 2”。

(10)在原位置保存文档。

【操作步骤】

(1)双击桌面上的“Word 2010”快捷方式图标，启动 Word 2010，进入 Word 2010 的工作窗口，输入文字。单击“文件”按钮，在菜单中选择“保存”命令，打开“另存为”对话框。在地址栏下拉列表框中选择“桌面”，在“保存类型”下拉列表框中选择“Word 文档(*.docx)”，在“文件名”下拉列表框中输入文件名“w3”，单击“保存”按钮。

(2)单击“页面布局”选项卡的“页面设置”组中的“页面设置”按钮，打开“页面设置”对话框，在“纸张”选项卡的“纸张大小”中设置为 A4，在“页边距”选项卡的“页边距”栏中设置页边距为上、下 2.5 厘米，左、右 3 厘米。

(3)选中标题行，按如下步骤操作即可。

①在“开始”选项卡的“字体”组中分别单击“字体”、“字号”和“字体颜色”下的三角按钮，分别设置为“楷体”、“二号”、“红色”；再单击“加粗”按钮设置“粗体”；然后在“段落”组中单击“居中”按钮设置标题行居中。

②在“页面布局”选项卡的“页面背景”组中单击“页面边框”按钮，打开“边框和底纹”对话框。

③切换至“边框”选项卡，在“设置”栏选择“方框”选项，在“样式”列表框中选择“实

线”,在“颜色”下拉列表中选“绿色”,在“宽度”下拉列表中选“3.0 磅”,在“预览”栏的“应用于”下拉列表中选择“文字”,如图 6.1 所示。

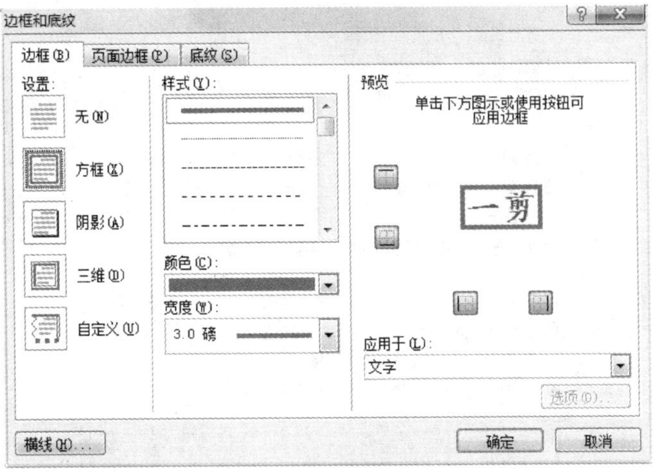

图 6.1　“边框”选项卡

④切换至“底纹”选项卡,在“填充”下拉列表中选择“黄色”,在“预览”栏的“应用于”下拉列表中选择“文字”,如图 6.2 所示。

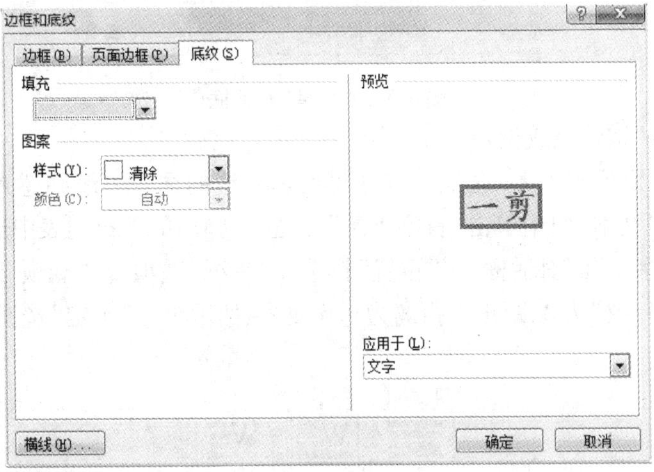

图 6.2　“底纹”选项卡

⑤单击“确定”按钮完成设置。

(4)选中文字,在“开始”选项卡的“字体”组中分别单击“字体”、“字号”下的三角按钮,分别选择“宋体”、“小四号”,然后在“段落”组中单击“居中”按钮。

(5)选中文字,按如下步骤操作即可。

①在“开始”选项卡的“字体”组中分别单击“字体”、“字号”下的三角按钮,分别选择“宋体”、“五号”;在“段落”组中单击“段落”按钮打开“段落”对话框,切换至“缩进和间距”选项卡。

②在“缩进”栏的“特殊格式”下拉列表中选择“首行缩进”,在“磅值”下拉列表中选择“2 字符”。

③在“间距”栏“行距”下拉列表中选择“固定值”,调整“设置值”为“22 磅”。如图 6.3 所示。

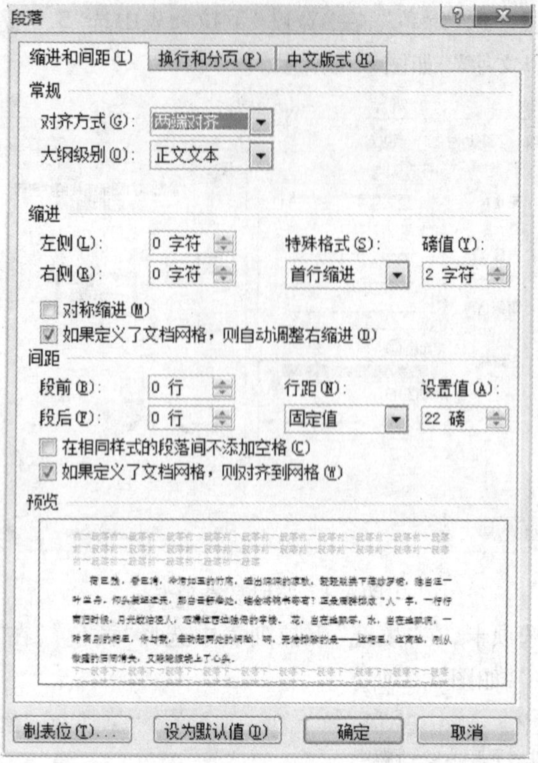

图 6.3　“段落”对话框

④单击“确定”按钮完成设置。

(6)将插入点定位于正文(这是一首抒写离别情绪的词……缠绵感人。)任意位置,在“插入”选项卡的“文本”组中单击“首字下沉”按钮,在弹出的下拉列表中选择“首字下沉选项”命令打开“首字下沉”对话框,在“位置”栏选择“下沉”选项,在“选项”栏中设置“字体”为“隶书”、“下沉行数”为 2、距正文距离为 0.6 厘米,然后单击“确定”按钮,如图 6.4 所示。

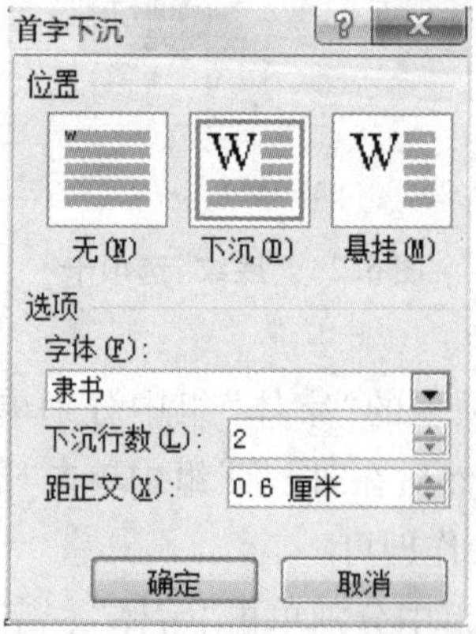

图 6.4　“首字下沉”对话框

选中正文最后一段除段落结束标记的全部文字,在“页面布局”选项卡的“页面设置”组中单击“分栏”按钮,在弹出的下拉列表中选择“更多分栏”选项打开“分栏”对话框,在“预设”栏选择“两栏”选项并勾选“分隔线”复选框,然后单击“确定”按钮,如图 6.5 所示。

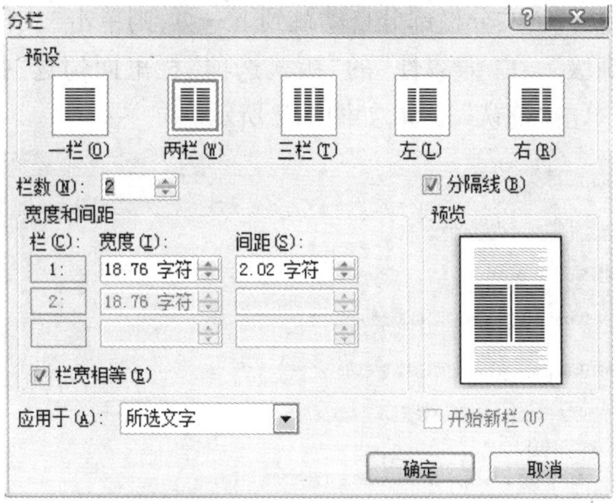

图 6.5 “分栏”对话框

(7)选中【注释】部分的3段文字(藕:红色的荷花……相传雁能传书。),在“开始”选项卡的“段落”组中单击“项目符号”下的三角按钮,在弹出的下拉列表中选择所需符号“◆”插入即可。

(8)选中该行文字(北宋 李清照),在“引用”选项卡的“脚注”组中单击“插入脚注”按钮,该页底部立即出现“脚注”编辑区,随即输入脚注内容“李清照(1084—约1155)中国宋代词人。”

选中要更改字体的脚注内容。单击“引用”选项卡的“脚注”组中的“显示备注”按钮,光标会移动到所添加脚注的位置,然后按Shift和方向键,选中需要更改字体的脚注内容。

切换至“开始”选项卡的“字体”组中设置字体为“宋体”,字号为“小五”,然后单击“文本效果”下的三角按钮,在弹出的下拉列表中选择“渐变填充-紫色,强调文字颜色4,映像”选项即可,如图6.6所示。

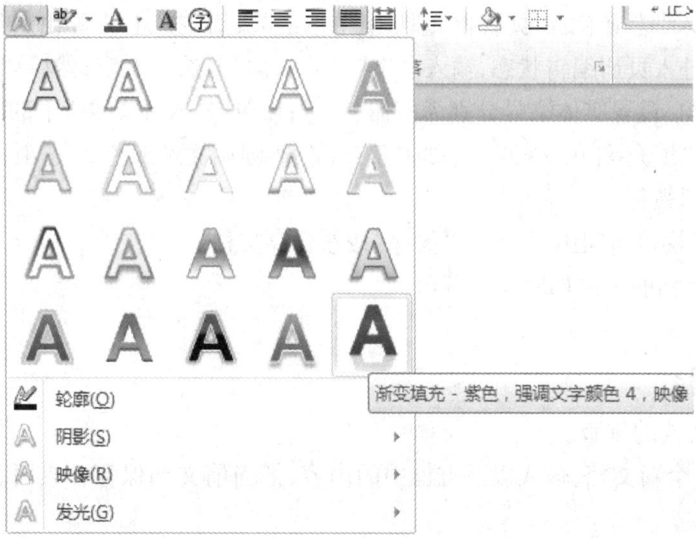

图 6.6 “文本效果”按钮的下拉列表

注意:若插入脚注后,正文分栏部分自动跳到下一页,则单击“文件|选项”,打开“Word选项”对话框,单击“高级”,在“兼容性”的“版式选项”栏里面勾选“按 word 6. x/95/97 的方式安排脚注”,然后单击“确认”按钮,如图 6.7 所示。

图 6.7 “高级”兼容性列表

(9)在“插入”选项卡的“页眉和页脚”组中单击“页眉”按钮,在弹出的列表中选择“编辑页眉”选项,进入页眉编辑状态,输入文字“经典宋词”并选中文字;然后切换至“开始”选项卡的“字体”组,设置字体字号分别为楷体、三号;再单击“文本效果”下的三角按钮,弹出下拉列表,选择“填充-红色,强调文字颜色 2,双轮廓-强调文字颜色 2”选项;再在“段落”组中单击“右对齐”按钮。

(10)单击“快速访问工具栏”上“保存”按钮保存文档。

W3. docx 文档的示例如图 6.8 所示。

三、验证性实验

实验:w4 文档的排版。

(1)创建一个新文档,输入以下方框中的内容,把当前文档保存在桌面上,文件命名为“w4. docx”。

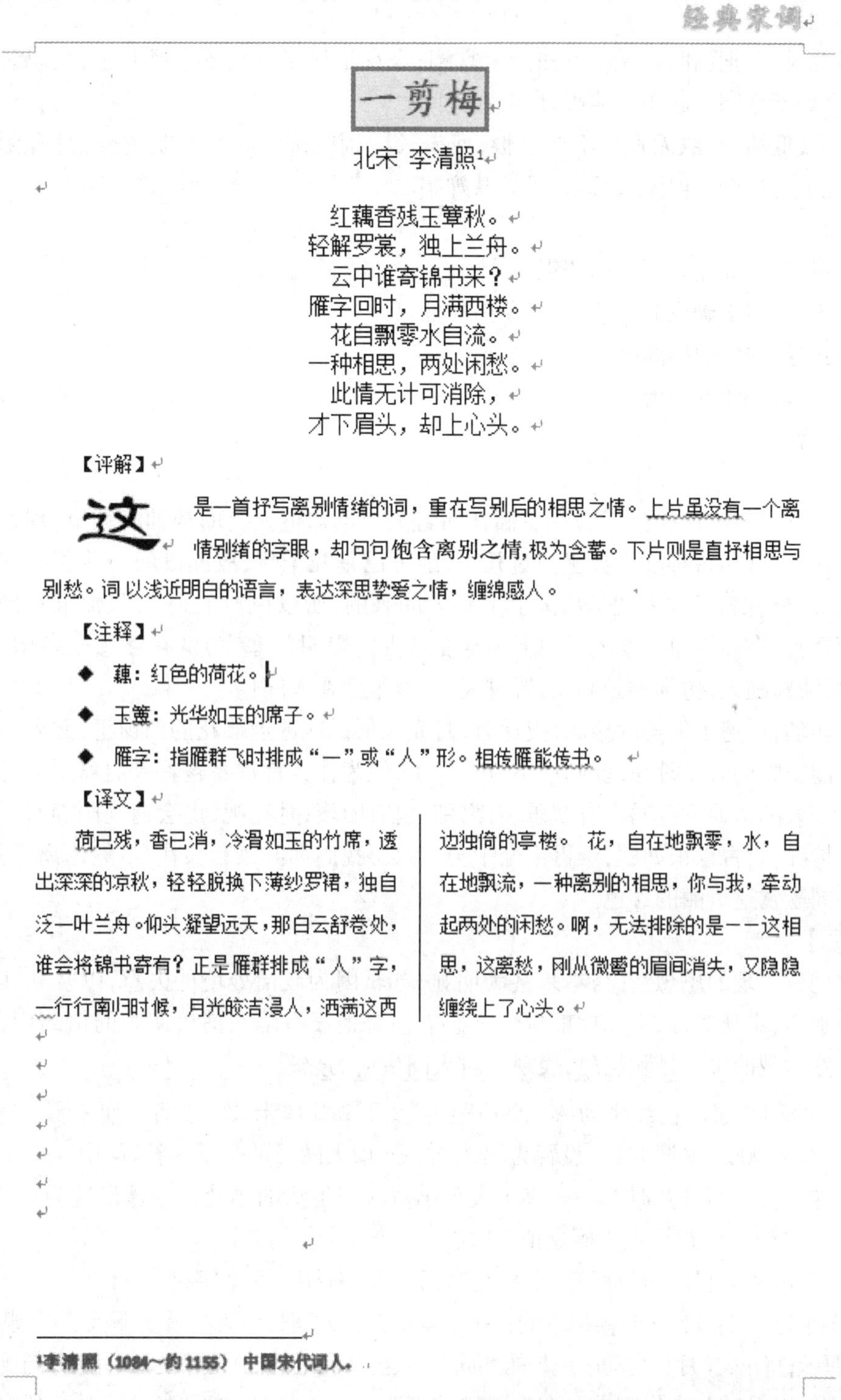
经典宋词

一剪梅

北宋 李清照[1]

红藕香残玉簟秋。
轻解罗裳，独上兰舟。
云中谁寄锦书来？
雁字回时，月满西楼。
花自飘零水自流。
一种相思，两处闲愁。
此情无计可消除，
才下眉头，却上心头。

【评解】

这是一首抒写离别情绪的词，重在写别后的相思之情。上片虽没有一个离情别绪的字眼，却句句饱含离别之情，极为含蓄。下片则是直抒相思与别愁。词以浅近明白的语言，表达深思挚爱之情，缠绵感人。

【注释】

- 藕：红色的荷花。
- 玉簟：光华如玉的席子。
- 雁字：指雁群飞时排成“一”或“人”形。相传雁能传书。

【译文】

荷已残，香已消，冷滑如玉的竹席，透出深深的凉秋，轻轻脱换下薄纱罗裙，独自泛一叶兰舟。仰头凝望远天，那白云舒卷处，谁会将锦书寄有？正是雁群排成“人”字，一行行南归时候，月光皎洁浸人，洒满这西边独倚的亭楼。 花，自在地飘零，水，自在地飘流，一种离别的相思，你与我，牵动起两处的闲愁。啊，无法排除的是－－这相思，这离愁，刚从微蹙的眉间消失，又隐隐缠绕上了心头。

[1]李清照（1084~约1155） 中国宋代词人。

图 6.8 w3 文档的示例

水调歌头

明月几时有，把酒问青天。不知天上宫阙，今夕是何年。我欲乘风归去，又恐琼楼玉宇，高处不胜寒。起舞弄清影，何似在人间。

转朱阁，低绮户，照无眠。不应有恨，何事长向别时圆？人有悲欢离合，月有阴晴圆缺，此事古难全。但愿人长久，千里共婵娟。

【注释】

阙：古代宫殿前左右竖立的楼观。

琼楼玉宇：美玉砌成的楼宇，指想象中的仙宫。

朱阁：朱红的华丽楼阁。

绮户：雕饰华丽的门窗。

婵娟：指月亮。

【译文】

明月什么时候出现的？（我）端着酒杯问青天。不知道天上的神仙宫阙里，现在是什么年代了。（传说神仙世界里只过几天，地下已是几千年，故此设问。）我想乘着风回到天上（好像自己本来就是从天上下到人间来的，所以说“归去”），只怕玉石砌成的美丽月宫，在高空中经受不住寒冷（传说月中宫殿叫广寒宫）。在浮想联翩中，对月起舞，清影随人，仿佛乘云御风，置身天上，哪里像在人间！

月亮转动，照遍了华美的楼阁，夜深时，月光又低低地透进雕花的门窗里，照着心事重重不能安眠的人。月亮既圆，便不应有恨了，但为什么常常要趁着人们离别的时候团圆呢？人的遭遇，有悲哀、有欢乐、有离别、也有团聚；月亮呢，也会遇到阴、晴、圆、缺；这种情况，自古以来如此，难得十全十美。只愿我们都健康和长在，虽然远离千里，却能共同欣赏这美丽的月色。

【主题】

这首词所表现的思想情感，本来甚为明显，苏轼因为政治处境的失意，以及和其弟苏辙的别离，中秋对月，不无抑郁惆怅之感。但是他没有陷在消极悲观的情绪中，旋即以超然达观的思想排除忧患，表现出对人间生活的热爱。

（2）页面格式设置：纸张为 A4；页边距为上、下 2.8 厘米，左、右各 3 厘米。

（3）将标题段（水调歌头）设置为黑体、二号、增大圈号的带圈字符、居中。

（4）将正文（明月几时有……终于表现出对人间生活的热爱。）字体设置为宋体、五号、首行缩进 2 字符，行距设置为固定值 22 磅。

（5）将正文（明月几时有……千里共婵娟。）左、右缩进 5 个字符。

（6）将正文（明月什么时候出现的？……哪里像在人间！）设置为首字下沉三行、隶书、距正文 0.4 厘米；将正文（月亮转动……却能共同欣赏这美丽的月色。）分三栏，中间加分割线。

（7）为正文（阙：古代宫殿前左右竖立的楼观。……婵娟：指月亮。）间的 5 段文字设置项目符号“▼”。

（8）为标题段（水调歌头）插入脚注：脚注标记为“①”，脚注内容为“词牌名。本文选自《东坡乐府笺》（商务印书馆 1958 年版）”，脚注字体为五号黑体。将该行文本效果设置为

“渐变填充-橙色,强调文字颜色 5,内部阴影”。

(9)插入页眉页脚,页眉内容为“学号姓名”,如“201440113 张末”,字体为楷体、三号,右对齐,绿色边框,边框宽度为 3 磅,底纹填充设置为“橙色,强调文字颜色 6,淡色 80%”。页脚为居中对齐方式,插入双线条型页码。

(10)在原位置保存文档。

w4 文档的示例如图 6.9 所示。

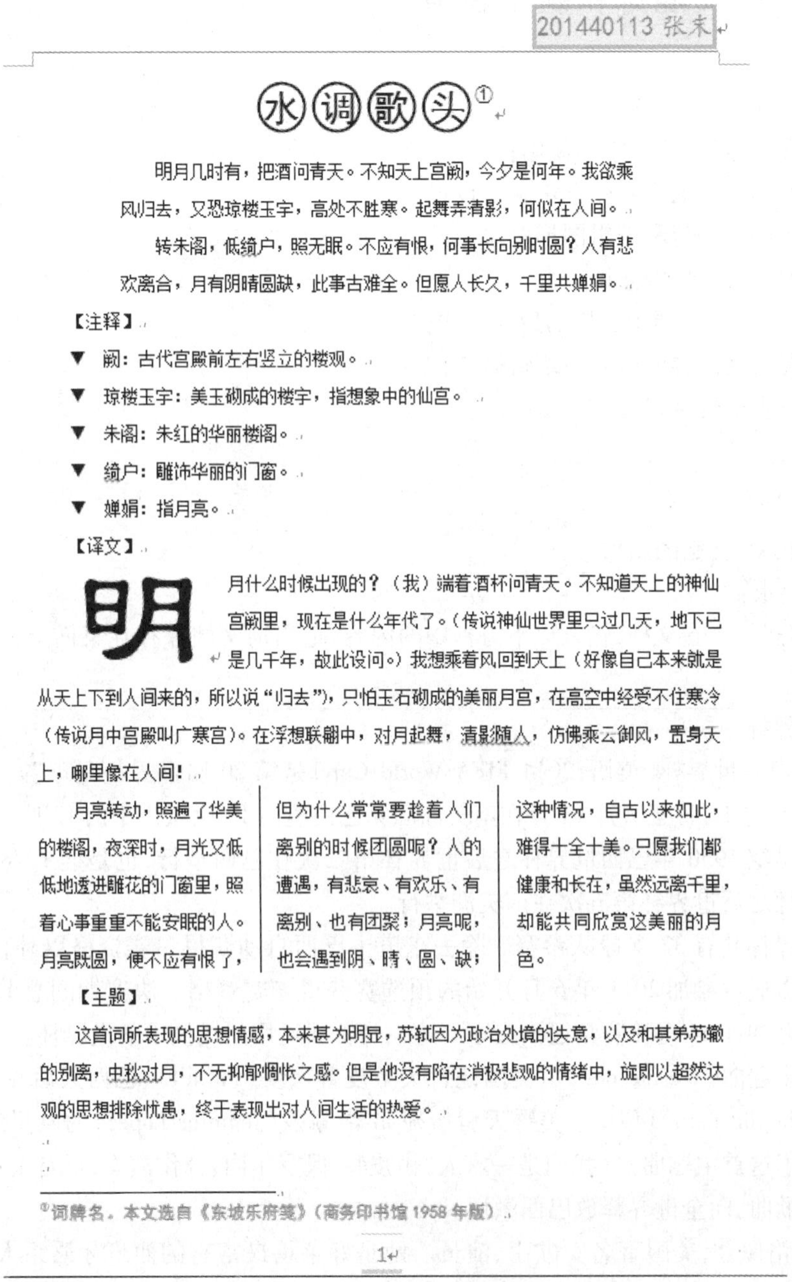
201440113 张末

水调歌头[①]

明月几时有，把酒问青天。不知天上宫阙，今夕是何年。我欲乘风归去，又恐琼楼玉宇，高处不胜寒。起舞弄清影，何似在人间。

转朱阁，低绮户，照无眠。不应有恨，何事长向别时圆？人有悲欢离合，月有阴晴圆缺，此事古难全。但愿人长久，千里共婵娟。

【注释】

▼ 阙：古代宫殿前左右竖立的楼观。

▼ 琼楼玉宇：美玉砌成的楼宇，指想象中的仙宫。

▼ 朱阁：朱红的华丽楼阁。

▼ 绮户：雕饰华丽的门窗。

▼ 婵娟：指月亮。

【译文】

明月什么时候出现的？（我）端着酒杯问青天。不知道天上的神仙宫阙里，现在是什么年代了。（传说神仙世界里只过几天，地下已是几千年，故此设问。）我想乘着风回到天上（好像自己本来就是从天上下到人间来的，所以说“归去”），只怕玉石砌成的美丽月宫，在高空中经受不住寒冷（传说月中宫殿叫广寒宫）。在浮想联翩中，对月起舞，清影随人，仿佛乘云御风，置身天上，哪里像在人间！

月亮转动，照遍了华美的楼阁，夜深时，月光又低低地透进雕花的门窗里，照着心事重重不能安眠的人。月亮既圆，便不应有恨了，但为什么常常要趁着人们离别的时候团圆呢？人的遭遇，有悲哀、有欢乐、有离别、也有团聚；月亮呢，也会遇到阴、晴、圆、缺；这种情况，自古以来如此，难得十全十美。只愿我们都健康和长在，虽然远离千里，却能共同欣赏这美丽的月色。

【主题】

这首词所表现的思想情感，本来甚为明显，苏轼因为政治处境的失意，以及和其弟苏辙的别离，中秋对月，不无抑郁惆怅之感。但是他没有陷在消极悲观的情绪中，旋即以超然达观的思想排除忧患，终于表现出对人间生活的热爱。

[①]词牌名。本文选自《东坡乐府笺》（商务印书馆 1958 年版）。

1

图 6.9　w4 文档的示例

四、设计性实验

输入并编辑好自己喜欢的文字，根据个人的审美和爱好进行个性化排版，尽量用到学过的文档排版知识。

实验 7　图文混排和制作表格

一、实验目的

- 掌握文本框、艺术字的使用；
- 掌握图片的插入和图形格式的设置；
- 了解如何创建和编辑图形对象；
- 了解图形对象的修饰；
- 掌握 Word 文档中表格的建立方法；
- 掌握表格内容的输入与编辑操作；
- 掌握表格的格式设置。

二、实验内容

内容 1：w5 文档的制作

题目要求：

(1)创建一个新文档，输入以下方框中的内容，把当前文档保存在桌面上，文件命名为“w5. docx”。

巴西世界杯

2014 年巴西世界杯(英语：2014 FIFA World Cup)是第 20 届世界杯足球赛。比赛于 2014 年 6 月 12 日至 7 月 13 日在南美洲国家巴西境内 12 座城市中的 12 座球场内举行。这是继 1950 年巴西世界杯之后世界杯第二次在巴西举行，也是继 1978 年阿根廷世界杯之后世界杯第五次在南美洲举行。

本次世界杯共有 32 支球队参赛。除去东道主巴西自动获得参赛资格以外，其他 31 个国家需通过参加 2011 年 6 月开始的预选赛获得参赛资格。决赛期间总共在巴西境内举办共计 64 场比赛角逐出冠军。这也是首届运用门线技术的世界杯。

世界杯主题曲《We are one》由美国饶舌天王皮普保罗(Pitbull)、巴西天后克劳迪娅-莱蒂(Claudia Leitte)和拉丁美臀天后詹妮弗-洛佩兹(Jennifer Lopez)的巨星组合，倾情演绎了这首主题曲。《我们是一家人》由皮特-保罗作词、合作演奏，这首节奏动感、欢快的歌曲，向全世界释放巴西激情。

詹妮弗-洛佩兹，美国著名女歌手、演员。她是好莱坞最富有的西班牙语系人物。根据由西班牙裔投票的“100 个最具影响力的西班牙语系人物”排行榜，她成为了美国最具影响力的西班牙语系艺人。

(2)将标题文字“巴西世界杯”设置成艺术字效果,选择第3行第1列的艺术字样式,艺术字文本效果为“双波形2”,文本填充效果为“碧海青天”,类型为“线性”,方向为“线性向上”。艺术字版式为“上下型”,水平居中。

(3)将正文(2014年巴西世界杯……西班牙语系艺人。)设置首行缩进2字符,1.5倍行距。

(4)在文章中插入图片文件“徽标.jpg”,设置图片宽度、高度均为原来的60%。“环绕方式”设置为“四周型”。“图片样式”选“旋转,白色”,“图片边框”颜色选“绿色”。

(5)将正文最后一段文字(詹妮弗-洛佩兹……西班牙语系艺人。)插入到竖排文本框中。设置字体为隶书,字号为小四号,1.5倍行距,文本框的“形状高度”和“形状宽度”为4.29厘米和12.59厘米,线条颜色为深红实线,线型为4.5磅由粗到细,“内部边距”左、右分别为0.25厘米,上、下分别为0.2厘米,文本框中文字的底纹设置为自定义颜色,即红色:255、绿色:255、蓝色:130。

(6)在原位置保存文档。

【操作步骤】

(1)双击桌面上的“Word 2010”快捷方式图标,启动Word 2010,进入Word 2010的工作窗口,输入文字。单击“文件”按钮,在菜单中选择“保存”命令,打开“另存为”对话框。在地址栏下拉列表框中选择“桌面”,在“保存类型”下拉列表框中选择“Word 文档(*.docx)”,在“文件名”下拉列表框中输入文件名“w5”,单击“保存”按钮,然后关闭该文档。

(2)双击打开“w5.docx”文档,按如下步骤操作即可。

①选中标题文字,选择“插入”选项卡,单击“文本”组中的“艺术字”下拉按钮,在打开的艺术字库下拉列表中选择第3行第1列的样式。

②选中“艺术字”,选择“绘图工具”下的“格式”选项卡,单击“艺术字样式”组中的“文本效果”下拉按钮,在打开的下拉列表中选择“转换”,然后选择“弯曲”下的“双波形2”。

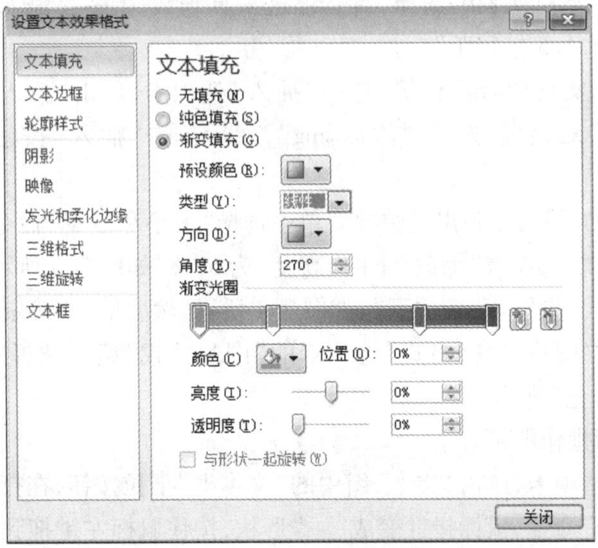

图7.1 “设置文本效果格式”对话框

③单击“艺术字样式”组右下角的按钮,打开“设置文本效果”对话框,如图 7.1 所示。在左侧窗格中选中“渐变填充”单选按钮,单击“预设颜色”下拉按钮,在打开的下拉列表中选择“碧海青天”,在“类型”下拉列表中选择“线性”,在“方向”下拉列表框中选择“线性向上”,设置完成后单击“关闭”按钮。

④右击艺术字,在弹出的快捷菜单中选择“其他布局选项”,打开“布局”对话框,单击“文字环绕”选项,选择环绕方式为“上下型”;单击“位置”选项卡,选择“水平”下的“对齐方式”下拉列表,从中选择“居中”,单击“相对于”下拉按钮,选择“页面”选项,如图 7.2 所示,然后单击“确定”按钮。

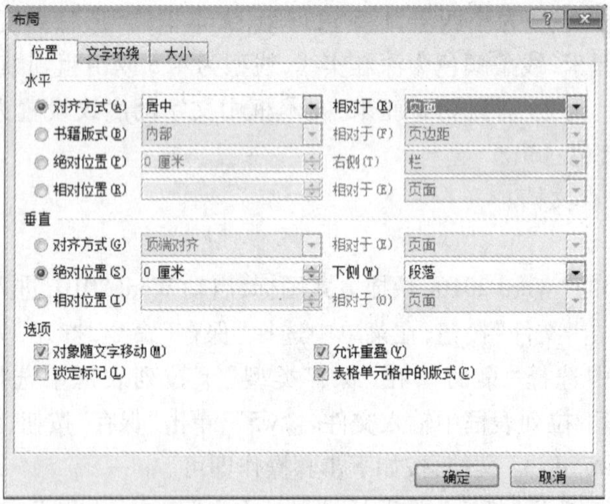

图 7.2 “布局”对话框

(3)选中正文(2014 年巴西世界杯……西班牙语系艺人。),单击“开始”选项卡“段落”组右下角的对话框启动器按钮,打开“段落”对话框,切换至“缩进和间距”选项卡,在“缩进”栏的“特殊格式”下拉列表中选择“首行缩进”,磅值设为“2 字符”,在“间距”栏的“行距”下拉列表中选择“1.5 倍行距”。

(4)将光标置于文档中合适位置,选择“插入”选项卡,单击“插入”组中的“图片”按钮,打开“插入图片”对话框,选择 “徽标. jpg”,然后单击“插入”按钮,可将图片插入文档中。

右击刚刚插入的图片,在弹出的快捷菜单中选择“大小和位置”命令,打开“布局”对话框。选择“大小”选项卡,设置“缩放”下的“高度”为 60%,如图 7.3 所示;单击“文字环绕”选项卡,将“环绕方式”设置为“四周型”,如图 7.4 所示,然后单击“确定”按钮。

选中该图片,在“图片工具|格式”选项卡的“图片样式”组中选择“旋转,白色”选项,“图片边框”选择“绿色”即可。

(5)按如下步骤操作即可。

①选择“插入”选项卡,单击“文本”组中的“文本框”下拉按钮,在打开的下拉列表中选择“绘制竖排文本框”命令,鼠标指针变成“ + ”形状,按住鼠标左键拖到适当大小后释放鼠标,即可绘制一个竖排文本框。录入文字。

图 7.3 “大小”选项卡

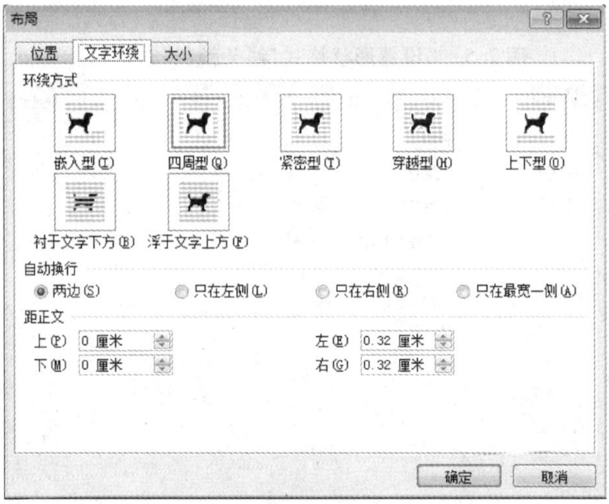

图 7.4 “文字环绕”选项卡

②选中录入的文字,单击“开始”选项卡的“字体”组中的“字体”和“字号”,分别选为“隶书”和“小四”,单击“开始”选项卡的“段落”组右下角的对话框启动器按钮,打开“段落”对话框,切换至“缩进和间距”选项卡,在“间距”栏的“行距”下拉列表中选择“1.5 倍行距”。

③选中文本框。将“大小”组中的“形状高度”和“形状宽度”框内的值分别调整为4.29 厘米和 12.59 厘米。

④右击文本框边框,在弹出的快捷菜单中选择“设置形状格式”命令,打开“设置形状格式”对话框。

⑤在左侧窗格中选择“线条颜色”选项,在右侧窗格中选择“实线”,将“颜色”设置为“标准色”下的“深红”,如图 7.5 所示。

⑥在左侧窗格中选择“线型”选项,在右侧窗格中将“宽度”设置成 4.5 磅,单击“复合类型”下拉按钮,在打开的下拉列表中选择“由粗到细”,如图 7.6 所示。

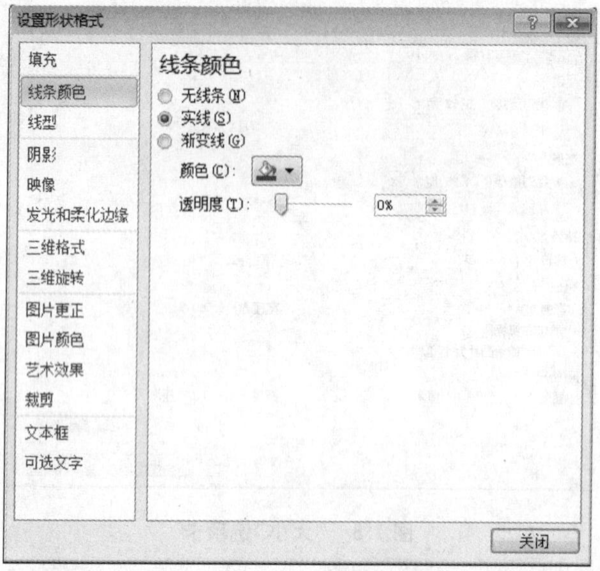

图 7.5 “设置形状格式|线条颜色”对话框

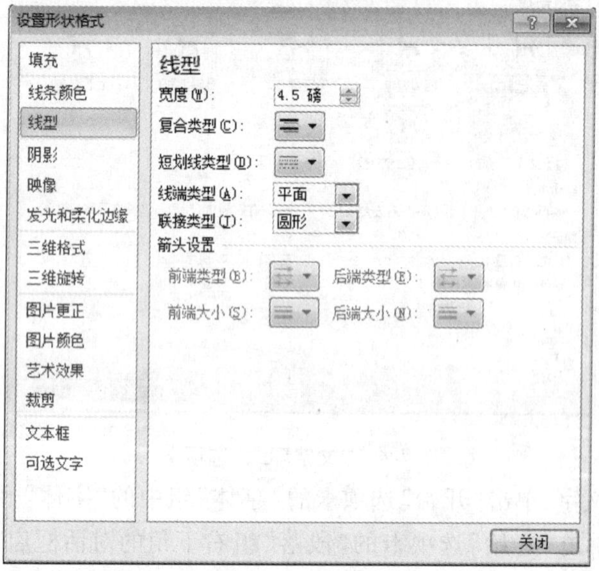

图 7.6 “设置形状格式|线型”对话框

⑦在左侧窗格中选择“文本框”选项，在右侧窗格中将“内部边距”下的左、右分别设为0.25 厘米，上、下分别设为 0.2 厘米，如图 7.7 所示。设置完成后，单击“关闭”按钮。

⑧选中文本框中的文字内容，选择“开始”选项卡，单击“段落”组中的“下划线”下拉按钮 ；在打开的下拉列表中选择“边框和底纹”命令，打开“边框和底纹”对话框；单击“底纹”选项卡，在“填充”下拉列表中选择“其他颜色”；打开“颜色”对话框，单击“自定义”选项卡，分别将“红色”、“绿色”和“蓝色”微调框的值调整为 255、255 和 130，如图 7.8 所示。单击“确定”按钮返回“边框和底纹”对话框，然后单击“确定”按钮完成设置。

⑨单击“文件”选项卡，在打开的下拉列表中选择“保存”命令。

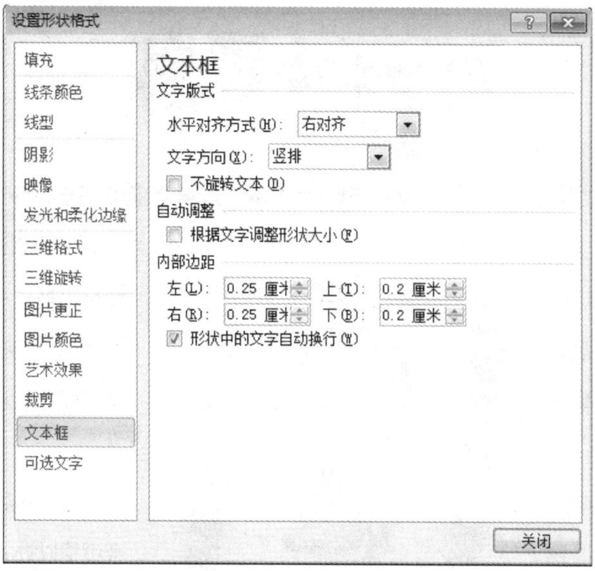

图 7.7 “设置形状格式|文本框”对话框

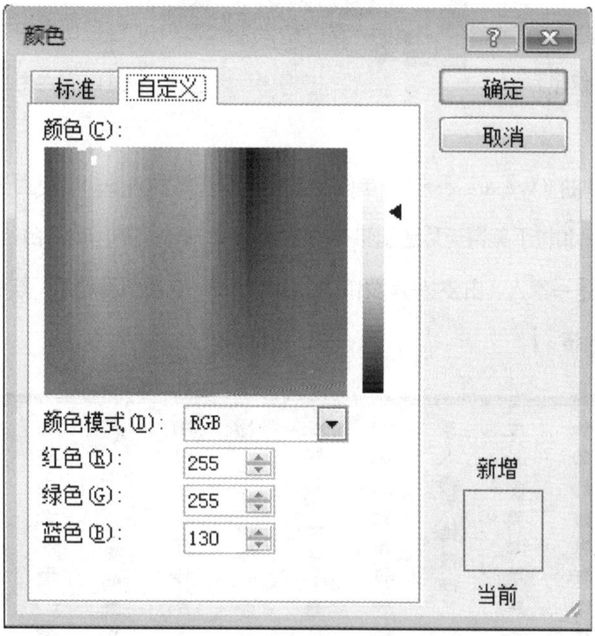

图 7.8 “颜色”对话框

w5.docx 文档的示例如图 7.9 所示。

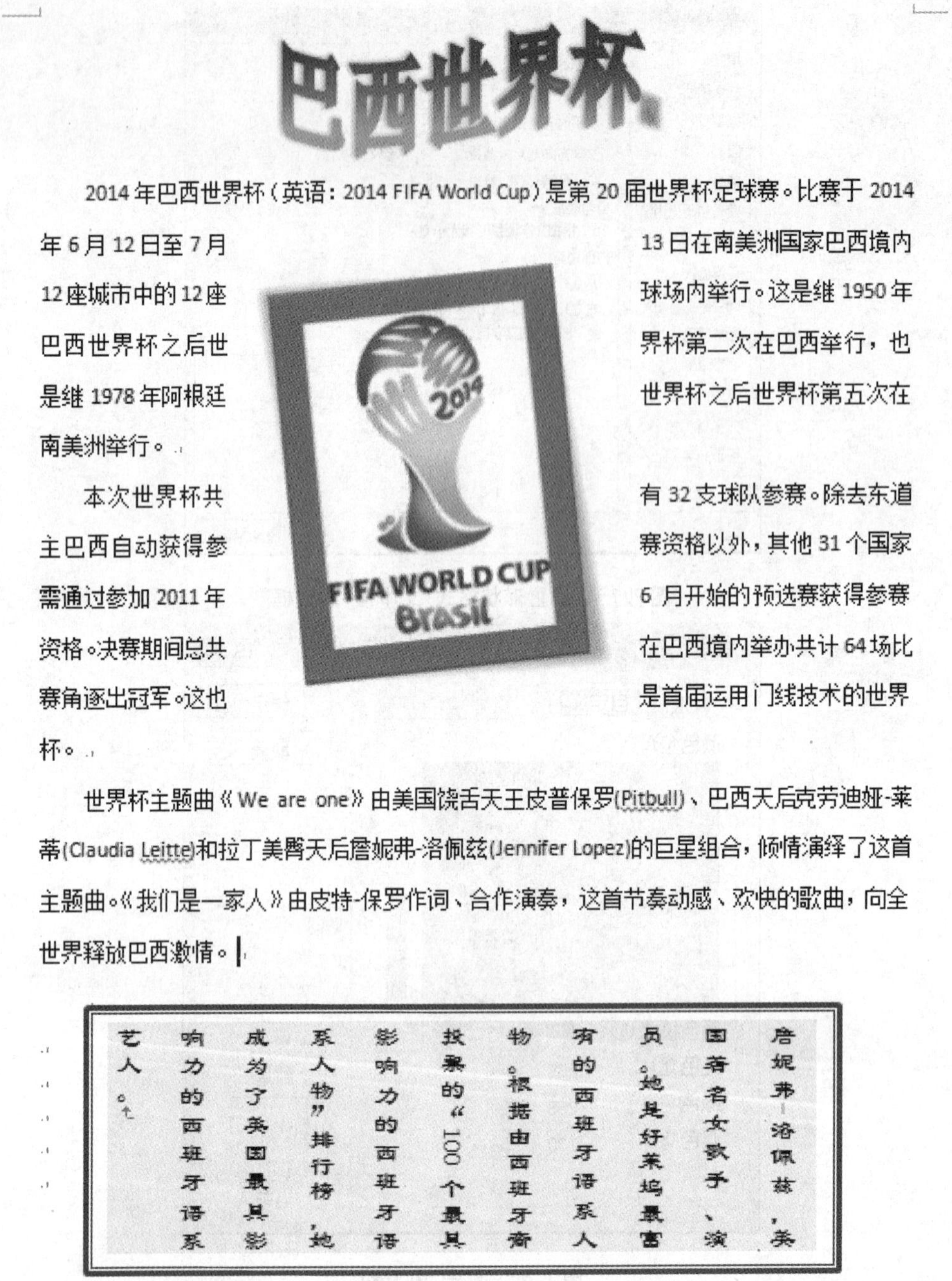

巴西世界杯

2014年巴西世界杯（英语：2014 FIFA World Cup）是第20届世界杯足球赛。比赛于2014年6月12日至7月13日在南美洲国家巴西境内12座城市中的12座球场内举行。这是继1950年巴西世界杯之后世界杯第二次在巴西举行，也是继1978年阿根廷世界杯之后世界杯第五次在南美洲举行。

本次世界杯共有32支球队参赛。除去东道主巴西自动获得参赛资格以外，其他31个国家需通过参加2011年6月开始的预选赛获得参赛资格。决赛期间总共在巴西境内举办共计64场比赛角逐出冠军。这也是首届运用门线技术的世界杯。

世界杯主题曲《We are one》由美国饶舌天王皮普保罗(Pitbull)、巴西天后克劳迪娅-莱蒂(Claudia Leitte)和拉丁美裔天后詹妮弗-洛佩兹(Jennifer Lopez)的巨星组合，倾情演绎了这首主题曲。《我们是一家人》由皮特-保罗作词、合作演奏，这首节奏动感、欢快的歌曲，向全世界释放巴西激情。

詹妮弗-洛佩兹，美国著名女歌手、演员。她是好莱坞最富有的西班牙语系人物。根据由西班牙裔投票的“100个最具影响力的西班牙语系人物”排行榜，她成为了美国最具影响力的西班牙语系艺人。

图7.9　w5文档的示例

内容2：w6文档的制作

题目要求：

(1)创建一个新文档，输入以下方框中的内容，把当前文档保存在桌面上，文件命名为“w6. docx”。

会议申请流程图

积分公式：

具体抽签结果参见下表：

组别	1档	2档	3档	4档
A组	巴西	克罗地亚	墨西哥	喀麦隆
B组	西班牙	荷兰	智利	澳大利亚
C组	哥伦比亚	希腊	科特迪瓦	日本
D组	乌拉圭	哥斯达黎加	英格兰	意大利
E组	瑞士	厄瓜多尔	法国	洪都拉斯
F组	阿根廷	波黑	伊朗	尼日利亚
G组	德国	葡萄牙	加纳	美国
H组	比利时	阿尔及利亚	俄罗斯	韩国

学生成绩表

学号	毛概	高数	英语	计算机
201501	80	80	75	88
201502	75	82	80	84
201503	85	75	75	89
201504	82	88	68	78
201505	72	90	70	90

(2)绘制一个会议申请流程图，要求流程图的各个部分组合成为一个整体。

(3)插入公式 $\int \frac{dx}{\sqrt{x^2 \pm a^2}} = \text{In}(x + \sqrt{x^2 \pm a^2})c$。

(4)将文字(组别……韩国)转换为一个 9 行 5 列的表格，并设置表格居中，表格中的所有文字居中，表格外框线为 3 磅蓝色单实线，内框线为 1 磅紫色单实线，“组别”行文字设置黄色底纹。

(5)在学生成绩表的最右边增加一列，列宽 3 厘米，列标题为“总分”，计算每个学生课程的总分。在学生成绩表的最下边增加一行，行高 1 厘米，行标题为“平均成绩”，计算各门课程的平均成绩，按总分从高到低排列。表格中的所有文字居中，套用表格样式“浅色网格-强调文字颜色 6”。

(6)在原位置保存文档。

【操作步骤】

(1)双击桌面上的"Word 2010"快捷方式图标,启动 Word 2010,进入 Word 2010 的工作窗口,输入文字。单击"文件"按钮,在菜单中选择"保存"命令,打开"另存为"对话框。在地址栏下拉列表框中选择"桌面",在"保存类型"下拉列表框中选择"Word 文档(*.docx)",在"文件名"下拉列表框中输入文件名"w6",单击"保存"按钮,然后关闭该文档。

(2)双击打开"w6.docx",按如下步骤操作即可。

①单击"插入"选项卡的"插图"组中的"形状"下拉按钮,在形状库中的"流程图"区中选择相应图形。第 1 个是圆角矩形,画到文档中的合适位置,并适当调整大小。右击图形,在快捷菜单中选择"添加文字"命令,在图形中输入文字"开始"。

②在形状库中的"线条"区中选择单向箭头按钮↘,画出向右的箭头。

③重复第①步和第②步,继续插入其他形状直至完成。

④按住"Shift"键,依次单击所有图形,全部选中后,在图形中间单击右键,在弹出的快捷菜单中选择"组合"|"组合"命令,将多个图形组合在一起。

(3)定位光标,单击"插入"选项卡的"符号"组中的"公式"下拉按钮,在下拉菜单中选择"插入新公式"命令。利用"公式工具"选项卡在公式编辑区内输入:

$$\int \frac{\mathrm{d}x}{\sqrt{x^2 \pm a^2}} = \ln(x + \sqrt{x^2 \pm a^2}) + c$$

输完后在公式编辑区外的空白处单击,结束输入。

(4)选中文字(组别……韩国)后,按如下步骤操作即可。

①在"插入"选项卡的"表格"组中单击"表格"按钮,在弹出的下拉列表中选择"文本转换成表格"选项,打开"将文字转换成表格"对话框,如图 7.10 所示,在"文字分隔位置"栏选择一种分隔符,默认选择为"制表符"单选按钮,单击"确定"按钮。

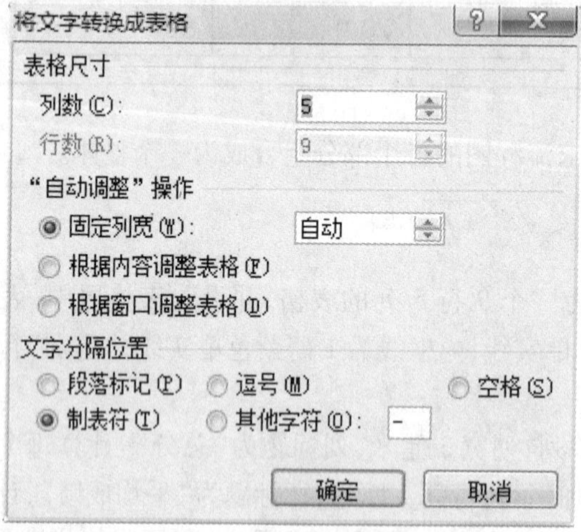

图 7.10 "将文字转换成表格"对话框

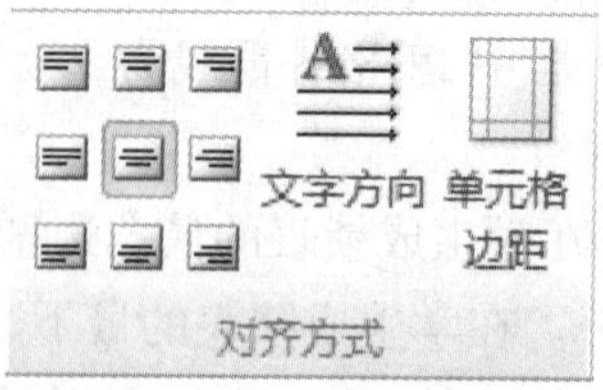

图 7.11 "对齐方式"组

②选中整个表格,切换至"开始"选项卡的"段落"组,单击"居中"按钮设置表格居中。

③选中整个表格,在"表格工具|布局" 选项卡的"对齐方式"组中单击"水平居中"按钮(文字在单元格内水平和垂直都居中),如图 7.11 所示,即可将表格中的所有文字居中。

④选中整个表格，在“表格工具|设计”选项卡的“绘图边框”组中单击“笔样式”下的三角按钮选择单实线，单击“笔画粗细”下的三角按钮选择“3.0 磅”，单击“笔颜色”下的三角按钮选择“蓝色”；在“表格样式”组中单击“边框”下的三角按钮，选择“外侧框线”设置外框线，如图 7.12 所示。

组别	1档	2档	3档	4档
A组	巴西	克罗地亚	墨西哥	喀麦隆
B组	西班牙	荷兰	智利	澳大利亚
C组	哥伦比亚	希腊	科特迪瓦	日本
D组	乌拉圭	哥斯达黎加	英格兰	意大利
E组	瑞士	厄瓜多尔	法国	洪都拉斯
F组	阿根廷	波黑	伊朗	尼日利亚
G组	德国	葡萄牙	加纳	美国
H组	比利时	阿尔及利亚	俄罗斯	韩国

图 7.12　设置外框线后的效果图

⑤在“表格工具|设计”选项卡的“绘图边框”组中单击“笔样式”下的三角按钮选择单实线，单击“笔画粗细”下的三角按钮选择“1.0 磅”，单击“笔颜色”下的三角按钮选择“紫色”；在“表格样式”组中单击“边框”下的三角按钮，选择“内部框线”设置内框线。

⑥选定“组别”行，单击“表格工具|设计”选项卡的“表格样式”组中的“边框”下拉按钮，在下拉菜单中选择“边框和底纹”命令，打开“边框和底纹”对话框。在“底纹”选项卡“填充”栏的下拉列表框中选择黄色，然后单击“确定”按钮。

(5)按如下步骤操作即可。

①插入列：选中表格第 5 列中的任意单元格，在“表格工具|布局”选项卡的“行和列”组中单击“在右侧插入”按钮，如图 7.13 所示，可插入新的 1 列，即第 6 列，在“列标题”单元格输入“总分”；选中新插入的第 6 列全部单元格，在“表格工具|布局”选项卡的“单元格大小”组中将“宽度”调至 3 厘米，如图 7.14 所示。

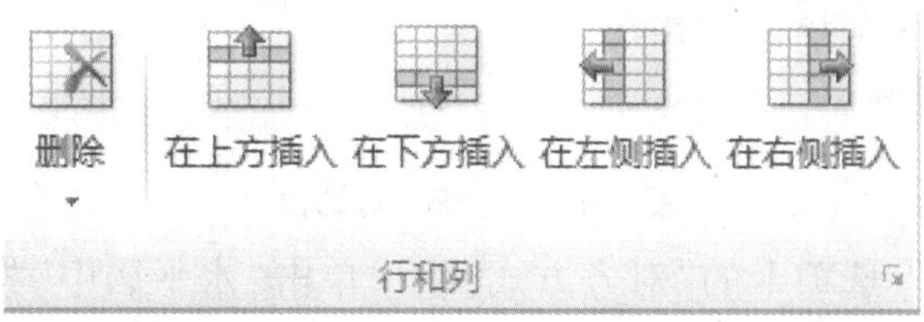

图 7.13　“在右侧插入”按钮

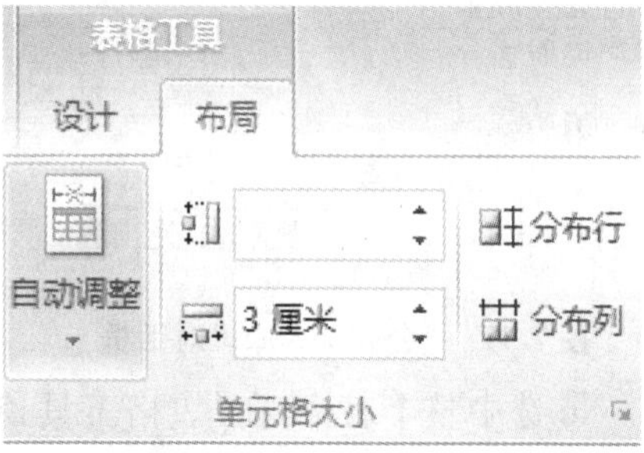

图 7.14　“单元格大小”组

②插入行：选中表格最后一行中的任意单元格，在“表格工具|布局”选项卡的“行和列”组中单击“在下方插入”按钮，如图 7.13 所示，可插入新的 1 行，即第 7 行，在“行标题”单元格输入“平均成绩”；选中新插入的第 7 行全部单元格，在“表格工具|布局”选项卡的“单元格大小”组中将“高度”调至 1 厘米，如图 7.15 所示。

③计算总分：选中 F2 单元格，在“表格工具|布局”选项卡的“数据”组中单击“公式”按

钮,在打开的“公式”对话框中单击“粘贴函数”下的三角按钮,在弹出的列表中选择 SUM 函数项,在“公式”文本框的括号中输入函数参数“b2:e2”,如图 7.16 所示,然后单击“确定”按钮,计算出学号为“201501”的学生的总分,仿照此方法可计算出其他学生的总分。

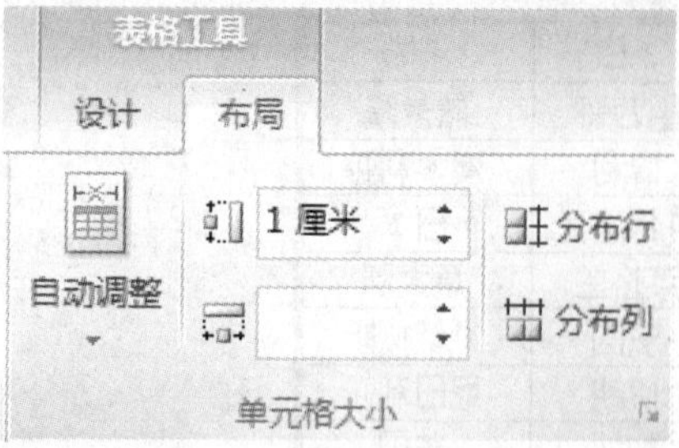

图 7.15 “单元格大小”组

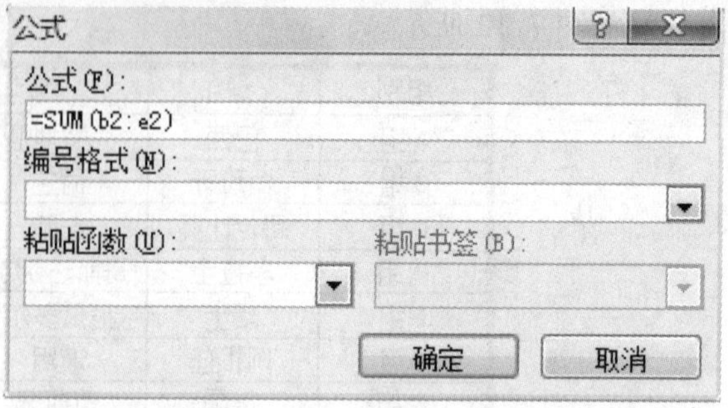

图 7.16 “公式-sum”对话框

④计算平均成绩:选中 B7 单元格,在“表格工具|布局”选项卡的“数据”组中单击“公式”按钮,在打开的“公式”对话框中单击“粘贴函数”下的三角按钮,在弹出的列表中选择 AVERAGE 函数项,在“公式”文本框的括号中输入函数参数“ABOVE”,如图 7.17 所示,然后单击“确定”按钮,计算出所有学生“毛概”的平均成绩,仿照此方法可计算出其他课程的平均分。

⑤选定表格的前 6 行,在“表格工具|布局”选项卡的“数据”组中单击“排序”按钮,打开“排序”对话框,在主要关键字栏的下拉列表中选择“总分”,选定“降序”单选按钮,如图 7.18 所示。

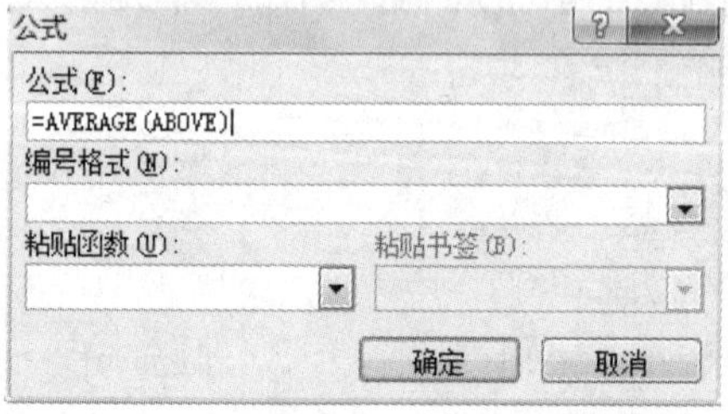

图 7.17 “公式-average”对话框

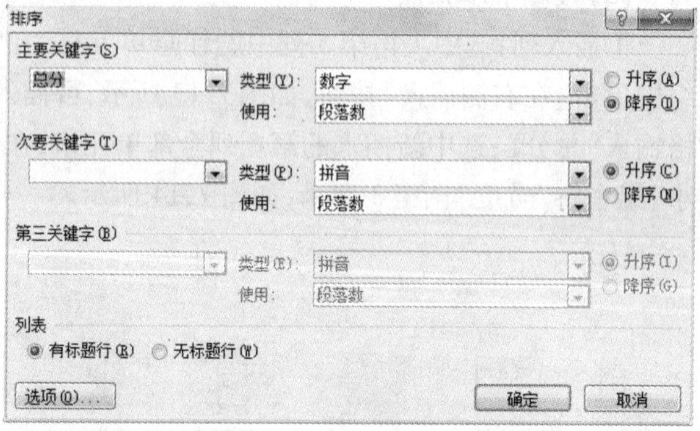

图 7.18 “排序”对话框

⑥选中整个表格,在“表格工具|布局” 选项卡的“对齐方式”组中单击“水平居中”按钮(文字在单元格内水平和垂直都居中),即可将表格中的所有文字居中。

⑦选中整个表格,在“表格工具|设计” 选项卡的“表格样式”组中单击“浅色网格-强调文字颜色 6”即可。

(6)单击“文件”选项卡,在打开的下拉列表中选择“保存”命令。

w6.docx 文档的示例如图 7.19 所示。

会议申请流程图

积分公式：

$$\int \frac{dx}{\sqrt{x^2 \pm a^2}} = \ln(x + \sqrt{x^2 \pm a^2}) + c$$

具体抽签结果参见下表：

组别	1档	2档	3档	4档
A组	巴西	克罗地亚	墨西哥	喀麦隆
B组	西班牙	荷兰	智利	澳大利亚
C组	哥伦比亚	希腊	科特迪瓦	日本
D组	乌拉圭	哥斯达黎加	英格兰	意大利
E组	瑞士	厄瓜多尔	法国	洪都拉斯
F组	阿根廷	波黑	伊朗	尼日利亚
G组	德国	葡萄牙	加纳	美国
H组	比利时	阿尔及利亚	俄罗斯	韩国

学生成绩表

学号	毛概	高数	英语	计算机	总分
201503	85	75	75	89	324
201501	80	80	75	88	323
201505	72	90	70	90	322
201502	75	82	80	84	321
201504	82	88	68	78	316
平均成绩	78.8	83	73.6	85.8	

图 7.19　w6 文档的示例

三、验证性实验

实验 1：w7 文档的制作。

题目要求：

(1)创建一个新文档，输入以下方框中的内容，把当前文档保存在桌面上，文件命名为“w7.docx”。

(2)将标题文字“武大樱花”设置成艺术字效果，选择第 5 行第 3 列的艺术字样式，艺术字文本效果为“双波形 1”，文本填充效果为“熊熊火焰”，类型为“线性”，方向为“线性向上”。艺术字版式为“上下型”，水平居中。

(3)将正文(武大樱花……大有“三月赏樱唯有武大”的意趣。)设置首行缩进 2 字符，1.3 倍行距。

(4)在文章中插入图片文件“樱花.jpg”，设置图片宽度、高度均为原来的 80%。“环绕方式”设置为“四周型”。“图片样式”选“映像圆角矩形”，“图片边框”颜色选“橙色，强调文字颜色 6，深色 25%”，粗细为 3 磅，“图片效果”选“等长底部朝下”。

(5)将文字(武汉大学……而武大樱花就是其中最为美丽的一景！)插入到文本框中。设置字体为楷体，字号为小四号，单倍行距，文本框的“形状高度”和“形状宽度”为 1.91 厘米和 14.5 厘米，线条颜色为红色，线型设置为“宽度 5 磅，短划线类型：圆点，线端类型：圆形”,“内部边距”左、右分别为0.3 厘米,上、下分别为0.2 厘米,文本框中文字的底纹设置为“橙色”。

(6)绘制一个如图7.20 所示的会议申请流程图,要求流程图的各个部分组合成为一个整体。

(7)插入公式:

$$\int \frac{\mathrm{d}x}{\cos^2 x} = \int \sec^2 x \mathrm{d}x = \tan x + c$$

$$\int \frac{\mathrm{d}x}{\sin^2 x} = \int \csc^2 x \mathrm{d}x = -\arctan x + c$$

(8)在原位置保存文档。

w7.docx 文档的示例如图7.20 所示。

武大樱花

武大樱花(全称武汉大学樱花),最初由周恩来总理 1972 年转赠。1982 年,为纪念中日友好 10 周年,日本友协和日本西阵织株式会社又赠送武大 100 株垂枝樱苗。1992 年,在纪念中日友好 20 周年之际,日本广岛中国株式会社内中国湖北朋友会砂田寿夫先生赠送樱花树苗 200 株。现今武大校园各处的樱花树苗,除园林工人自行培育的之外,大多都来自于此。每年武大都有大量游客赏樱,高峰时期进校赏花需买门票。

武汉大学是有着百年历史的名校,武大不仅有浓厚的学术氛围,而且美丽的武大校园更是名声在外,被誉为全国最美的大学校园。而武大樱花就是其中最为美丽的一景!

武大樱花开于三月中旬,至下旬最为鼎盛,花期较短,仅 13-20 天。每年樱花盛开之时,来自全国各地的游人旅客如织如潮,有百万以上的游客慕名而来。樱花大道旁摩肩擦踵,樱花纷飞,好不美丽!武大校园内的樱花最早由侵华战争时期占领武汉大学的日本军人所种植,武汉三镇光复后,武大的师生们又引进了更多的樱花品种,经过多年来的培育已经形成很大的规模。

会议申请流程图

开始 → 拟文 → 审批 → 会议服务主管 → 结束

积分公式:

$$\int \frac{\mathrm{d}x}{\sin^2 x} = \int \csc^2 x \mathrm{d}x = -\arctan + c$$

$$\int \frac{\mathrm{d}x}{\cos^2 x} = \int \sec^2 x \mathrm{d}x = \tan x + c$$

图7.20 w7 文档的示例

实验 2:w8 文档的制作。

题目要求:

(1)创建一个新文档,把当前文档保存在桌面上,文件命名为“w8. docx”。

(2)在 Word 文档中新建一个 6 行 7 列的表格。

(3)合并单元格:将第 1 行合并成一个单元格;将第 4 行的第 2、3、4 列单元格合并;将第 5 行的第 2、3、4 列单元格合并;将第 6 行的 2 ~7 列单元格合并;将 2 ~5 行的第 7 列共 4 个单元格合并为一个单元格。

(4)输入表格内容(见图 7.21),将 1 ~5 行单元格中的文本内容设置为水平及垂直居中对齐。

个人简历表						
姓名		性别		出生年月		照片
名族		学历		学位		
地址				邮政编码		
电子邮箱				联系电话		
主要经历						

图 7.21　w8 文档的示例

(5)选定第 1 行中的文字“个人简历表”,设置为宋体,三号字。将“主要经历”所在行的行高设置为 5 厘米;将“主要经历”4 个字设置为竖排文本,对齐方式为“中部居中”。

(6)将“浅色列表—强调文字颜色 6”样式应用于文本表格,为表格添加“所有线框”,表格设置结果如图 7.21 所示。

(7)在原位置保存文档。

w8. docx 文档的示例如图 7.21 所示。

实验 3:w9 文档的制作。

题目要求:

(1)创建一个新文档,把当前文档保存在桌面上,文件命名为“w9. docx”。

(2)建立一个如表 7.1 所示的茶叶销售统计表。

表 7.1　茶叶销售统计表

产品编号	一季度	二季度	三季度	四季度
BGWJ201501	1980	1980	2175	2088
BGWJ201502	2075	2182	2180	2184
FZFZ201501	2185	2075	2175	2089
FZFZ201502	1982	1988	2068	1978
FZFZ201503	1972	2090	2070	2190

(3)在表格最右边插入一列,在第 1 个单元格输入“全年”,然后用公式计算每种产品的全年销售总额。

(4)在表格下面插入一行,在第 1 个单元格输入“平均销售额”,然后用公式计算“一季度”、“二季度”、“三季度”、“四季度”的平均销售额,保留一位小数。

(5)将销售额按全年从高到低排列。

(6)表格中的所有文字居中,套用表格样式“彩色列表-强调文字颜色 2”。

(7)在表格顶端添加标题“茶叶销售统计表”,并设置为二号、隶书、加粗、居中。

(8)在原位置保存文档。

w9.docx 文档的示例如图 7.22 所示。

茶叶销售统计表

产品编号	一季度	二季度	三季度	四季度	全年
BGWJ201502	2075	2182	2180	2184	8621
FZFZ201501	2185	2075	2175	2089	8524
FZFZ201503	1972	2090	2070	2190	8322
BGWJ201501	1980	1980	2175	2088	8223
FZFZ201502	1982	1988	2068	1978	8016
平均销售额	2038.8	2063.0	2133.6	2105.8	

图 7.22　w9 文档的示例

四、设计性实验

制作一个 Word 文档,要求图文并茂,兼具表格。

实验 8　Excel 2010 工作表操作和格式化

一、实验目的

- 掌握新建、保存与打开 Excel 2010 工作簿的方法;
- 掌握工作表数据的输入、编辑、修改及格式化等操作;

- 掌握公式与常用函数的使用；
- 掌握工作表的插入、复制、删除、移动和重命名等操作。

二、实验内容

(1)启动 Excel 2010，在 sheet1 工作表中输入学生成绩数据，如图 8.1 所示。

	A	B	C	D	E	F	G	H	I	J	K
1	学生成绩表										
2	学号	姓名	性别	所属院系	高等数学	大学英语	计算机基础	大学语文	总分	平均分	排名
3	20140321	杨青	女	经济系	85	87	81	80			
4	20140322	孙毅	男	机电系	78	87	74	68			
5	20140323	杜江	男	机电系	54	67	84	69			
6	20140324	李佳	女	设计系	68	89	63	63			
7	20140325	胡杨	男	设计系	54	92	97	73			
8	20140326	李北	男	机电系	94	99	97	86			
9	20140327	李娜	女	经济系	81	92	94	67			
10	20140328	刘康	男	经济系	98	70	83	53			
11	20140329	刘鹏举	男	机电系	96	52	74	77			
12	20140331	齐飞	男	设计系	92	92	60	68			
13	20140332	苏放	男	经济系	54	99	64	71			
14	20140333	孙玉	女	机电系	63	68	73	90			

图 8.1 学生成绩表

(2)添加及修改数据。

①将第一条记录的姓名“杨青”修改为“杨清”。

②在“齐飞”前添加一条成绩记录“20140330、倪冬声、男、设计系、63、68、70、98”。

(3)使用公式计算总分、平均分和排名。

(4)表格格式化。

①将标题合并居中，字体为黑体、18 号、加粗、水平方向与垂直方向均居中对齐。

②调整行高与列宽。将第一行的行高调整为 30，其余行高为 20；根据需要适当调整列宽。

③设置边框和底纹。要求外框线为双线，内框线为细线；为“学号”所在行添加“白色，背景 1，深色 15%”底纹。

④对不及格的成绩设置条件格式，字体效果为浅红填充色深红色文本。

(5)保存文件。将 Sheet1 重命名为“学生成绩表”，以“e1. xlsx”为文件名保存在“E:\EXCEL”文件夹中。

【操作步骤】

(1)启动 Excel 2010，在 Sheet1 工作表中输入数据。输入数据时先选中单元格，完成输入后按“Enter”键确定，此时活动单元格跳转到下一行，如要实现下一列的跳转可以按“Tab”键。由于学号列是递增有规律的，可以使用自动填充来实现，具体的方法是在 A3 单元格先输单引号“'”后输入学号，然后将鼠标放在 A3 单元格的右下角填充柄处，当鼠标指针由空心十字变成实心十字图标时，按住鼠标左键，拖动至结束单元格 A14。

(2)将鼠标定位到“杨青”单元格，双击，然后将姓名修改为“杨清”；选中“齐飞”所在行的行号(即行号12),单击右键,在弹出的快捷菜单中选择“插入”命令,这时会出现空行,完成数据输入。

(3)选中I3单元格,使用“开始”选项卡的“编辑”组中的“Σ 自动求和”下拉按钮(也可以使用“公式”选项卡的“函数库”组中的“Σ 自动求和”下拉按钮),在下拉菜单中选择“求和”命令,此时会出现虚框提示求和的数据区域,确认公式正确后按“Enter”键,自动求和的结果会显示到I3单元格,再用自动填充的方法来实现其他记录的总分计算。

(4)选中J3单元格,使用“公式”选项卡的“函数库”组中的“插入函数”命令或“编辑栏”中的fx命令,打开“插入函数”对话框。在“选择函数”列表框中选择平均分函数“AVERAGE”,单击“确定”按钮,打开“函数参数”对话框,在“Number1”文本框中使用按钮指定数据区域“E3:H3”,单击“确定”按钮,再用自动填充的方法来实现其他记录的平均分计算。

(5)选中K3单元格,在编辑栏中输入公式“ =RANK(I3, $I $3: $I $15)”,代表I3单元格在I3:I15数据区域的排名,第一个参数为相对引用,第二个参数为绝对引用,再用自动填充的方法来实现其他记录的排名。

(6)选定单元格区域A1:K1,单击“开始”选项卡的“对齐方式”组中的“合并后居中”按钮,在“开始”选项卡“字体”组中设置黑体、20号、加粗;在“开始”选项卡“对齐方式”组中设置垂直居中和水平居中。

(7)单击第1行的行号,单击右键,在弹出的快捷菜单中选择“行高”命令,打开“行高”对话框,输入数值30;选中第2行至第15行,采用相同的方法,将行高设置为20。设置列宽的方法与设置行高的方法类似,需要先选定列标,然后设置列宽,读者可以自行实验。

(8)选定数据区域A2:K15,单击右键,在弹出的快捷菜单中选择“设置单元格格式”命令,打开“设置单元格格式”对话框。选择“边框”选项卡,将线条样式设置为“双线”,在“预置”栏中选择“外边框”,再将线条样式设置为“细线”,在“预置”栏中选择“内部”,此时所选数据区域就呈现为外框线是双线、内框线是细线的状态。设置边框除了设置线条样式外还可以修改颜色,还可以在预览草图中自由灵活地来修改。

选定数据区域A2:K2,在“开始”选项卡“字体”组中选择“填充颜色”下拉按钮,选择颜色“白色,背景1,深色15%”,也可以打开“设置单元格格式”对话框后,在“填充”选项卡下进行设置。

(9)选定单元格区域E3:H15,单击“开始”选项卡的“样式”组中的“条件格式”下拉按钮,在下拉菜单中选择“突出显示单元格规则”→“小于”命令,打开“小于”对话框。在文本框中输入“60”,在“设置为”下拉列表框中选择“浅红填充色深红色文本”,如图8.2所示。

图8.2 “小于”对话框

(10)选中工作表标签 sheet1,单击右键,在弹出的快捷菜单中选择“重命名”命令,将工作表名称修改为“学生成绩表”。单击“文件”选项卡中的“保存”命令,弹出“另存为”对话框,保存位置为“E:\EXCEL”,输入文件名“e1”,单击“保存”按钮。最终效果如图 8.3 所示。

学生成绩表

学号	姓名	性别	所属院系	高等数学	大学英语	计算机基础	大学语文	总分	平均分	排名
20140321	杨清	女	经济系	85	87	81	80	333	83.25	3
20140322	孙毅	男	机电系	78	87	74	68	307	76.75	6
20140323	杜江	男	机电系	54	67	84	69	274	68.5	13
20140324	李佳	女	设计系	68	89	63	63	283	70.75	12
20140325	胡杨	男	设计系	54	92	97	73	316	79	4
20140326	李北	男	机电系	94	99	97	86	376	94	1
20140327	李娜	女	经济系	81	92	94	67	334	83.5	2
20140328	刘康	男	经济系	98	70	83	53	304	76	7
20140329	刘鹏举	男	机电系	96	52	74	77	299	74.75	8
20140330	倪冬声	男	设计系	63	68	70	98	299	74.75	8
20140331	齐飞	男	设计系	92	92	60	68	312	78	5
20140332	苏放	男	经济系	54	99	64	71	288	72	11
20140333	孙玉	女	机电系	63	68	73	90	294	73.5	10

学生成绩表 Sheet2 Sheet3

图 8.3 “学生成绩表”最终效果图

三、验证性实验

实验 1:新建一个工作簿文件“e2. xlsx”,保存在“E:\EXCEL”文件夹下。建立一个各项计算机产品的销售表,具体数据如图 8.4 所示。将当前工作表 sheet1 更名为“计算机产品销售表”。

2015上半年各项计算机产品销售表							
	一月	二月	三月	四月	五月	六月	总和
硬盘	30	30	12	35	23	14	
内存	32	87	35	68	86	89	
主板	54	7	68	75	42	67	
路由器	54	21	25	14	54	24	
CPU	36	65	36	16	36	66	
键盘	95	123	95	33	95	81	
鼠标	54	81	33	43	49	68	
各月业绩							
比例							

图 8.4 计算机产品销售表

(1)使用公式计算“总和”、“各月业绩”及“比例”。

(2)标题文字格式为“黑体、20 号、加粗”,水平方向、垂直方向上均居中对齐;表头文字格式为“楷体、14 号”。

(3)标题及表头行高为 40,其余行高为 15;第一列列宽为 18,其余列列宽为 8。

(4)表格边框设置效果为:表格的外边框为“黑色、粗线条”;内边框为“黑色、细线条”;绘制斜线表头,行标题为“月份”,列标题为“产品”;为表格自动套用表格格式,样式为“表样式浅色 21”，最终效果如图 8.5 所示。

	A	B	C	D	E	F	G	H
	2015上半年各项计算机产品销售表							
	月份 产品	一月	二月	三月	四月	五月	六月	总和
	硬盘	30	30	12	35	23	14	144
	内存	32	87	35	68	86	89	397
	主板	54	7	68	75	42	67	313
	路由器	54	21	25	14	54	24	192
	CPU	36	65	36	16	36	66	255
	键盘	95	123	95	33	95	81	522
	鼠标	54	81	33	43	49	68	328
	各月业绩	355	414	304	284	385	409	2151
	比例	16.50%	19.25%	14.13%	13.20%	17.90%	19.01%	100.00%

图 8.5　计算机产品销售表最终效果图

实验 2：建立东方公司员工工资表，如图 8.6 所示，计算“应付工资合计”，并对工资表进行格式设置如图 8.7 所示，然后以“e3. xlsx”为名保存在“E：\EXCEL”文件夹下。

	A	B	C	D	E	F	G	H	I	J
1	东方公司2015年9月员工工资表									
2	序号	员工工号	姓名	出生日期	部门	基础工资	奖金	补贴	扣除病事假	应付工资合计
3	1	DF001	包宏伟	1964/8/1	管理	40600	500	260	230	
4	2	DF002	陈万地	1992/11/24	管理	3500		260	352	
5	3	DF003	张惠	1973/12/1	行政	12450	500	260		
6	4	DF004	闫朝霞	1955/1/25	人事	6050		260	130	
7	5	DF005	吉祥	1992/10/15	研发	6150		260		
8	6	DF006	李燕	1956/4/18	管理	6350	500	260		
9	7	DF007	李娜娜	1975/9/4	管理	10550		260		
10	8	DF008	刘康锋	1975/12/11	研发	15550	500	260	155	
11	9	DF009	刘鹏举	1987/7/24	销售	4100		260		
12	10	DF010	倪冬声	1980/7/24	研发	5800		260	25	
13	11	DF011	齐飞扬	1962/3/25	销售	5050		260		
14	12	DF012	苏解放	1996/11/19	研发	3000		260		
15	13	DF013	孙玉敏	1963/1/3	管理	12450	500	260		
16	14	DF014	王清华	1951/11/24	行政	4850		260		
17	15	DF015	谢如康	1968/8/17	管理	9800		260		

图 8.6　东方公司员工工资表

（1）使用公式计算“应付工资合计”，应付工资合计 = 基础工资 + 奖金 + 补贴 − 扣除病事假。

（2）标题文字格式为“黑体、20 号、加粗”，水平方向、垂直方向上均居中对齐；表头文字格式为“华文新魏、14 号”。

（3）标题及表头行高为 30，自动调整列宽，页面设置横向打印。

（4）设置表格中的数据格式，要求“基础工资”、“奖金”、“补贴”、“扣除病事假”、“应付工资合计”列的数字使用会计专用格式，小数点位数保留 2 位，并添加千分位分隔符和货币符号“￥”；“出生日期”的日期型格式为“yyyy 年 mm 月 dd 日”。

（5）表格边框设置效果为：表格的外边框为“红色、双线条”；内边框为“深蓝、细线条”；表头的下边框为“黑色、粗线条”，表格自动套用表格格式，样式为“表样式浅色 8”。

（6）设置“基本工资”列数据的条件格式：当满足条件“基本工资 > 10 000”时，文字格式为“红色，黄色底纹”；当满足条件“基本工资 < 5 000”时，文字格式为“浅蓝底纹”。

东方公司2015年9月员工工资表									
序号	员工工号	姓名	出生日期	部门	基础工资	奖金	补贴	扣除病事假	应付工资合计
1	DF001	包宏伟	1964年08月01日	管理	¥ 40,600.00	¥500.00	¥260.00	¥ 230.00	¥ 41,130.00
2	DF002	陈万地	1992年11月24日	管理	¥ 3,500.00		¥260.00	¥ 352.00	¥ 3,408.00
3	DF003	张惠	1973年12月01日	行政	¥ 12,450.00	¥500.00	¥260.00		¥ 13,210.00
4	DF004	闫朝霞	1955年01月25日	人事	¥ 6,050.00		¥260.00	¥ 130.00	¥ 6,180.00
5	DF005	吉祥	1992年10月15日	研发	¥ 6,150.00		¥260.00		¥ 6,410.00
6	DF006	李燕	1956年04月18日	管理	¥ 6,350.00	¥500.00	¥260.00		¥ 7,110.00
7	DF007	李娜娜	1975年09月04日	管理	¥ 10,550.00		¥260.00		¥ 10,810.00
8	DF008	刘康锋	1975年12月11日	研发	¥ 15,550.00	¥500.00	¥260.00	¥ 155.00	¥ 16,155.00
9	DF009	刘鹏举	1987年07月24日	销售	¥ 4,100.00		¥260.00		¥ 4,360.00
10	DF010	倪冬声	1980年07月24日	研发	¥ 5,800.00		¥260.00	¥ 25.00	¥ 6,035.00
11	DF011	齐飞扬	1962年03月25日	销售	¥ 5,050.00		¥260.00		¥ 5,310.00
12	DF012	苏解放	1996年11月19日	研发	¥ 3,000.00		¥260.00		¥ 3,260.00
13	DF013	孙玉敏	1963年01月03日	管理	¥ 12,450.00	¥500.00	¥260.00		¥ 13,210.00
14	DF014	王清华	1951年11月24日	行政	¥ 4,850.00		¥260.00		¥ 5,110.00
15	DF015	谢如康	1968年08月17日	管理	¥ 9,800.00		¥260.00		¥ 10,060.00

图 8.7　东方公司员工工资表最终效果图

四、设计性实验

建立员工出差报销单，最终效果如图 8.8 所示，以“e4. xlsx”为名保存在“E：\EXCEL”文件夹下。

出差报销单								
填表日期：	2015年3月10日							
职员姓名		黄明		所属部门		学院办公室		
出差地点		北京、黑龙江						
起止日期		从： 2014年12月1日		到： 2014年12月16日		出差天数：	15	长期
任务说明		独立学院转制调研						
交通及住宿费	种　类	票据张数	支出金额	出差费用补助	出差地点	出差天数	补助标准	金　额
	车 船 费	5	¥2,200.00		北京	10	¥500.00	¥5,000.00
	市内交通费	20	¥1,100.00		黑龙江	5	¥400.00	¥2,000.00
	住 宿 费	2	¥1,804.10					¥0.00
	餐 饮 费	35	¥1,500.00					¥0.00
	其他费用	5	¥895.00					¥0.00
	小　计	67	¥7,499.10		小　计			¥7,000.00
合　计		（大写）	壹万肆仟肆佰玖拾玖.壹圆				￥ ¥14,499.10 元	
报 销 结 算 结 果								
出差借款		¥5,000.00		报销金额		¥14,499.10		
退还金额		¥0.00		补贴金额		¥9,499.10		
报销人：		部门主管：		财务主管：		核准：	出纳：	

图 8.8　出差报销单最终效果图

(1)调整单元格的行高与列宽，合并单元格区域，以规划“出差报销单”工作表布局。

(2)标题文字为“黑体、20、深红色”，第 16 行文字格式为“14、加粗”，其余文字为“9 号”。

(3)设置边框与底纹。表格外框线为“深红色、粗实线”，内框线为“深红色、点虚线”；为相应单元格设置“浅黄色”字符底纹。

(4)为金额数据设置货币格式，小数点位数保留 2 位，并添加千分位分隔符和货币符号“￥”；“合计(大写)”数据的单元格设置“中文大写数字”的“特殊”格式。

(5)使用公式与函数。

①“填表日期”后的单元格(D2)使用 today( )函数进行计算。

②在 Q5 单元格中计算出差天数，出差天数 = 终止日期 - 起始日期；在 R5 单元格中显

示"短期"或"长期"(根据计算的出差天数进行判断,如出差天数≤10 天为"短期",否则为"长期")。

③在 F13、H13 单元格中计算交通及住宿费小计。在 R13 单元格中计算出差费用补助小计。

④在 H14、Q14 单元格中计算合计,合计 = 交通及住宿费小计 + 出差费用补助。

⑤在 O17 单元格中计算报销金额,报销金额 = 合计。

⑥在 F18 单元格中计算退还金额,如出差借款 > 报销金额,退还金额 = 报销金额 - 出差借款,否则为 0。

⑦在 O18 单元格中计算补贴金额,如出差借款 < 报销金额,补贴金额 = 报销金额 - 出差借款,否则为 0。

实验 9　数据分析与管理

一、实验目的

- 进一步掌握使用公式和函数对数据进行分析、处理;
- 掌握数据排序和数据筛选的方法;
- 掌握数据分类汇总的方法;
- 掌握数据透视表的操作方法。

二、实验内容

内容:数据分析

题目要求:

(1)打开"E:\Excel1"文件夹下的"e1. xlsx"文件,将学生成绩表(不包括标题和格式)复制到一个新的工作簿中,把默认的 sheet1 工作表重命名为"学生成绩表",文件保存为"e5. xlsx"。

(2)为方便处理数据,提供了试卷分析表和成绩查询表,如图 9. 1 所示,使用公式和函数完成统计工作。

(3)将"学生成绩表"复制到 sheet2 中,在"平均分"列的右边增加新列"总评",根据平均分成绩计算总评结果:平均分≥90 为优,80≤平均分 <90 为良,70≤平均分 <80 为中,60≤平均分 <70 为及格,平均分 <60 为不及格。将 sheet2 重命名为"总评表"。

(4)将"学生成绩表"复制到 sheet3 中,然后在新工作表中按"总分"降序排序,将 sheet3 更名为"排名表 1";同样将"学生成绩表"复制到 sheet4 中,然后在新工作表中先按"性别"升序排序,再按"总分"降序排序,将 sheet4 更名为"排名表 2";比较两者的区别。

(5)将"学生成绩表"复制到 sheet5 中,筛选成绩均在 80 分以上的记录,将 sheet5 更名为"优良表";同样将"学生成绩表"复制到 sheet6 中,筛选成绩有不及格的记录,将 sheet6 更名为"不及格表"。

	L	M	N	O	P
1	试卷分析表			成绩查询表	
2	课程名称：	计算机基础		学号：	20140324
3	参考人数：			姓名：	
4	最高分：			高等数学：	
5	最低分：			大学英语：	
6	平均分：			计算机基础：	
7	各分数段学生人数			大学语文：	
8	优				
9	良				
10	中				
11	及格				
12	不及格				

图 9.1　试卷分析表、成绩查询表

(6)将“学生成绩表”复制到 sheet7 中，求各系学生各门课程的平均成绩，将 sheet7 更名为“分类统计表”。

(7)将“学生成绩表”复制到 sheet8 中，统计各系男女生人数，将 sheet8 更名为“数据透视表”。

【操作步骤】

(1)进入 E 盘下的 Excel 文件夹，双击打开其中的“e1. xlsx”。选定 A2:K15 单元格区域，单击右键，选择“复制”命令。新建一个空白工作簿，在 A1 单元格上单击右键，在弹出的快捷菜单中选择“选择性粘贴”命令，打开“选择性粘贴”对话框，选择其中的“数值”单选按钮，如图 9.2 所示，单击“确定”按钮，把 sheet1 工作表重命名为“学生成绩表”，将文件保存为“e5. xlsx”。

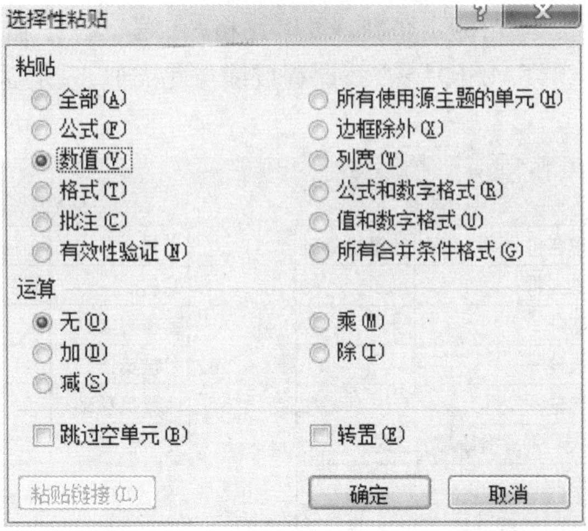

图 9.2　“选择性粘贴”对话框

(2)创建试卷分析表和成绩查询表，进行单元格格式设置，如图 9.1 所示，使用公式和函数完成统计工作。

①使用 COUNT 函数计算参考人数。将光标定位到 M3 单元格,在编辑栏中输入公式“=COUNT(G2:G14)”。

②使用 MAX 函数计算最高分。将光标定位到 M4 单元格,在编辑栏中输入公式“=MAX(G2:G14)”。

③使用 MIN 函数计算最低分。将光标定位到 M5 单元格,在编辑栏中输入公式“=MIN (G2:G14)”。

④使用 AVERAGE 函数计算平均分。将光标定位到 M6 单元格,在编辑栏中输入公式“=AVERAGE(G2:G14)”。

⑤使用 COUNTIF 计算各分数段人数。(分段为:成绩≥90 为优,80≤成绩<90 为良,70≤成绩<80 为中,60≤成绩<70 为及格,成绩<60 为不及格)

- 计算成绩为优的学生人数。将光标定位到 M8 单元格,在编辑栏中输入公式“=COUNTIF(G2:G14,">=90")”。
- 计算成绩为良的学生人数。将光标定位到 M9 单元格,在编辑栏中输入公式“=COUNTIF(G2:G14,">=80")-COUNTIF(G2:G14,">=90")”。
- 计算成绩为中的学生人数。将光标定位到 M10 单元格,在编辑栏中输入公式“=COUNTIF(G2:G14,">=70")-COUNTIF(G2:G14,">=80")”。
- 计算成绩为及格的学生人数。将光标定位到 M11 单元格,在编辑栏中输入公式“=COUNTIF(G2:G14,">=60")-COUNTIF(G2:G14,">=70")”。
- 计算成绩为不及格的学生人数。将光标定位到 M12 单元格,在编辑栏中输入公式“=COUNTIF(G2:G14,"<60")”。

提示:也可以使用频率分布函数 frequency 来统计,读者可以自行测试。

⑥根据学号使用 VLOOKUP 函数查找对应学生的姓名及各门课程成绩。

根据学号查找姓名。将光标定位到 P3 单元格,在编辑栏中输入公式“=VLOOKUP($P$2,$A$2:$H$14,2,FALSE)”;查找课程成绩与此类似,只是返回列不同。最终完成效果如图 9.3 所示。

	L	M	N	O	P
1	试卷分析表			成绩查询表	
2	课程名称:	计算机基础		学号:	20140324
3	参考人数:	13		姓名:	李佳
4	最高分:	97		高等数学:	68
5	最低分:	60		大学英语:	89
6	平均分:	78		计算机基础:	63
7	各分数段学生人数			大学语文:	63
8	优	3			
9	良	3			
10	中	4			
11	及格	3			
12	不及格	0			

图 9.3 试卷分析表、成绩查询表最终效果图

(3)在“学生成绩表”中选择单元格区域 A1:K14,单击右键,在弹出的快捷菜单中选择“复制”命令,选择 sheet2 工作表 A1 单元格,单击右键,在弹出的快捷菜单中选择“粘贴”命令。

选择“排名”列的列标(K 列),单击右键,在弹出的快捷菜单中选择“插入”命令,此时添加了新列,在 K1 单元格中输入“总评”。

根据不同的分数得到总评,可以使用 IF 函数,由于所分等级较多,需要采用嵌套的 IF 来完成。首先只划分两个等级“及格”、“不及格”,再对 60 分以上的进行判断,分为“及格”、“中”,再对 70 分以上的进行判断,分为“中”、“良”,最后再对 80 分以上的进行判断,分为“良”、“优”。

=IF(J2<60,"不及格","及格")

↓

=IF(J2<70,"及格","中")

↓

=IF(J2<80,"中","良")

↓

=IF(J2<90,"良","优")

最终的公式为“=IF(J2<60,"不及格",IF(J2<70,"及格",IF(J2<80,"中",IF(J2<90,"良","优"))))”,进行自动填充,完成其他行总评的计算。将 sheet2 重命名为“总评表”。

(4)将“学生成绩表”复制到 sheet3 中,选择“总分”列,单击“开始”选项卡的“编辑”组中的“排序和筛选”下拉按钮,选择“降序”命令,此时,工作表数据按总分降序排列,效果如图 9.4 所示,然后将 sheet3 重命名为“排名表 1”。

	A	B	C	D	E	F	G	H	I	J	K
1	学号	姓名	性别	所属院系	高等数学	大学英语	计算机基础	大学语文	总分	平均分	排名
2	20140326	李北	男	机电系	94	99	97	86	376	94	1
3	20140327	李娜	女	经济系	81	92	94	67	334	83.5	2
4	20140321	杨青	女	经济系	85	87	81	80	333	83.25	3
5	20140325	胡杨	男	设计系	54	92	97	73	316	79	4
6	20140331	齐飞	男	设计系	92	92	60	68	312	78	5
7	20140322	孙毅	男	机电系	78	87	74	68	307	76.75	6
8	20140328	刘康	男	经济系	98	70	83	53	304	76	7
9	20140329	刘鹏举	男	机电系	96	52	74	77	299	74.75	8
10	20140330	倪冬声	男	设计系	63	68	70	98	299	74.75	8
11	20140333	孙玉	女	机电系	63	68	73	90	294	73.5	10
12	20140332	苏放	男	经济系	54	99	64	71	288	72	11
13	20140324	李佳	女	设计系	68	89	63	63	283	70.75	12
14	20140323	杜江	男	机电系	54	67	84	69	274	68.5	13

总分降序排列

图 9.4　按总分降序排列效果图

将“学生成绩表”复制到 sheet4 中,选择单元格区域的任意位置,单击“数据”选项卡的“排序和筛选”组中的“排序”命令,弹出“排序”对话框,在列的“主要关键字”中选择“性别”升序排列,添加条件,在列的“次要关键字”中选择“总分”降序排列,如图 9.5 所示。单击“确定”按钮,此时工作表数据先按性别升序排列再按总分降序排列,效果如图 9.6 所示,然后将 sheet4 重命名为“排名表 2”,试比较两种排序的区别。

(5)将“学生成绩表”复制到 sheet5 中,选择单元格区域的任意位置,单击“数据”选项卡“排序和筛选”组中的“筛选”命令,此时工作表的所有列标题出现筛选按钮。单击“高等

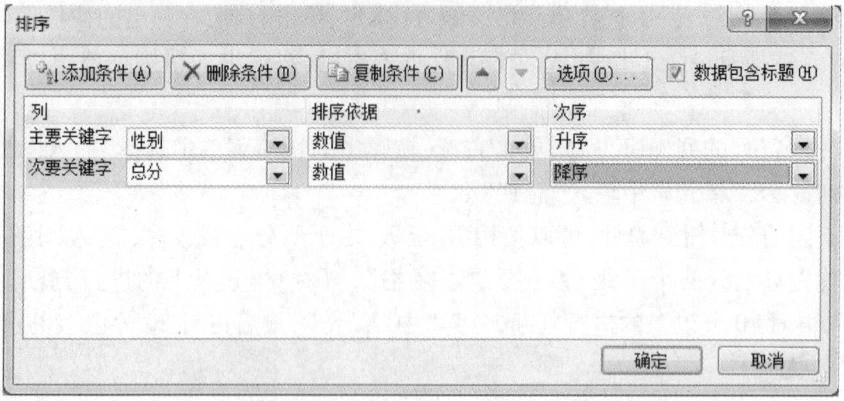

图 9.5 “排序”对话框

	A	B	C	D	E	F	G	H	I	J	K
1	学号	姓名	性别	所属院系	高等数学	大学英语	计算机基础	大学语文	总分	平均分	排名
2	20140326	李北	男	机电系	94	99	97	86	376	94	1
3	20140325	胡杨	男	设计系	54	92	97	73	316	79	4
4	20140331	齐飞	男	设计系	92	92	60	68	312	78	5
5	20140322	孙毅	男	机电系	78	87	74	68	307	76.75	6
6	20140328	刘康	男	经济系	98	70	83	53	304	76	7
7	20140329	刘鹏举	男	机电系	96	52	74	77	299	74.75	8
8	20140330	倪冬声	男	设计系	63	68	70	98	299	74.75	8
9	20140332	苏放	男	经济系	54	99	64	71	288	72	11
10	20140323	杜江	男	机电系	54	67	84	69	274	68.5	13
11	20140327	李娜	女	经济系	81	92	94	67	334	83.5	2
12	20140321	杨青	女	经济系	85	87	81	80	333	83.25	3
13	20140333	孙玉	女	机电系	63	68	73	90	294	73.5	10
14	20140324	李佳	女	设计系	68	89	63	63	283	70.75	12

先按性别升序排列

再按总分降序排列

图 9.6 先按“性别”升序排序、再按“总分”降序排序效果图

数学”列的筛选按钮,在下拉列表中选择“数字筛选”组的“大于等于”命令,打开“自定义自动筛选方式”对话框。在“大于或等于”下拉列表框后输入“80”,如图 9.7 所示,单击“确定”按钮完成筛选;同理完成其他列的筛选操作,筛选结果如图 9.8 所示,然后将 sheet5 重命名为“优良表”。

图 9.7 “自定义自动筛选方式”对话框

	A	B	C	D	E	F	G	H	I	J	K
1	学号	姓名	性别	所属院	高等数学	大学英语	计算机基础	大学语文	总分	平均分	排名
2	20140326	李北	男	机电系	94	99	97	86	376	94	1
12	20140321	杨青	女	经济系	85	87	81	80	333	83.25	3

图 9.8 “优良表”结果

将“学生成绩表”复制到 sheet6 中,在单元格下方 C17:F21 中输入条件,单击“数据”选

项卡的“排序和筛选”组中的“高级”命令,此时会弹出“高级筛选”对话框,指定列表区域和条件区域,如图 9.9 所示。单击“确定”按钮,筛选结果如图 9.10 所示。然后将 sheet6 重命名为“不及格表”。

高等数学	大学英语	计算机基础	大学语文
<60			
	<60		
		<60	
			<60

提示：条件写上同一行表示“且”关系，写在不同行表示“或“关系。

图 9.9　条件区域及“高级筛选”对话框

	A	B	C	D	E	F	G	H	I	J	K
1	学号	姓名	性别	所属院系	高等数学	大学英语	计算机基础	大学语文	总分	平均分	排名
3	20140325	胡杨	男	设计系	54	92	97	73	316	79	4
6	20140328	刘康	男	经济系	98	70	83	53	304	76	7
7	20140329	刘鹏举	男	机电系	96	52	74	77	299	74.75	8
9	20140332	苏放	男	经济系	54	99	64	71	288	72	11
10	20140323	杜江	男	机电系	54	67	84	69	274	68.5	13

图 9.10　“不及格表”的结果

(6)将“学生成绩表”复制到 sheet7 中,选定“所属院系”列的任意单元格,单击“数据”选项卡的“排序和筛选”组中的“升序”按钮 A↓Z,按系部升序排序。选择单元格区域的任意位置,单击“数据”选项卡的“分级显示”组中的“分类汇总”命令,打开“分类汇总”对话框。在“分类字段”下拉列表框中选择“所属院系”,在“汇总方式”下拉列表框中选择“平均值”,在“选定汇总项”列表框中选择汇总字段为“高等数学”、“大学英语”、“计算机基础”、“大学语文”,如图 9.11 所示,单击“确定”按钮完成分类汇总,结果如图 9.12 所示,然后将 sheet7 重命名为“分类汇总表”。

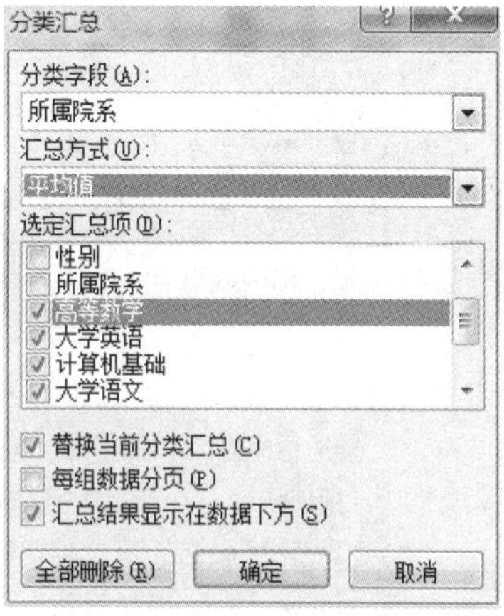

图 9.11　“分类汇总”对话框

(7)将“学生成绩表”复制到 sheet8 中,选择单元格区域的任意位置,单击“插入”选项卡的“表格”组中的“数据透视表”下拉列表按钮,在下拉菜单中选择“数据透视表”命令,打开“数据透视表”对话框。确认选择要分析的数据区域,然后单击“确定”按钮。此时出现“数据透视表字段列表”任务窗格,把要分类的“所属院系”字段拖入“行标签”位置,将“性别”字段拖入“列标签”位置,使之成为数据透视表的行、列标题,将要汇总的“姓名”字段拖入“数值”位置作为计数,如图 9.13 所示。其结果如图 9.14 所示,然后将 sheet8 重命名为“数据透视表”。

	A	B	C	D	E	F	G	H
1	学号	姓名	性别	所属院系	高等数学	大学英语	计算机基础	大学语文
2	20140322	孙毅	男	机电系	78	87	74	68
3	20140323	杜江	男	机电系	54	67	84	69
4	20140326	李北	男	机电系	94	99	97	86
5	20140329	刘鹏举	男	机电系	96	52	74	77
6	20140333	孙玉	女	机电系	63	68	73	90
7				机电系 平均值	77	74.6	80.4	78
8	20140321	杨青	女	经济系	85	87	81	80
9	20140327	李娜	女	经济系	81	92	94	67
10	20140328	刘康	男	经济系	98	70	83	53
11	20140332	苏放	男	经济系	54	99	64	71
12				经济系 平均值	79.5	87	80.5	67.75
13	20140324	李佳	女	设计系	68	89	63	63
14	20140325	胡杨	男	设计系	54	92	97	73
15	20140330	倪冬声	男	设计系	63	68	70	98
16	20140331	齐飞	男	设计系	92	92	60	68
17				设计系 平均值	69.25	85.25	72.5	75.5
18				总计平均值	75.38462	81.69231	78	74.07692

图 9.12　分类汇总各系学生各门课程平均分

三、验证性实验

实验:数据处理。

(1)打开“E:\Excel1”文件夹下的“e3. xlsx”文件,将员工工资表复制到一个新的工作簿中,把默认的 sheet1 工作表重命名为“员工工资表”,文件保存为“e6. xlsx”。

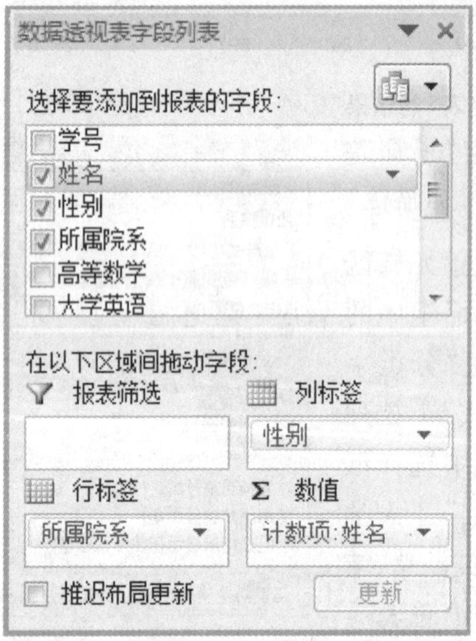

图 9.13　“数据透视表字段列表”任务窗格

	A	B	C	D
1				
2				
3	计数项:姓名	列标签		
4	行标签	男	女	总计
5	机电系	4	1	5
6	经济系	2	2	4
7	设计系	3	1	4
8	总计	9	4	13

图 9.14　统计各系男、女生人数

(2)在“出生日期”与“部门”之间添加两列“年龄”和“年龄阶层”,并使用公式完成计算。其计算方法为:

①年龄 = year(today()) - year(出生日期)。

②年龄阶层:若年龄在 36 岁以下为青年,在 36 岁(包括 36 岁)以上 60 岁以下为中年,60 岁(包括 60 岁)以上为老年。(提示:使用 IF 函数进行计算)

(3)将“员工工资表”复制到 sheet2 中,然后在新工作表中按“年龄”降序排序,将 sheet2 更名为“年龄排序表”;同样将“员工工资表”复制到 sheet3 中,要求先按“部门”升序排序,再按“应付工资合计”降序排序,将 sheet3 更名为“部门工资排序表”。

(4)将“员工工资表”复制到 sheet4 中,筛选部门为“管理”且基础工资≥10 000 元的记录,将 sheet4 更名为“高收入表”;同样将“员工工资表”复制到 sheet5 中,筛选年龄≥60 或基础工资 <5 000 的记录,将 sheet5 更名为“关注人群表”。

(5)将“员工工资表”复制到 sheet6 中,求各部门各项工资合计(包括基础工资、奖金、补贴、扣除事病假、扣除保险、应付工资合计),将 sheet6 更名为“分类统计表”。

(6)将“员工工资表”复制到 sheet7 中,求各部门不同年龄阶层人数,将 sheet7 更名为“数据透视表”。

实验 10　图表制作与工作表保护

一、实验目的

- 掌握不同类型的图表创建方法;
- 掌握图表的整体编辑和对图表中各对象的编辑方法;
- 掌握图表的格式化设置方法;
- 掌握保护工作簿、工作表的方法。

二、实验内容

内容:制作图表并保护工作表

题目要求:

(1)打开“E:\Excel1”文件夹下的“e1. xlsx”文件,将学生成绩表中所属院系为机电系的部分数据复制到一个新的工作簿中,把默认的 sheet1 工作表重命名为“机电系成绩表”,文件保存为“e7. xlsx”,如图 10.1 所示。

	A	B	C	D	E
1	姓名	高等数学	大学英语	计算机基础	大学语文
2	孙毅	78	87	74	68
3	杜江	54	67	84	69
4	李北	94	99	97	86
5	刘鹏举	96	52	74	77
6	孙玉	63	68	73	90

图 10.1　复制机电系数据

(2)根据提供的数据创建簇状水平圆柱图,效果如图 10.2 所示。

(3)对创建的图表进行如下编辑操作。

①将该图表放大、移动到 A8:G24 区域,并将图表类型改为簇状圆柱图。

②将图表中的“大学英语”和“计算机基础”的数据系列删除;然后再将“计算机基础”的数据系列添加到图表中,并为该数据系列添加数据标签。

③为图表添加图表标题“学生成绩表”,分类 X 轴“姓名”及数值 Y 轴“分数”。

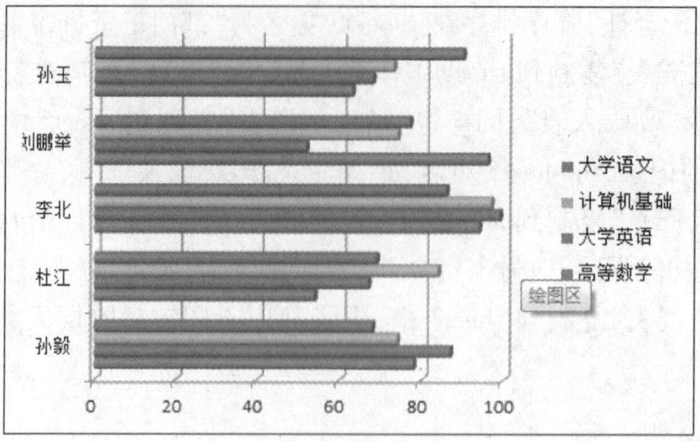

图 10.2　簇状水平圆柱图

(4)对创建的图表进行如下格式化操作。

①将图表区的字体大小设置为 11;图表标题设置为 14 号、隶书。

②将数值轴的主要刻度线间距改为 10,最大值设为 100。

③为图表区选用红色 2 磅双线圆角边框。

④为绘图区设置渐变填充效果,使用预设颜色“雨后初晴”。

⑤为图例加上紫色边框和“向右偏移”的阴影效果。

(5)进行工作表和工作簿保护。

(6)保存文件。

【操作步骤】

(1)进入 E 盘下的 Excel 文件夹,双击打开其中的“e1. xlsx”。选择“所属院系”列的任意位置,单击“数据”选项卡的“排序和筛选”组中的“筛选”按钮,筛选出所属院系为“机电系”的记录,选择筛选后的记录结果,复制粘贴到一个新的工作簿 sheet1 中,删除图表制作中不需要的数据,如图 10.1 所示,将工作表重命名为“机电系成绩表”,将文件保存为“e7. xlsx”。

(2)选择数据区域 A1:E6,单击“插入”选项卡的“图表组”中的“条形图”下拉按钮,在列表中选择“簇状水平圆柱图”,效果如图 10.2 所示。

(3)选择图表,当出现图标时,将图表拖动到 A8 单元格,将鼠标放到图表右下角,出现伸拉箭头时,调整图表区域大小至 A8:G24;选择图表,单击“设计”选项卡的“类型”组中的“更改图表类型”按钮,在弹出的对话框中选择“柱形图”中的“簇状圆柱图”,单击确定按钮,效果如图 10.3 所示。

(4)在图表中分别选中“大学英语”和“计算机基础”的数据系列,按“Delete”键删除;要将删除的数据系列恢复,选择图表后,单击“设计”选项卡的“数据”组中的“选择数据”按钮,打开“选择数据源”对话框,在“图表数据区域”中重新进行定义,如图 10.4 所示。

(5)选择图表,单击“布局”选项卡的“标签”组中的“图表标题”下拉按钮,在弹出的选项中选择“图表上方”,再将默认的“图表标题”修改为“学生成绩表”;类似地添加横坐标标题“姓名”,纵坐标标题“分数”。

(6)选择图表,在“开始”选项卡的“字体”组中将字号选择为 11,选中图表标题,将字体设为隶书,字号为 14。

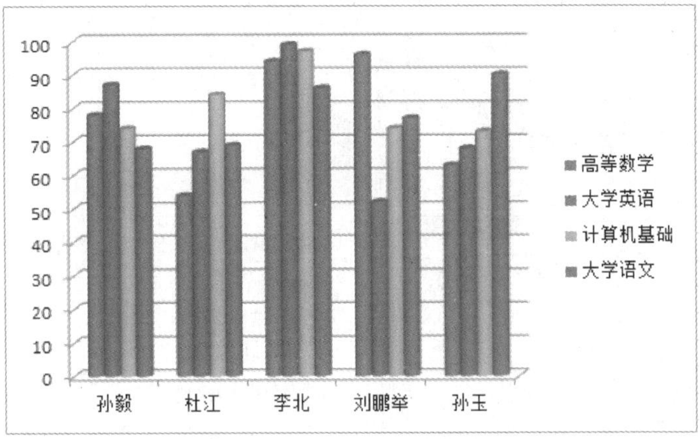

图 10.3　簇状圆柱图

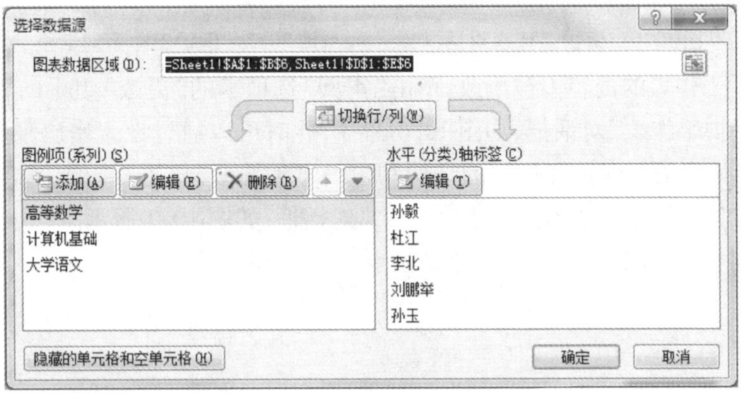

图 10.4　“选择数据源”对话框

(7)选择纵坐标轴,双击,弹出“设置坐标轴格式”对话框,在坐标轴选项中将“主要刻度单位”设置为10,其余保持默认不变。

(8)在图表区域空白处单击右键,在弹出的快捷菜单中选择“设置图表区域格式”命令,出现“设置图表区域格式”对话框,在“边框颜色”选项中设置为红色实线,在“边框样式”选项中设置2磅双线圆角,单击“关闭”按钮。

(9)在图表绘图区空白处单击右键,在弹出的快捷菜单中选择“设置绘图区格式”命令,出现“设置绘图区格式”对话框,在“填充”选项中选择“渐变填充”,在“预设颜色”中选择“雨后初晴”。

(10)选择图例,单击右键,在弹出的快捷菜单中选择“设置图例格式”命令,出现“设置图例格式”对话框,在“边框颜色”选项中设置为紫色实线,在“阴影”选项中选择“预设”中的“向右偏移”效果,图表最终

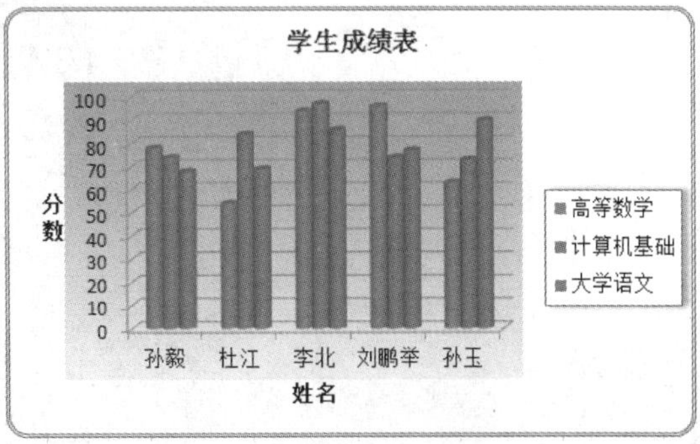

图 10.5　图表最终效果图

效果如图 10.5 所示。

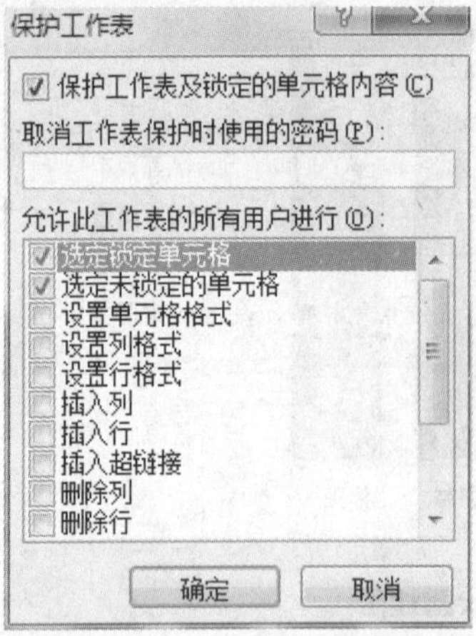

图 10.6 保护工作表对话框

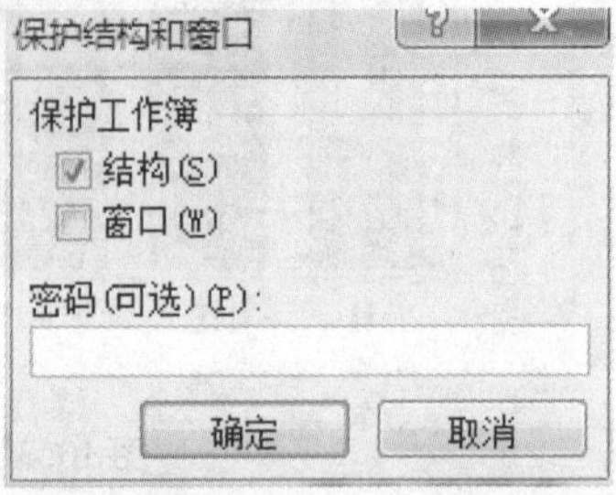

图 10.7 保护工作簿对话框

(11)为了工作表的内容不被修改,单击"审阅"选项卡的"更改"组中的"保护工作表"按钮,弹出"保护工作表"对话框,如图 10.6 命令,此时可以通过设置密码限制其他用户对工作表进行操作。为了保护工作簿的结构和窗口不被修改,单击"审阅"选项卡的"更改"组中的"保护工作簿"按钮,弹出"保护工作簿"对话框,如图 10.7 所示。

(12)保存文件,并另存到自己的移动磁盘中。

三、验证性实验

实验 1:打开"E:\Excel1"文件夹下的"e2. xlsx"文件,创建一个带百分比的饼形图,效果如图 10.8 所示。

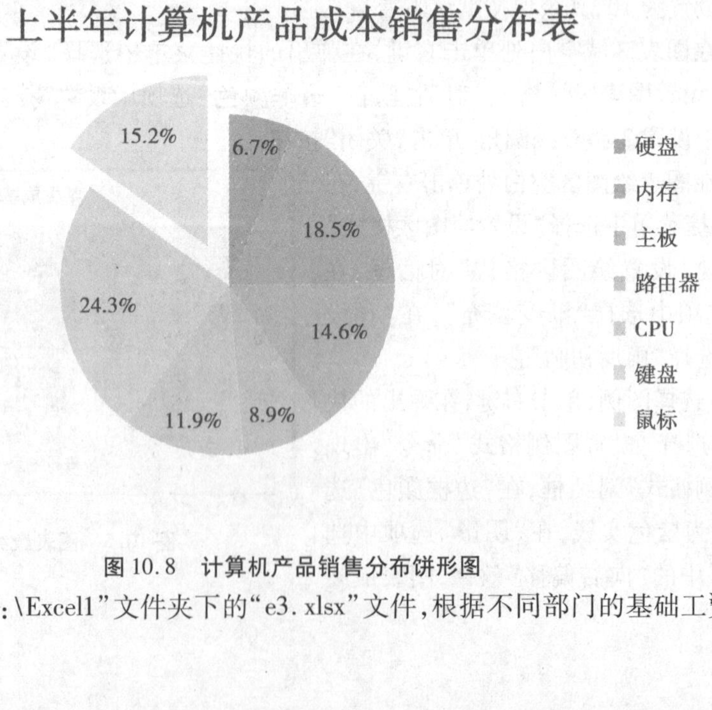

图 10.8 计算机产品销售分布饼形图

实验 2:打开"E:\Excel1"文件夹下的"e3. xlsx"文件,根据不同部门的基础工资创建一个二维簇状柱形图，效果如图 10.9 所示。

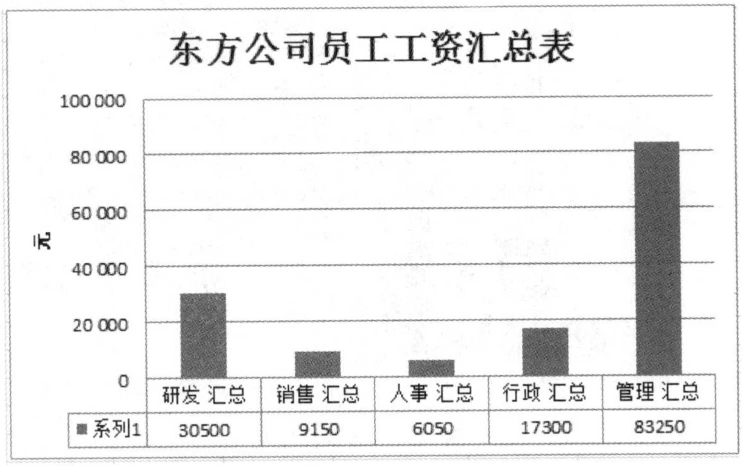

图 10.9　公司员工工资汇总图

实验 11　演示文稿制作与编辑

一、实验目的

- 掌握新建、保存、打开演示文稿的方法；
- 掌握插入、删除、移动、复制幻灯片的方法；
- 学会选择恰当的幻灯片版式、主题和模板，能熟练地进行文本输入与编辑；
- 掌握插入 SmartArt 图形、图片、声音等常见多媒体信息的方法；
- 掌握幻灯片母版的设计方法。

二、实验内容

内容：冬奥会介绍演示文稿

2013 年 11 月 5 日，中国奥委会正式同意北京和张家口申办 2022 年冬奥会，并向国际奥委会致函以北京市名义向国际奥委会提出申办。2014 年 7 月，北京成为 2022 年冬奥会申办候选城市，2015 年 1 月向国际奥委会提交了《申办报告》。2015 年 7 月底将确定 2022 年冬奥会举办城市。冬奥会离我们越来越近了，为了助力北京申办冬奥会，让大家更多地了解冬奥会的历史、比赛项目及北京申办冬奥会的相关情况。体育委员小蒋设计演示文稿介绍冬奥会的相关情况。效果如图 11.1 所示。大家可以进入北京 2022 年冬奥会申办委员会官方网站(http://www.beijing-2022.cn/)获取相关资料，以自己的视角设计演示文稿。

题目要求：

(1)每张幻灯片的背景都相同，标题的文字是黑体、加粗、32 磅，左对齐。

(2)第 2 页"目录"中使用了 SmartArt 图形。

(3)第 5 页、第 6 页和第 8 页要设置图片大小格式。

图 11.1　效果样图

(4)为目录页设置超链接。

【操作步骤】

(1)启动 PowerPoint 2010,系统新建一个空白演示文稿,名为“演示文稿 1”。单击“视图”选项卡“母版视图”组中的“幻灯片母版”按钮,进入幻灯片母版视图。

(2)单击“插入”选项卡中的“图片”按钮,打开素材文件夹中的“背景. jpg”,将“背景”图片拖到幻灯片上方。右击图片,在弹出的对话框中选择“置于底层”命令。

(3)单击标题占位符,设置字体为黑体、加粗、32 磅,左对齐。并向左拖动标题占位符的位置。单击“幻灯片母版”选项卡中的“关闭母版”按钮。返回普通视图。

(4)在“幻灯片/大纲”窗格中的第 1 张幻灯片后,按“Enter”键,会插入一张新的幻灯片。再连续按“Enter”键,共插入 8 张幻灯片。

(5)设计第 1 张幻灯片。

在“幻灯片/大纲”窗格中单击第 1 张幻灯片,在标题占位符中输入“冬季奥运会”,字体设置为:黑体、加粗、48 磅,黑色,居中对齐。

(6)设计第 2 张幻灯片。

①选择第 2 张幻灯片,单击“开始”选项卡“幻灯片”组的“版式”下拉列表中的“标题和内容”。

②在标题占位符中输入“目录”。

③在内容占位符中,单击“插入 SmartArt 图形”按钮,在弹出的“选择 SmartArt 图形”对话框中选择“垂直曲形列表”。在文本中依次输入“冬奥历史”、“冬奥项目”、“中国冬奥”、“中国之星”、“北京申冬奥”、“冬奥特使”。将文本的对齐方式设置为“左对齐”。单击“SmartArt 工具”下“设计”选项卡“SmartArt 样式”组中的“快速样式”下拉列表中的“细微效果”,如图 11.2 所示。

(7)设计第 3 张幻灯片。

①选择第 3 张幻灯片,单击“开始”选项卡“幻灯片”组中的“版式”下拉列表中的“标题和内容”。

②在标题占位符中输入“冬奥历史”。

北京2022年冬季奥林匹克运动会申办委员会
Beijing 2022 Olympic Winter Games Bid Committee
冬季奥运会

北京2022年冬季奥林匹克运动会申办委员会
Beijing 2022 Olympic Winter Games Bid Committee
目录
冬奥历史
冬奥项目
中国冬奥
中国之星
北京申冬奥
冬奥特使

图 11.2　前 2 张幻灯片样张

③在内容占位符中，单击“插入图片”按钮，在弹出的“插入图片”对话框中选择素材文件夹中的“比赛地点地图. png”，单击“确定”按钮。调整图片大小和位置。

④单击“插入”选项卡的“文本”组中的“横排文本框”，并输入 5 段内容。文本设置为宋体、24 磅，最后为文本添加图片项目符号，其效果如图 11.3 所示。

北京2022年冬季奥林匹克运动会申办委员会
Beijing 2022 Olympic Winter Games Bid Committee
冬奥历史
第1届：1924年（法国）
每4年一届
1994年起，冬奥会与夏奥会以2年为间隔交叉举行
目前共举行了22届
第23届：2018年（韩国平昌）

图 11.3　“冬奥历史”幻灯片样张

北京2022年冬季奥林匹克运动会申办委员会
冬奥项目
7项
98项
短道速滑
冰球
越野滑雪
冰壶
自由式滑雪
单板滑雪

图 11.4　“冬奥项目”幻灯片样张

(8)设计第 4 张幻灯片。

①选择第 4 张幻灯片，版式设置为“标题和内容”。

②在标题占位符中输入“冬奥项目”。

③在内容占位符中，单击“插入图片”按钮，在弹出的“插入图片”对话框中选择素材文件夹中的“比赛项目. jpg”，单击“确定”按钮。调整图片大小和位置。

④单击“插入”选项卡“文本”组中的“横排文本框”，并输入内容“短道速滑”。使用同样的方法添加 14 个文本框，依次输入以下内容：“速度滑冰”、“花样滑冰”、“冰壶”、“冬季两项”、“有舵雪橇”、“无舵雪橇”、“俯式冰橇”、“单板滑雪”、“高山滑雪”、“自由式滑雪”、“北欧两项”、“跳台滑雪”、“越野滑雪”、“冰球”。其中大椭圆中文本设置为黑体、白色、20 磅，小椭圆中文本设置为黑体、白色、14 磅。

⑤单击“插入”选项卡“插图”组中的“形状”下拉列表中的“平行四边形”，然后在幻灯片中绘制平行四边形。右击平行四边形，在弹出的快捷菜单中选择“编辑文字”命令，然后

输入“7 项冬奥会大项”，文字“7”设置为黑体、白色、44 磅，文字“项冬奥会大项”设置为黑体、白色、14 磅。复制该平行四边形，将文字更改为“98 项冬奥会小项”。调整两个平行四边形的位置，如图 11.4 所示。

(9)设计第 5 张幻灯片。

①选择第 5 张幻灯片，版式设置为“标题和内容”。

②在标题占位符中输入“中国冬奥”。

③在内容占位符中，单击“插入图片”按钮，在弹出的“插入图片”对话框中选择素材文件夹中的“中国冬奥. png”，单击“确定”按钮。调整图片大小和位置。

(10)设计第 6 张幻灯片。

①选择第 6 张幻灯片，版式设置为“标题和内容”。

②在标题占位符中输入“中国之星”。

③在内容占位符中，单击“插入图片”按钮，在弹出的“插入图片”对话框中，按着“Ctrl”键，单击选择素材文件夹中的“杨扬. jpg”、“申雪赵宏博. jpg”、“王濛. jpg”、“接力赛. jpg”、“张洋. jpg”、“张虹. jpg”、“李坚柔. jpg”、“叶乔波. jpg”的 8 张图片，单击“确定”按钮。同时插入 8 张图片，并框选 8 张图片，单击“图片工具”选项卡，在“大小”组中将高度、宽度都设置为6. 2厘米，如图 11. 5 所示。调整图片位置，并借助对齐中的“顶端对齐”、“横向分布”对齐图片，如图 11. 6 所示。

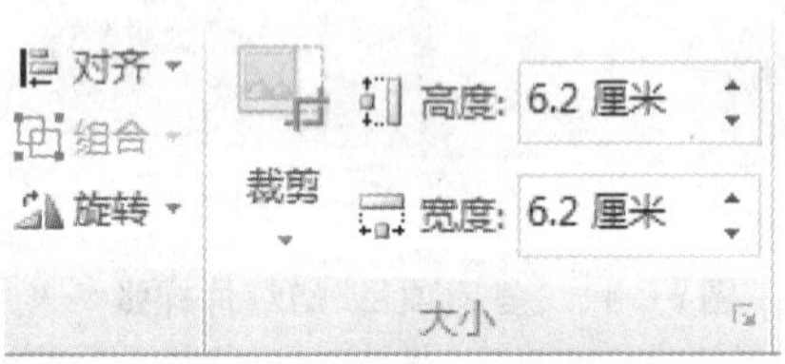

图 11.5　设置图片大小

图 11.6　“中国之星”幻灯片样张

(11)设计第 7 张幻灯片。

①选择第 7 张幻灯片，版式设置为“两栏内容”。

②在标题占位符中输入“北京申冬奥”。

③在左侧内容占位符中，单击“插入图片”按钮，在弹出的“插入图片”对话框中，单击选择素材文件夹中的“申奥标志. jpg”，单击“确定”按钮。等比例调整图片大小。

④在右侧内容占位符中，输入文本内容，如图 11. 7 所示。

(12)设计第 8 张幻灯片。

①选择第 8 张幻灯片，版式设置为“标题和内容”。

②在标题占位符中输入“冬奥特使”。

③在内容占位符中，单击“插入图片”按钮，在弹出的“插入图片”对话框中，按着“Ctrl”

键,单击选择素材文件夹中的“icon_1.png”至“icon_5.png”共5张图片,单击“确定”按钮。框选插入的5张图片,单击“图片工具”选项卡,在“大小”组中将高度、宽度分别设置为3.3厘米、6.55厘米。调整图片位置并对齐,如图11.8所示。

图11.7 “北京申冬奥”幻灯片样张

图11.8 “冬奥特使”幻灯片样张

(13)为目录设置超链接。

①选择第2张幻灯片,单击目录条目中的第一个图形“冬奥历史”,单击“插入”选项卡“链接”组中的“超链接”命令,弹出“插入超链接”对话框,如图11.9所示。

②在左侧选择要链接到的类型,单击“本文档中的位置”,然后在“请选择文档中的位置”列表中单击标题为“冬奥历史”,最后单击“确定”按钮。

③依次为其他目录设置超链接。

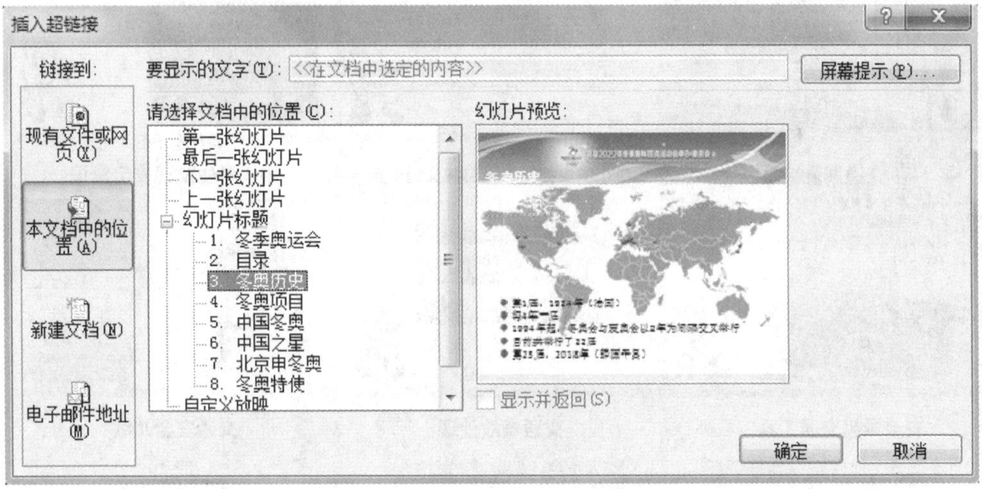

图11.9 “插入超链接”对话框

(14)将演示文稿保存到桌面,命名为“2022年北京申冬奥.pptx”。

(15)单击“幻灯片放映”选项卡“开始放映幻灯片”组中的“从头开始”命令,开始放映幻灯片。

三、验证性实验

实验:据新华社报道,截至2014年底我国机动车保有量达2.64亿辆,其中汽车1.54

亿辆；机动车驾驶人突破 3 亿人，其中汽车驾驶人超过 2.46 亿人。随着车辆的增加，同时各类交通事故的报道随之增加。为了树立学生们的交通安全意识，保护好自己，荆州小学的张老师要为本班的学生上一次关于交通安全的课，并设计了如下的演示文稿，如图 11.10 所示。

按照要求完成设计：

(1)利用幻灯片母版为每张幻灯片添加“交警 1.jpg”，并利用图片设置标题页背景。

(2)利用幻灯片母版设置标题占位符的文本格式：黑体、48 磅。

(3)利用 SmartArt 图形输入目录页中的文本，文本格式为：宋体、26 磅。

(4)在第 4 张幻灯片中，插入艺术字“车祸猛于虎”。

(5)在第 5 张幻灯片中，利用 SmartArt 图形输入文本，并设置各列表的填充颜色。

(6)在第 6 张和第 7 张幻灯片中插入图片，调整大小，覆盖右下角的图片。

(7)在第 8 张和第 9 张幻灯片中输入文本，文本格式为：宋体、26 磅。

(8)为目录设置超链接。

(9)在第 9 页幻灯片中插入音频“交通安全歌. mp3”，并设置为自动播放。

(10)将演示文稿保存在桌面，名称为“交通安全伴我成长. pptx”。

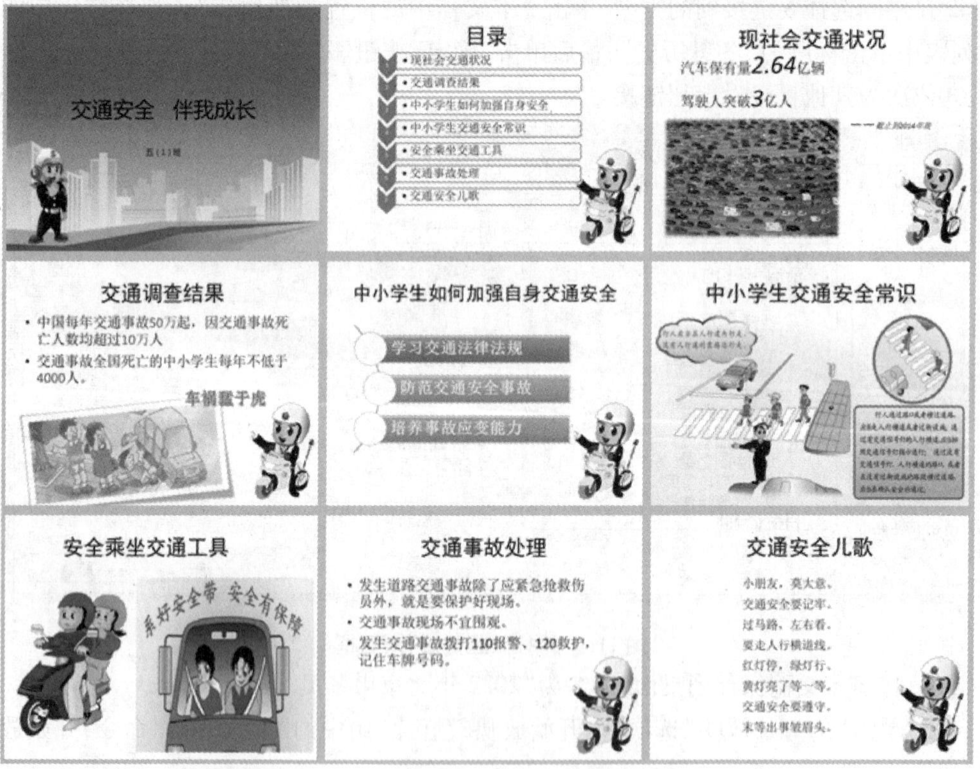
交通安全　伴我成长
目录
现社会交通状况
交通调查结果
中小学生如何加强自身安全
中小学生交通安全常识
安全乘坐交通工具
交通事故处理
交通安全儿歌
现社会交通状况
汽车保有量2.64亿辆
驾驶人突破3亿人
交通调查结果
中国每年交通事故50万起，因交通事故死亡人数均超过10万人
交通事故全国死亡的中小学生每年不低于4000人。
车祸猛于虎
中小学生如何加强自身交通安全
学习交通法律法规
防范交通安全事故
培养事故应变能力
中小学生交通安全常识
安全乘坐交通工具
系好安全带　安全有保障
交通事故处理
发生道路交通事故除了应紧急抢救伤员外，就是要保护好现场。
交通事故现场不宜围观。
发生交通事故拨打110报警、120救护，记住车牌号码。
交通安全儿歌
小朋友，莫大意。
交通安全要记牢。
过马路，左右看。
要走人行横道线。
红灯停，绿灯行。
黄灯亮了等一等。
交通安全要遵守。
莫等出事皱眉头。

图 11.10　交通安全演示文稿示例

四、设计性实验

实验 1：伴随空气污染的日趋严重，顺畅呼吸已成为百姓的殷殷期待，各地政府也将治理空气污染作为重要工作。请围绕“空气污染”收集文字和相关素材制作一个演示文稿，尽量用到所学过的演示文稿的编辑、美化、超链接技术和多媒体等相关知识。

实验 2：参考图 11.11 设计一个介绍自己或自己所在学校、所学专业的演示文稿。

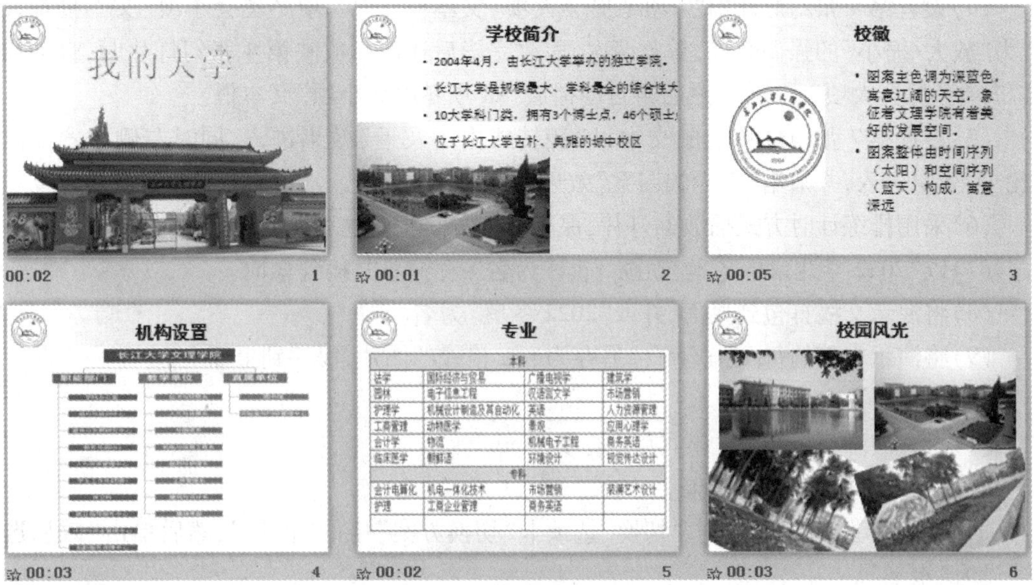
我的大学
00:02
1
学校简介
2004年4月，由长江大学举办的独立学院。
长江大学是规模最大、学科最全的综合性大
10大学科门类，拥有3个博士点，46个硕士
位于长江大学古朴、典雅的城中校区
00:01
2
校徽
图案主色调为深蓝色，寓意辽阔的天空，象征着文理学院有着美好的发展空间。
图案整体由时间序列（太阳）和空间序列（蓝天）构成，寓意深远
00:05
3
机构设置
长江大学文理学院
00:03
4
专业
本科
专科
00:02
5
校园风光
00:03
6

图 11.11 “我的大学”演示文稿示例

实验 12　演示文稿的动画设计与放映

一、实验目的

- 掌握设置幻灯片切换效果的方法；
- 理解自定义动画中时间轴的概念，了解常用的自定义动画效果；
- 熟练掌握自定义动画的设计方法；
- 掌握排练计时的使用方法；
- 掌握设置演示文稿的放映方式。

二、实验内容

内容 1：为演示稿设置动画效果

为演示文稿“2022 年北京申冬奥. pptx”设置动画效果。按要求完成下列操作。

(1)设置幻灯片的切换效果：第 1 张幻灯片设为“窗口”效果；第 2 张幻灯片设为“涡流”效果；第 5 张幻灯片设为“揭开”效果，声音为“激光”，持续时间为“1 秒”；换片方式均

为“单击鼠标时”。设置完成后放映幻灯片，观察效果。

(2)设置第 2 张幻灯片上的目录文本以“飞入”效果逐个从右侧进入，延时 1 秒自动播放。

(3)设置第 3 张幻灯片上的 5 段正文文本，在单击鼠标时以“缩放”效果进入，再次单击时下一段文本以“缩放”效果进入，同时上一段文本以“淡出”效果退出。设置完成后放映幻灯片，观察效果。

(4)设置第 4 张幻灯片中“7 项冬奥会大项”文本框和“98 项冬奥会小项”文本框都设置为“放大/缩小”的强调效果，重复两次，播放完毕后还原。放映第 4 张幻灯片时，自动播放“7 项冬奥会大项”文本框，之后再自动播放“98 项冬奥会小项”文本框。

(5)设置第 7 张幻灯片上的文本以“翻转式由远及近”效果进入，同时左侧的图片以“轮子”效果进入，并采用“三轮幅图案”效果。

(6)采用排练计时方式播放幻灯片，保存排练时间。请注意观察放映效果。

(7)以“2022 年北京申冬奥_动画. pptx”为名保存演示文稿到桌面。

(8)将演示文稿打包到桌面，并以“2022 冬奥”为名。

(9)将演示文稿的每一张幻灯片另存为 png 格式的图片，保存到桌面上。

【操作步骤】

(1)打开演示文稿“2022 年北京申冬奥. pptx”。

(2)设置幻灯片的切换效果。

①选择第 1 张幻灯片，单击“切换”选项卡“切换方案”中的“窗口”，然后单击“效果选项”设为“水平”。

②选择第 2 张幻灯片，单击“切换”选项卡“切换方案”中的“涡流”，然后单击“效果选项”设为“水平”。

③选择第 5 张幻灯片，单击“切换”选项卡“切换方案”中的“揭开”，然后单击“效果选项”设为“自右侧”。将“计时”组中的声音设置为“激光”，持续时间为“01:00”；勾选“单击鼠标时”复选框，如图 12.1 所示。

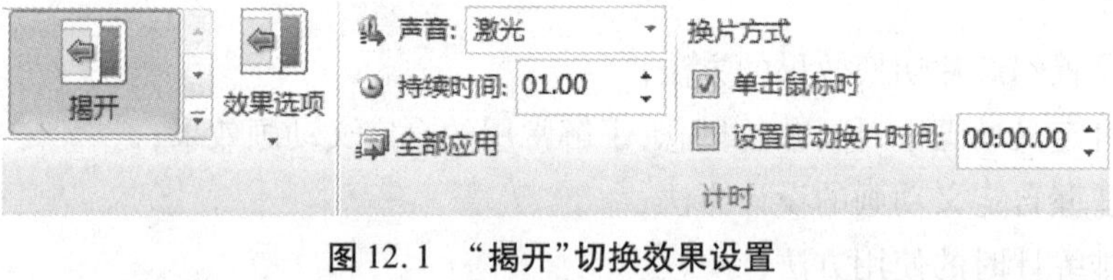

图 12.1 “揭开”切换效果设置

(3)选择第 2 张幻灯片，单击 SmartArt 图形，然后单击“动画”选项卡“动画”组中的“动画样式”列表中的“飞入”按钮，单击“效果选项”下拉列表中的“自右侧”按钮。设置“计时”组中的“开始:”为“与上一动画同时”，“延迟”为“01:00”。如图 12.2 所示。

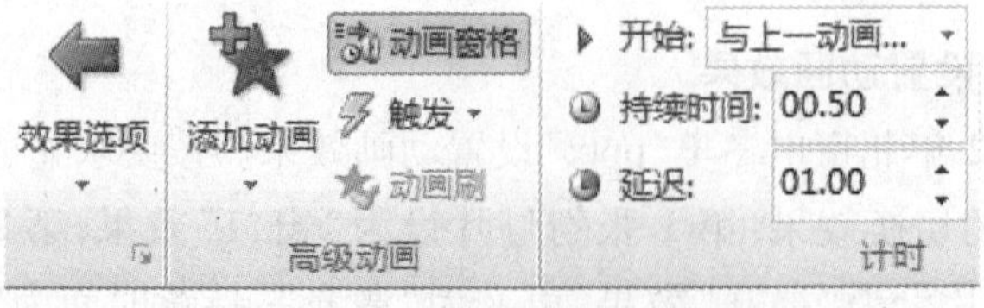

图 12.2 “飞入”动画效果设置

(4)选择第3张幻灯片,单击正文文本框,然后单击“动画”选项卡“动画”组中的“动画样式”列表“进入效果”组中的“缩放”按钮,单击“效果选项”下拉列表中的“按段落”按钮。此时动画窗格中的效果如图12.3所示。

(5)选择第1段文本,单击“添加动画”按钮,选择退出效果中的“淡出”。此时在动画窗格的末尾出现一项新的退出动画项,选择第6项拖到第2项之后,并将“开始”设置为“与上一项同时”,如图12.4所示。

(6)使用同样的方法,依次选择第2、3、4段文本,添加“淡出”的退出效果,并调整动画窗格中的顺序,最后如图12.5所示。

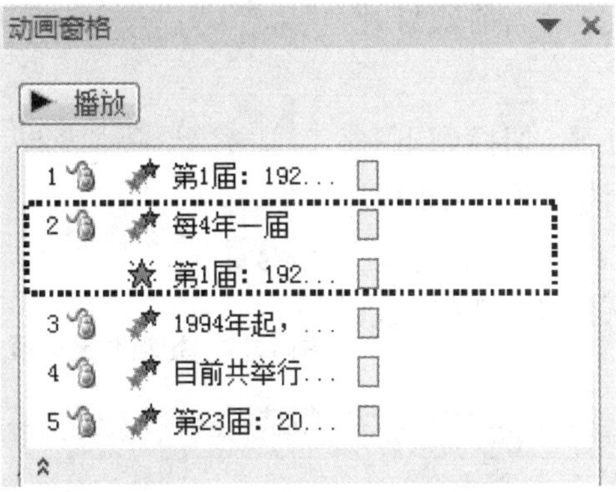

图12.3 “缩放”效果动画窗格

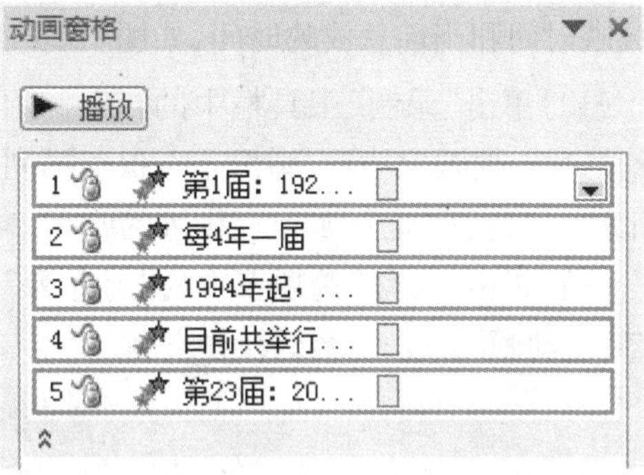

图12.4 添加“淡出”后的动画窗格

(7)选择第4张幻灯片,单击“7项冬奥会大项”文本框,然后单击“动画”选项卡“动画”组中的“动画样式”列表“强调效果”组中的“放大/缩小”按钮。在动画窗格中,单击右键,在弹出的快捷菜单中选择“动画选项”,在弹出的“放大/缩小”对话框中设置“开始”为“上一动画之后”,“重复”设为“2”,勾选“播完后快退”复选框,如图12.6所示。

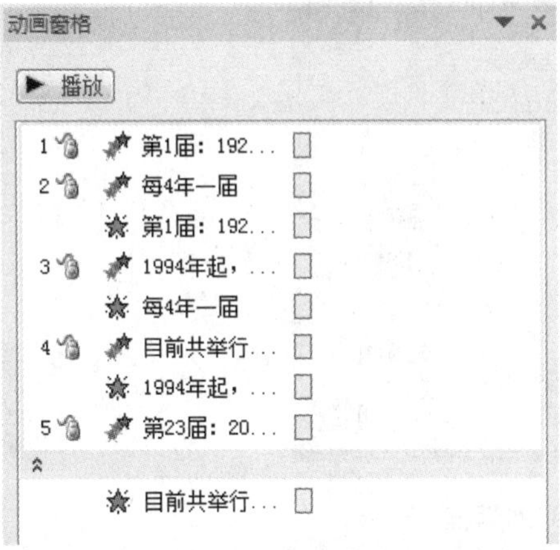

图12.5 动画窗格

图12.6 “放大/缩小”的效果选项

(8)单击“7项冬奥会大项”文本框,单击“动画刷”,复制动画效果。然后单击“98项冬奥会小项”文本框。此时“98项冬奥会小项”文本框也具有了与“7项冬奥会大项”文本框同样的效果。

(9)选择第 7 张幻灯片,单击正文文本框,然后单击“动画”选项卡“动画”组中的“动画样式”列表“进入效果”组中的“翻转式由远及近”按钮。

(10)单击“申奥标志”图片,然后单击“动画”选项卡“动画”组中的“动画样式”列表“进入效果”组中的“轮子”按钮,单击“效果选项”下拉列表中的“3 轮幅图案”按钮。在“计时”组中,“开始”设为“与上一动画同时”,如图 12.7 所示。

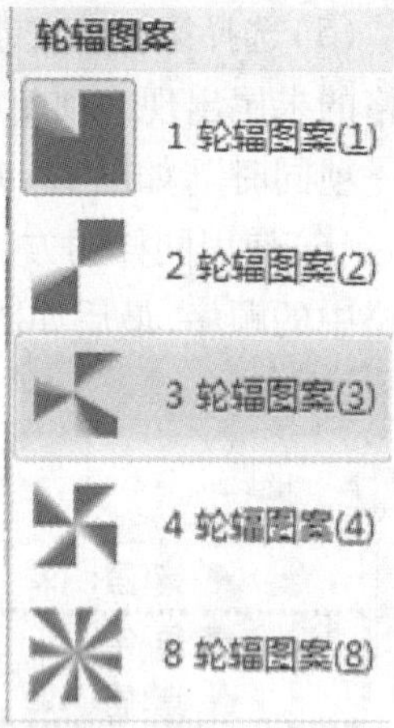

图 12.7　轮辐图案选项

(11)单击“幻灯片放映”选项卡“设置”组中的“排练计时”按钮。此时开始放映幻灯片,弹出“录制”工具栏,显示当前幻灯片的放映时间和当前总放映时间,如图 12.8 所示。

(12)单击“录制”工具栏中的“下一项”按钮,切换到下一页幻灯片。放映完毕后,弹出是否保存排列计时消息框,如图 12.9 所示。若选择“是”,则保存排练的时间。

(13)单击“文件”选项卡中的“另存为”按钮,以“2022 年北京申冬奥_动画. pptx”为名保存在桌面。

图 12.8　“录制”工具栏

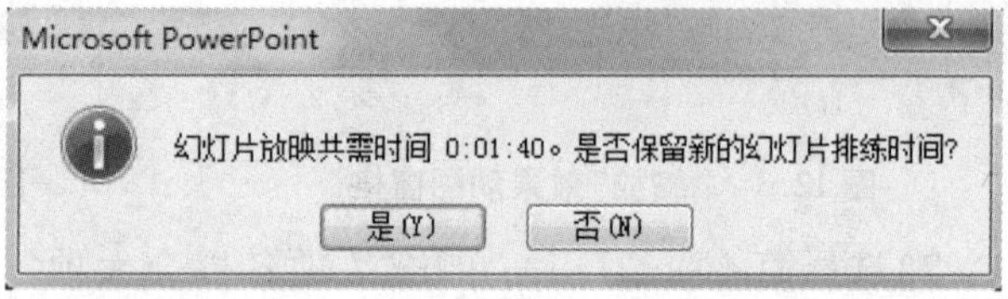

图 12.9　保存排练计时消息框

(14)单击“文件”选项卡中的“保存并发送”命令,单击“将演示文稿打包成 CD”命令,弹出“打包成 CD”对话框,如图 12.10 所示。单击“复制到文件夹”按钮,弹出“复制到文件夹”对话框,文件夹名称设置为“2022 冬奥”,位置设置为“桌面”,如图 12.11 所示。

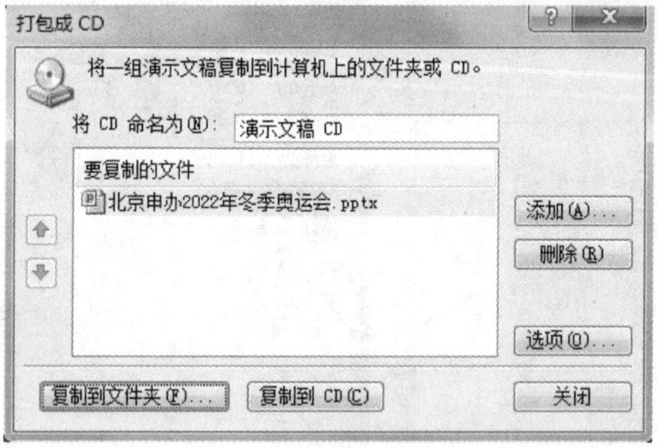

图 12.10　“打包成 CD”对话框

(15)单击“文件”选项卡中的“另存为”命令,在弹出的“另存为”对话框中将保存类型设置为“PNG 可移植网络格式”,单击“确定”按钮。弹出如图 12.12 所示的消息框,单击“每张幻灯片”按钮,则会在指定位置生成每张幻灯片的图片,如图 12.13 所示。

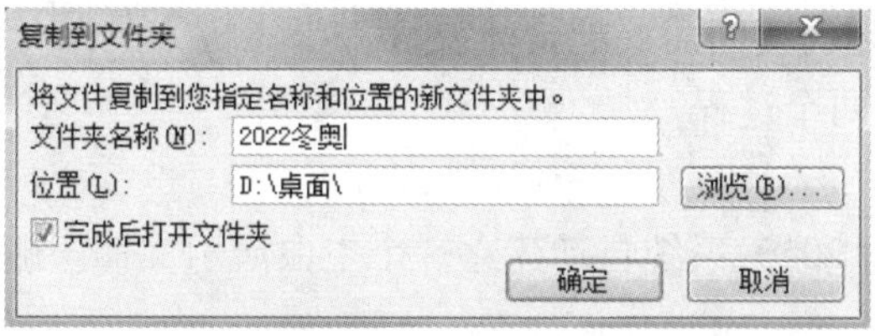

图 12.11 “复制到文件夹”对话框

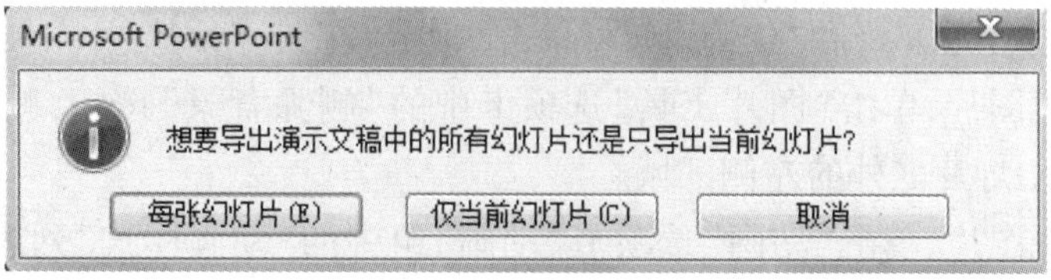

图 12.12 保存消息框

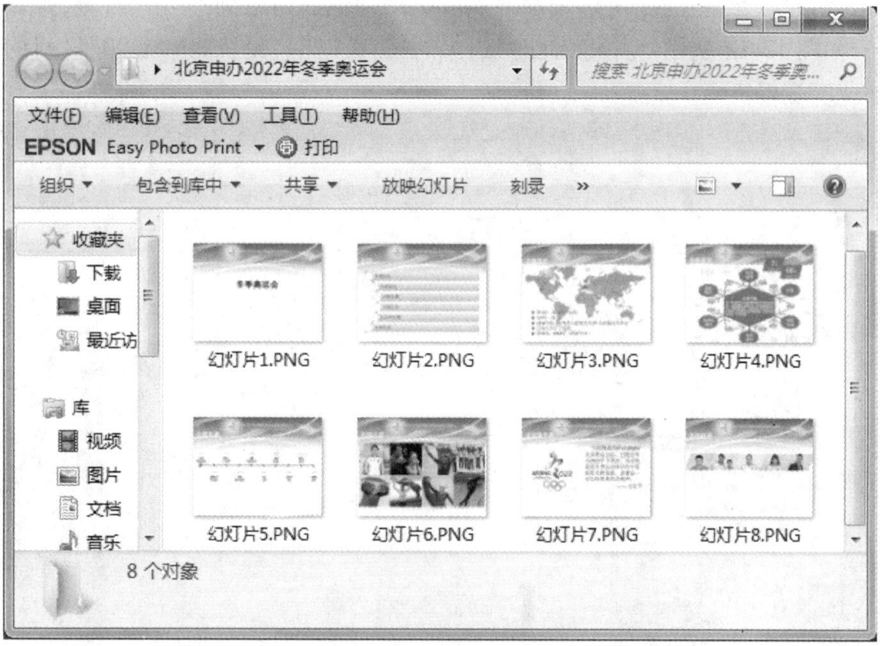

图 12.13 生成的图片窗口

(16)最后,单击“幻灯片放映”选项卡中的“从头开始”按钮,观看播放效果。

内容 2:为图片设置运动轨迹

教物理的熊老师准备为同学们讲解“平抛运动”的相关知识。为加深同学们对平抛运动的认识,特制作了飞机投弹的演示文稿,让大家观察炸弹的运动情况。飞机从左侧飞入,接着飞机投弹;飞机继续向右匀速飞行,炸弹做平抛运动,最后炸弹落地爆炸。

题目分析:

(1)整个过程只有两个对象:飞机和炸弹。

(2)飞机只有一个动作:沿直线从左往右飞行,可以使用动作路径来完成。

(3)炸弹需要经历 3 个过程:首先是出现在幻灯片中,然后是做曲线运动,最后消失。所以炸弹需要使用添加动画来完成 3 个动画的设置。

(4)飞机和炸弹出现的时间需要配合。设计为当飞机飞到某处时,炸弹自动出现。随后炸弹自动完成后面的两个过程。

【操作步骤】

(1)启动 PowerPoint 2010,系统自动建立一个空白演示文稿。删除标题占位符,以免影响后续操作。

(2)单击“插入”选项卡“图像”组中的“图片”按钮,弹出“插入图片”对话框,选择实验素材文件夹中的“飞机. jpg”和“炸弹. jpg”,单击“确定”按钮,向幻灯片中插入两张图片。

(3)选择飞机图片,单击“图片工具”选项卡中的“删除背景”按钮,删除飞机的背景。将飞机图片拖到幻灯片之外的左侧区域。

(4)选择飞机图片,单击“动画”选项卡“动画”组中的“动画样式”列表中的“直线”按钮,单击“效果选项”下拉列表中的“向右”按钮。在幻灯片上显示飞机的运动路线。绿色的三角形表示起点,红色的三角形表示终点。拖动红色三角形到幻灯片右侧,延长飞机的运动路径,如图 12.14 所示。并将“计时”组中的“持续时间”设置为“06.00”。目的是使飞机的运动速度变慢。

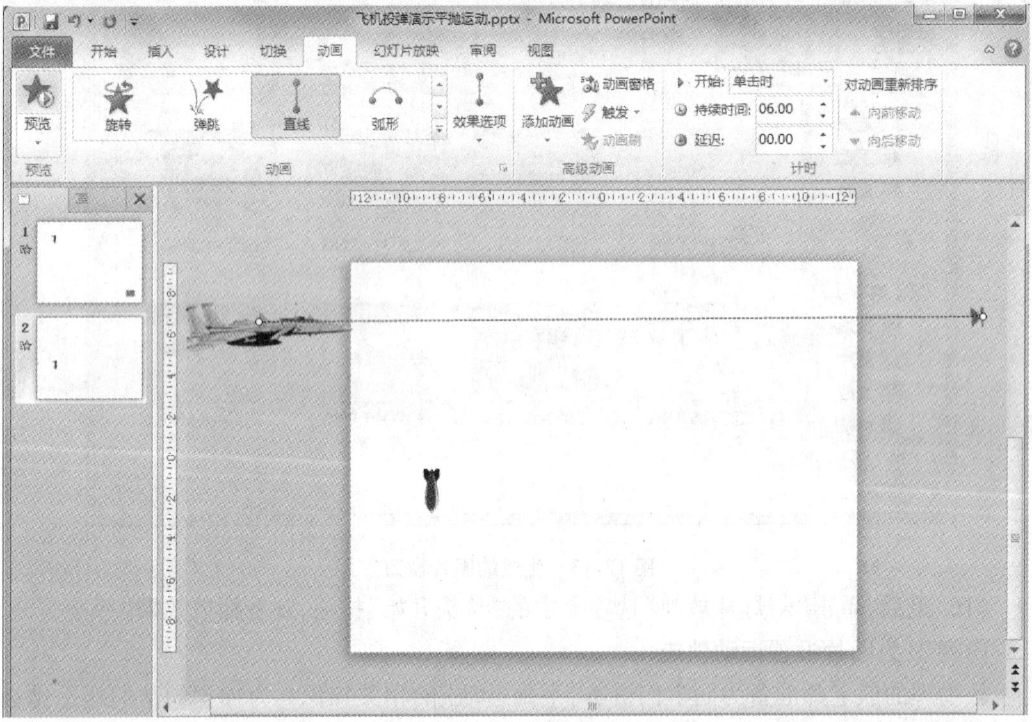

图 12.14　飞机的直线运动

(5)选择炸弹图片,拖到飞机路径的下方。单击“动画”选项卡“动画”组中的“动画样式”列表中的“出现”按钮。在“计时”组中将“开始”设置为“与上一项动画同时”,“延迟”设置为“02.25”。炸弹图片距左侧边缘越远,延迟就要稍微长点。单击动画窗格中的“播放”按钮,查看飞机和炸弹出现时间的匹配情况,如图 12.15 所示。

(6)选择炸弹图片,单击“动画”选项卡“高级动画”组中的“添加动画”按钮,选择动作

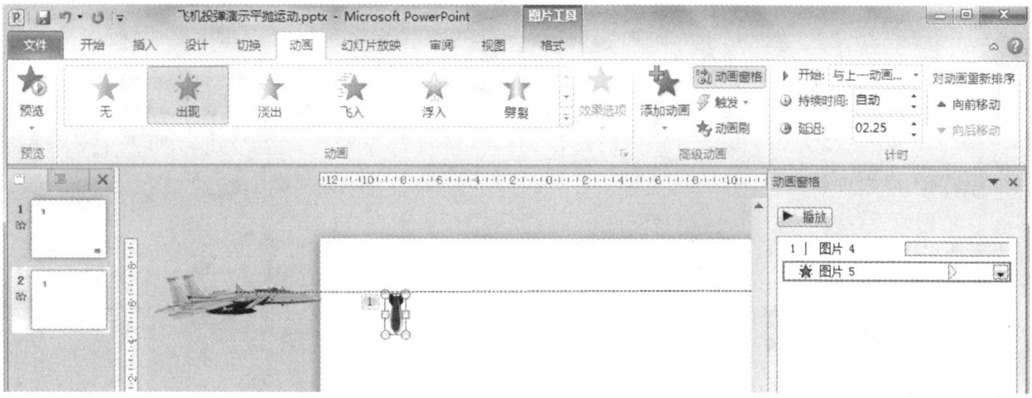

图 12.15 为炸弹添加"出现"效果

路径组中的"弧形"动画效果,并将动画效果设置为:向上,如图 12.16 所示。拖动弧形路径上的句柄,调整弧形路径的大小、方向,如图 12.17 所示。在"计时"组中将"开始"设置为"与上一项动画同时"。大家观察动画窗格中日程表的情况。

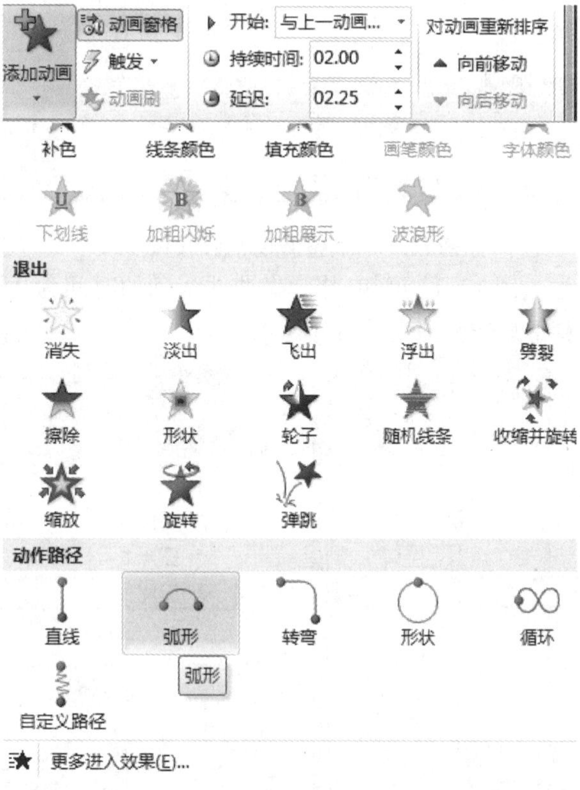

图 12.16 为炸弹添加"弧形"动画

(7)选择炸弹图片,单击"动画"选项卡"高级动画"组中的"添加动画"按钮,选择退出组中的"消失"动画效果。并将"计时"组中将"开始"设置为"与上一项动画同时"。此时动画窗格中炸弹图片的 3 个动画开始时间是相同的,如图 12.18(左)所示。此时需要调整消失动画的延迟时间。在动画窗格中往右拖动最后一个动画的高级日程表的开始标记,如

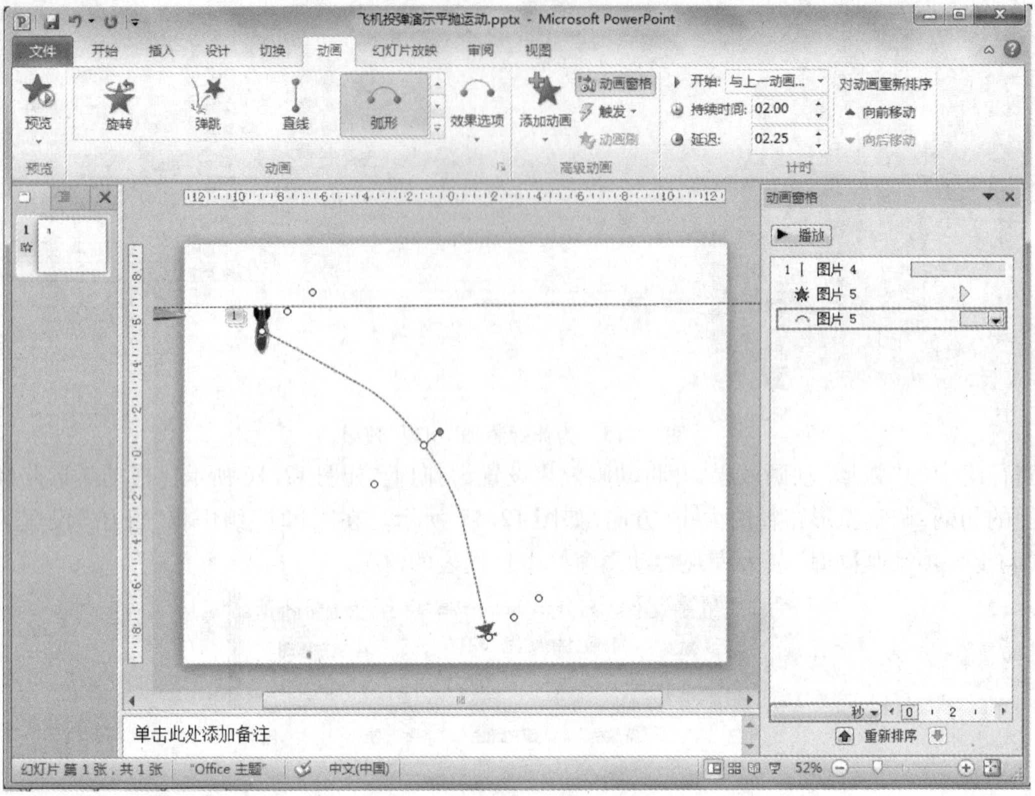

图 12.17　调整弧形路径后的效果

图 12.18(右)所示。通过图 12.17 可知，炸弹做曲线运动的时间为 2.00，再加上原先的延迟时间 2.25，可以计算得知炸弹消失的时间是 4.25。

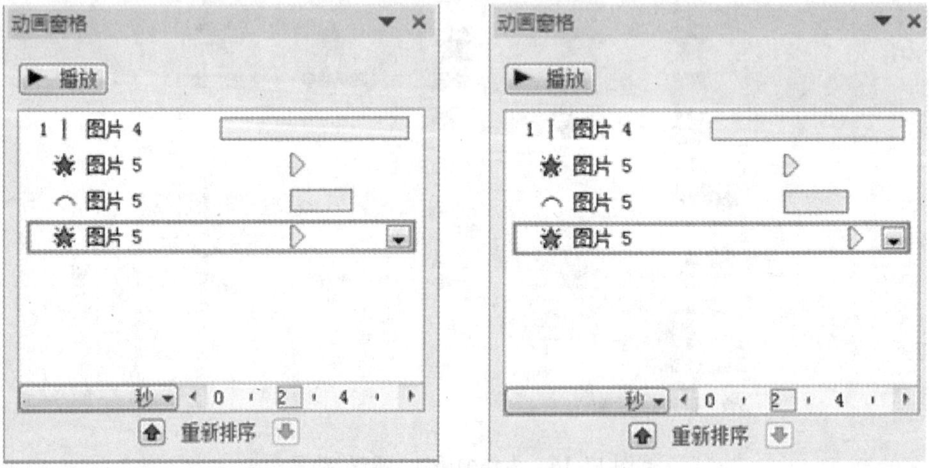

图 12.18　动画窗格对比

(8)右击动画窗格中的“消失”动画，在弹出的快捷菜单中选择“效果选项”命令，在弹出的消失效果对话框中，将声音设置为“爆炸”，如图 12.19 所示。

(9)以“飞机投弹演示平抛运动.pptx”为名，保存该演示文稿。

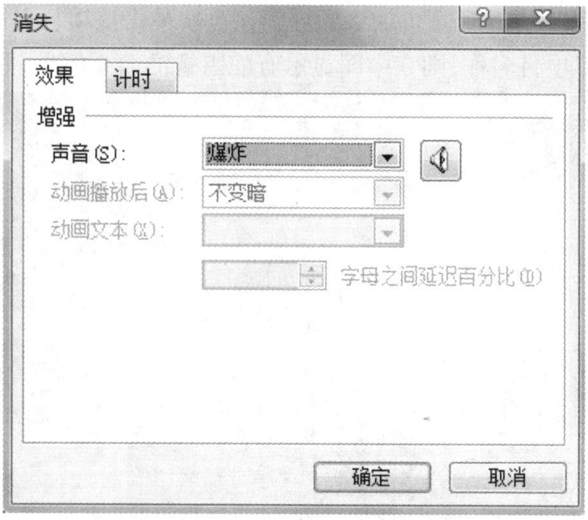

图 12.19　消失动画的效果选项

(10)按“F5”键,放映幻灯片。

三、设计性实验

实验 1:设计演示文稿完成转动的时钟动画效果,模拟时针和分针的转动情况。分针旋转 12 周,时钟旋转 1 周。幻灯片示例如图 12.20 所示。

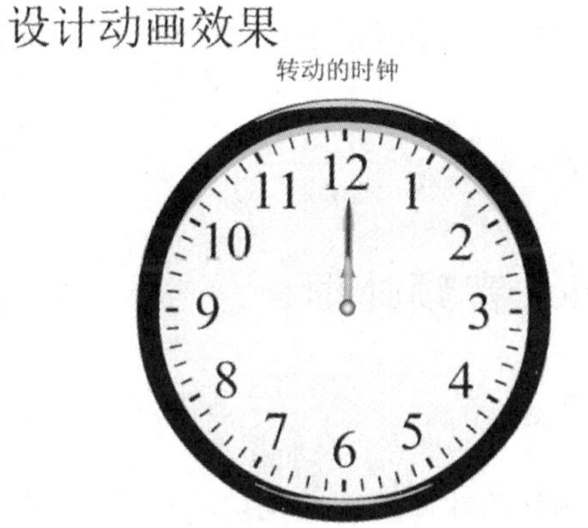

图 12.20　转动的时钟幻灯片示例

提示:

(1)时针的旋转采用“陀螺旋”效果。

(2)时针绘制由 1 个透明的长条矩形和箭头合并而成,目的是方便使用“陀螺旋”效果。

(3)分针的动画要重复 12 次。

(4)分针总的运行时间与时针旋转一周的时间要相等。

实验 2:进一步完善“2022 北京申冬奥. pptx”中的动画效果。针对“冬奥项目”幻灯片,实现如下效果。单击各个项目的名称,在雪花图形的中间以六边形图形中显示项目的介绍信息,同时在项目名称下方显示颜色加深的椭圆。再次单击该项目名时,则简介信息消失。例如单击“有舵雪橇”项目名称,则在中间显示有舵雪橇的简介信息,如图 12.21 所示。

图 12.21　冬奥项目幻灯片样例

提示:

(1)六边形的绘制:插入六边形后,要编辑顶点,完成方向的变化。注意不能使用旋转来完成。

(2)动画的控制需要使用触发器。

实验 13　Adobe Audition 音频处理

一、实验目的

- 了解 Adobe Audition 音频处理软件的特性及功能;
- 掌握应用 Adobe Audition 进行音频录制、处理、编辑的方法;
- 了解应用 Adobe Audition 制作个人演唱带的方法。

二、实验内容

内容 1:应用 Adobe Audition 录制并制作声音文件

利用提供的背景音乐素材与自己录入的声音波形文件,制作一个声音文件,要求如下:

(1)导入背景音乐。

(2)进行录音设备的属性设置。

(3)录制自己的声音波形文件。

(4)处理录入的声音效果。

(5)反复调整和试听合成效果。

(6)以不同文件格式存储音频。

【操作步骤】

(1)启动 Adobe Audition 程序,单击工具栏中的"多轨"按钮,进入多轨模式,界面如图 13.1 所示。

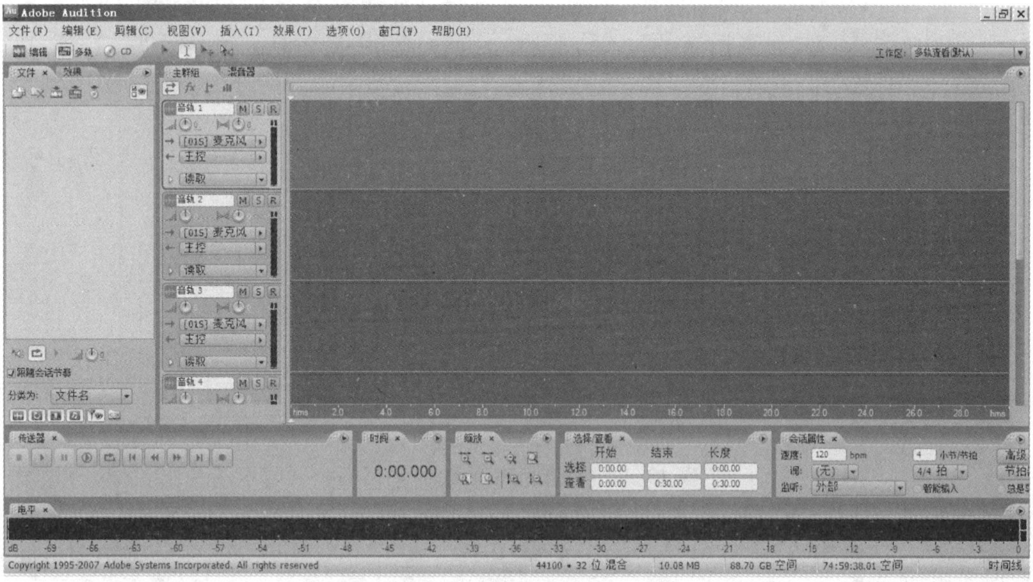

图 13.1 Adobe Audition 主界面

(2)导入背景音乐。在"文件"菜单中选择"导入... "命令,在弹出的对话框中选中素材文件"茉莉花. mp3",单击"打开"按钮。则左侧的"文件"面板中,会显示该素材文件的名称。

(3)在"文件"菜单中选择"所有音频另存为"命令,在弹出的对话框中设置目标文件夹、文件名模板等信息,如图 13.2 所示。

如果需要修改文件名称,可以单击"文件名模板"下拉列表框,输入"茉莉花",然后单击"保存"按钮;从"多轨"状态切换到"编辑"状态,可以看到"茉莉花. mp3"的波形,如图 13.3 所示。

(4)将背景音乐插入轨道 1 中。在工具栏中单击"多轨"按钮,切换到多轨模式,在左边"文件"面板中右击"茉莉花. mp3",在快捷菜单中选择"插入到多轨",就可以将波形文件插入多轨模式下的"音轨 1"中。

(5)设置录入设备的属性。右击操作系统桌面右下角的通知栏中的音量图标,选择"录音设备",打开"麦克风属性"对话框,在其"常规"选项卡中启用该设备,如图 13.4 所示。在"增强"选项卡中,勾选"噪音抑制"和"回声消除"选项,最后单击"确定"按钮。

(6)保存当前会话。在"文件"菜单中选择"会话另存为"命令,在"保存会话为"对话框中输入对话的名称"sound"并单击" 保存"按钮。

(7)准备录入声音。将指针拖至波形初始位置,即设置"开始时间"为 0:00,在音轨 2

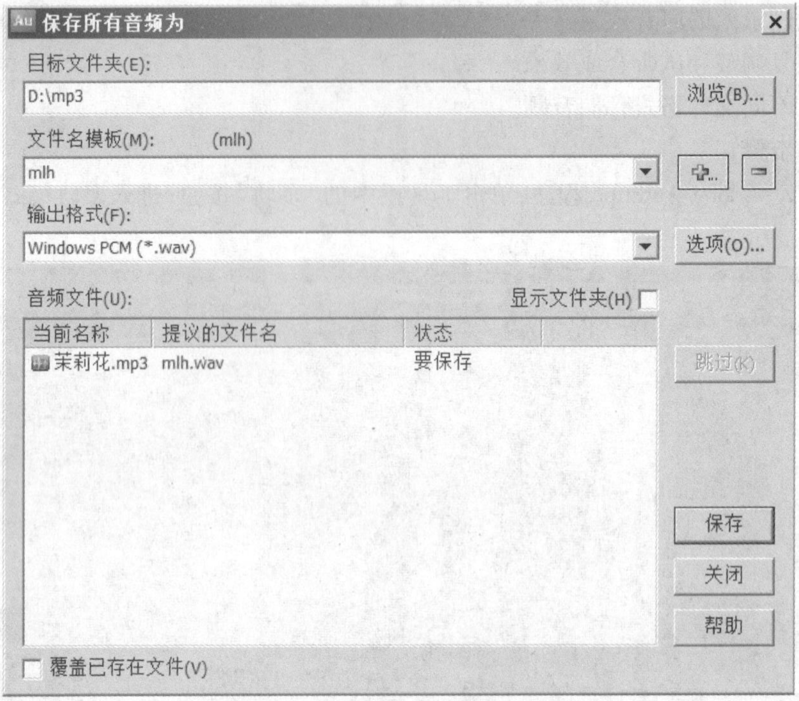

图 13.2 “保存所有音频为”对话框

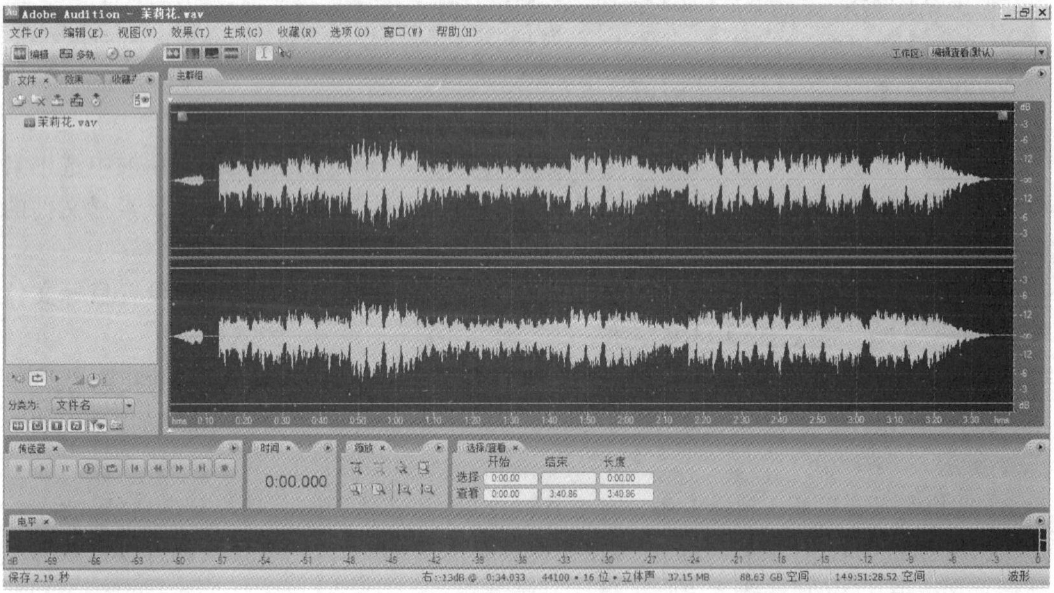

图 13.3 “茉莉花. mp3”波形图

中单击“录音备用”按钮,即“R”按钮。最后在传送器面板中单击“录音”按钮,就可以开始录入自己清唱的声音了。

(8)开始清唱歌曲。演唱结束后,在传送器面板中单击“停止”按钮。此时,在音轨 2 中就可以看到录制的波形了,效果如图 13.5 所示。

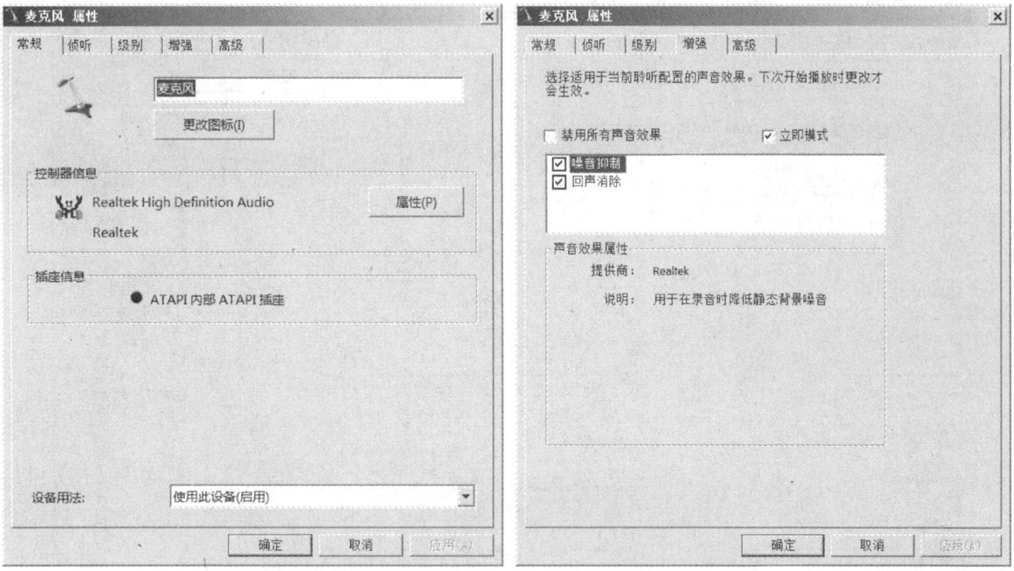

图 13.4 “麦克风属性”对话框

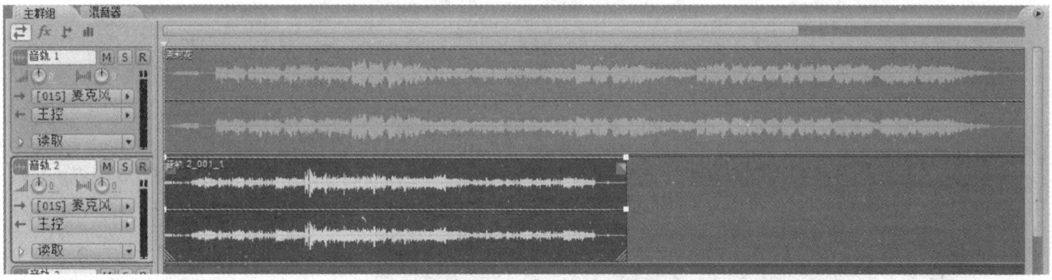

图 13.5 音轨 2 中录制的波形

(9)试听清唱效果。再次单击“录音备用”按钮(“R”按钮),使音轨 2 处于非录音状态。将音轨 1 静音,单击音轨 1 中的“静音”按钮(“M”按钮)或右击音轨 1 中的波形,选择“静音”命令,单击传送器面板中的第 2 个按钮,即“从指针处播放至文件结尾”按钮,试听音轨 2 中的录音效果。

(10)设置录音效果。

①双击音轨 2 中的波形,自动进入“编辑”模式。可通过下方“缩放”面板中的“放大”按钮 、“缩小”按钮 (或使用鼠标滚轴)调整波形大小。

②在“效果”菜单中选择“修复”子菜单中的“降噪器(进程)”命令,弹出“降噪器”对话框,如图 13.6 所示。

③在“降噪器”对话框中单击“获取特性”按钮,在弹出的对话框中单击“波形全选”并单击“确定”按钮,如图 13.7 所示。

④此时,在“编辑”模式下,显示降噪后的录音音频的波形。注意通过下方“缩放”面板中的“放大”、“缩小”按钮调整波形大小,降噪后的波形相较降噪前较平滑,如果不放大的话,可能会看不到明显的波形变化。

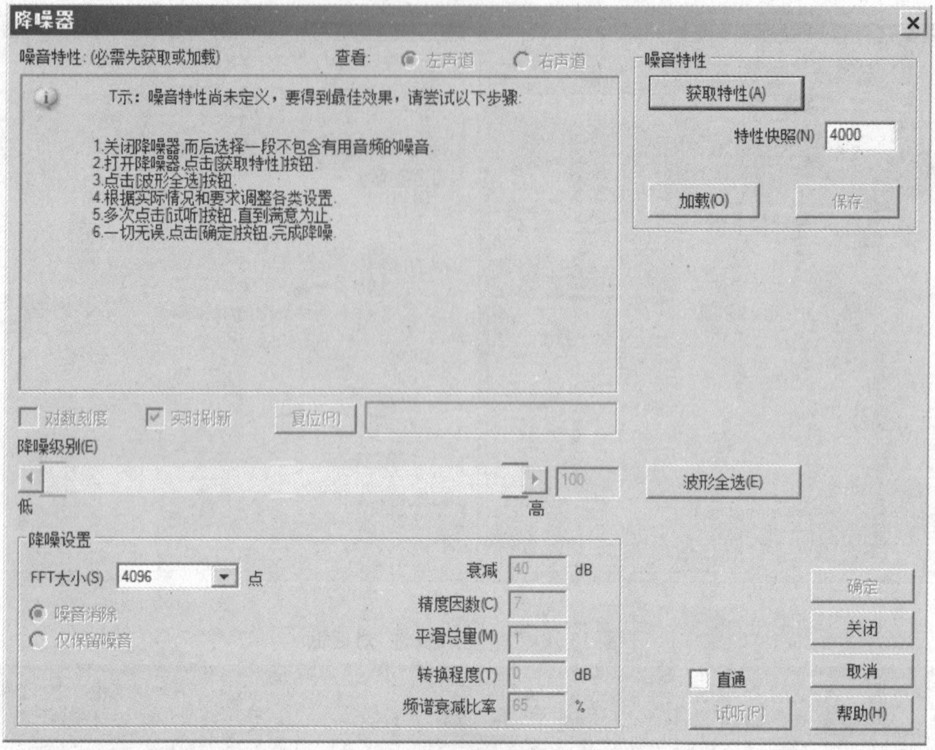

图 13.6 “降噪器”对话框

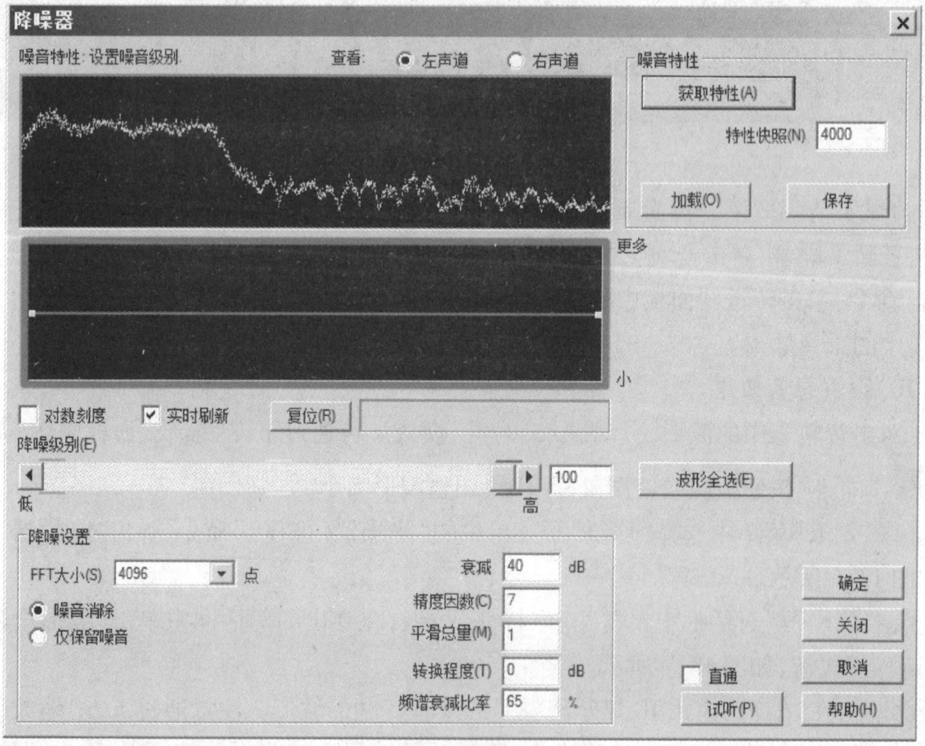

图 13.7 降噪设置

⑤在“效果”菜单中选择“延迟和回声”子菜单中的“模拟延迟…”命令，在弹出的对话框中适当调整参数并单击“确定”按钮，如图13.8所示。

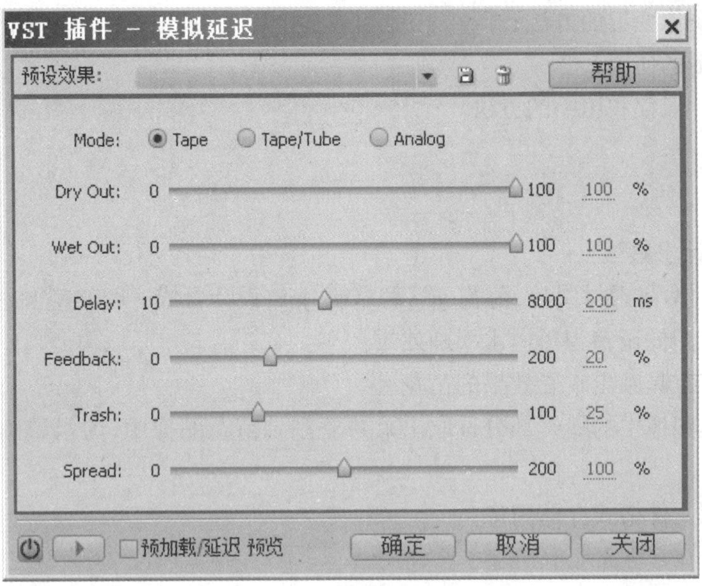

图13.8 “模拟延迟”对话框

(11)试听合成效果。单击“多轨”按钮，切换到多轨模式；将音轨1设置成非静音状态，试听背景音乐与人声的合成效果。

(12)以多种格式存储文件。在“文件”菜单中选择“导出”子菜单中的“混缩音频…”命令，在弹出的“导出音频混缩”对话框中设置名称为“sound.mp3”，单击“保存”按钮；在“文件”菜单中选择“全部保存”；在“文件”菜单中选择“保存会话”；最后，在“文件”菜单中选择“退出”，则退出Adobe Audition程序。

三、验证性实验

实验：收集两段声音文件进行混音效果，要求如下：

(1)检查并去除音频中的静音区。

(2)对素材音频进行音效的修改调节、去噪等。

(3)对两段音频进行剪辑。

(4)调整音量，并制造淡入淡出效果。

(5)以多种格式保存制作好的音频文件。

实验14 Photoshop CS4 图像处理

一、实验目的

- 掌握Photoshop CS4工具栏的使用及操作；

- 掌握图层的相关操作,如创建、合并、复制、打开、关闭、删除等;
- 熟悉在 Photoshop CS4 中对图像进行抠图的方法;
- 熟悉对图像变形的方法;
- 熟悉滤镜的使用;
- 掌握文件保存和压缩的方法。

二、实验内容

内容 1:设计水墨画

利用提供的两张素材图片,荷花.jpg 和蜻蜓.jpg,设计合成一幅水墨画,要求如下:

(1)将荷花图像调整为黑白水墨画效果。

(2)用画笔工具画出水彩效果的荷花。

(3)将蜻蜓图像中的蜻蜓部分选取出来并复制到荷花图像中,为水墨画添加多个蜻蜓对象。

(4)以不同文件格式存储图像。

【操作步骤】

(1)打开素材图像文件。启动 Photoshop CS4 后,选择"文件"菜单的"打开"命令,在"打开"对话框中选中素材图片"荷花.jpg"并单击"打开"按钮。则默认将图片作为背景,放入"背景"图层中,如图 14.1 所示。

图 14.1　原始素材图片

(2)复制背景图层。在"图层"面板中,右击"背景"图层,在弹出的快捷菜单中选择"复制图层"命令,将弹出"复制图层"对话框,如图 14.2 所示。单击"确定"按钮,这时在图层面板中会出现"背景副本"图层。

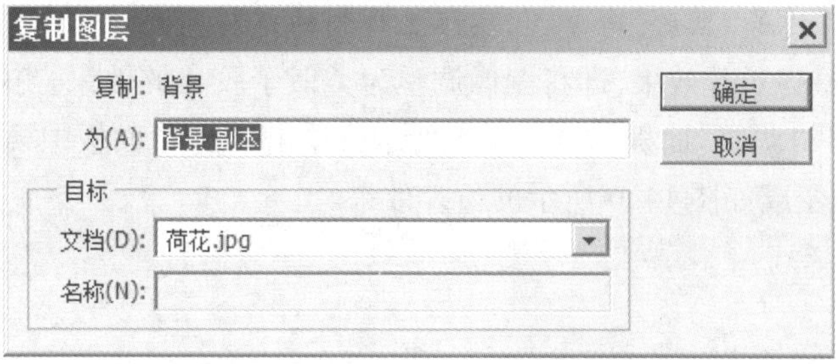

图 14.2 “复制图层”对话框

(3)将彩色图像调整为灰度图。使用“图像”菜单“调整”中的“黑白”命令,打开“黑白”对话框,如图 14.3 所示。单击“确定”按钮,生成灰度图像。可以在此对话框中改变相关参数,对比生成的灰度图像的效果如图 14.4 所示。

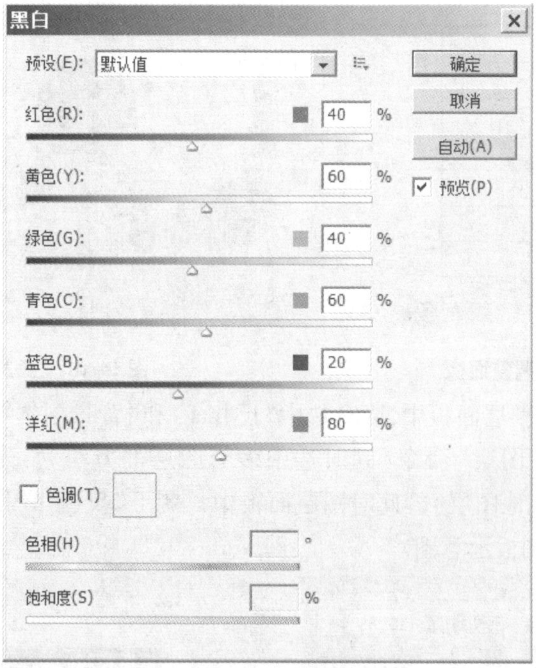

图 14.3 “黑白”对话框

图 14.4 生成灰度图

注意:虽然使用的是“黑白”命令,但实际上得到的是灰度图。

(4)将图像调整为负片效果,即将图像调整为类似于胶片的效果。执行“窗口”菜单中的“调整”命令,打开“调整”面板,如图14.5所示。单击“调整”面板中第3行第1个的“反相”按钮,将灰度图变成如图14.6所示的负片效果。

图14.5　调整面板

图14.6　“负片”效果

(5)合并图层。在图层面板中,同时选中“反相1”和“背景副本”图层,右击,在弹出的快捷菜单中选择“合并图层”命令(同时选中多个图层的方法为:先选中第一个图层,按“Shift”键的同时选择其他图层)。此时图层面板中只剩下“反相1”和“背景”两个图层,图14.7是合并后的图层调板示意图。

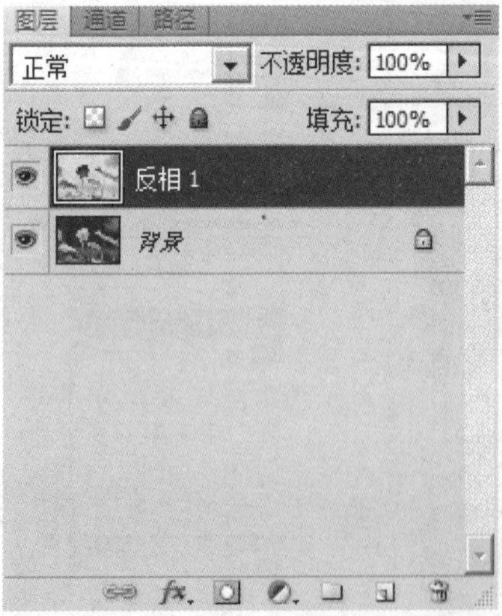

图14.7　图层合并之后图层调板示意图

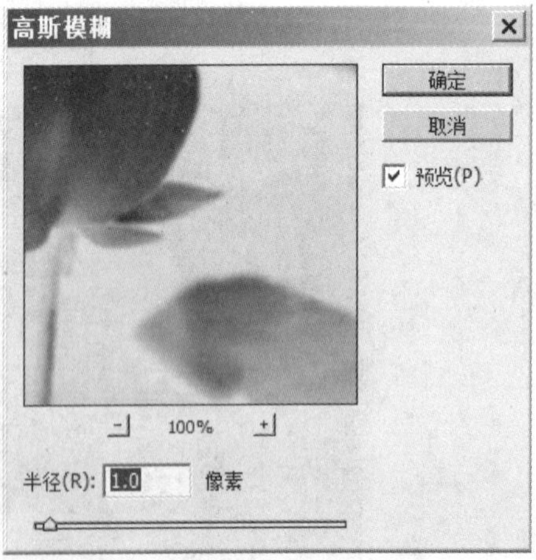

图14.8　“高斯模糊”对话框

(6)添加滤镜效果。

①添加高斯模糊。选择“反相1”图层。选择“滤镜”菜单“模糊”中的“高斯模糊”命令,打开“高斯模糊”对话框,如图14.8所示。设置“半径”为1像素,或根据预览自行选择合适的模糊尺度的半径。

②添加喷溅

选择“滤镜”菜单“画笔描边”中的“喷溅”命令,打开“喷溅”对话框,如图14.9所示。设置“喷色半径”为2,平滑度为5,单击“确定”按钮。

图14.9 “喷溅”对话框

(7)调整亮度。在“调整”面板中选择第1行第3个“曲线”命令,“调整”面板显示为“曲线”内容,如图14.10所示。在“曲线”调整面板中调整曲线,使图像变亮。具体做法是拖动曲线,首先,拖动曲线的右上角,使“输出”为255,“输入”为242,然后拖动曲线的左下角,使“输出”为15,“输入”为0,如图14.10所示。也可以自行调整亮度变换曲线,在曲线上定义多个点进行调节,设计不同的亮度调整效果。

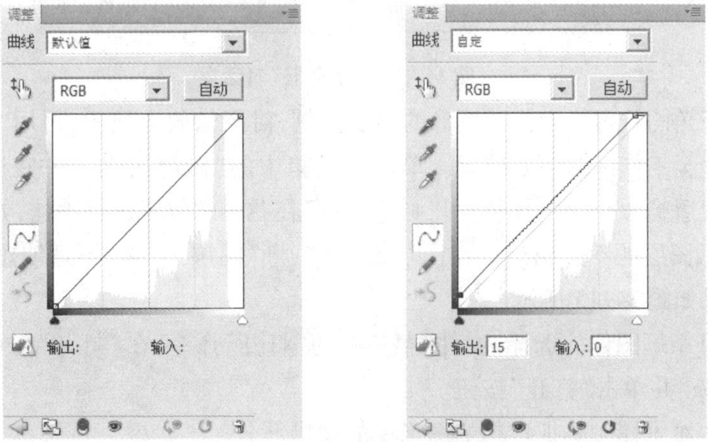

图14.10 “曲线”调整前后对比图

(8)新建图层。单击图层面板下方的"创建新图层"按钮,如图 14.11 所示,生成新图层"图层 1"。

图 14.11　创建新图层

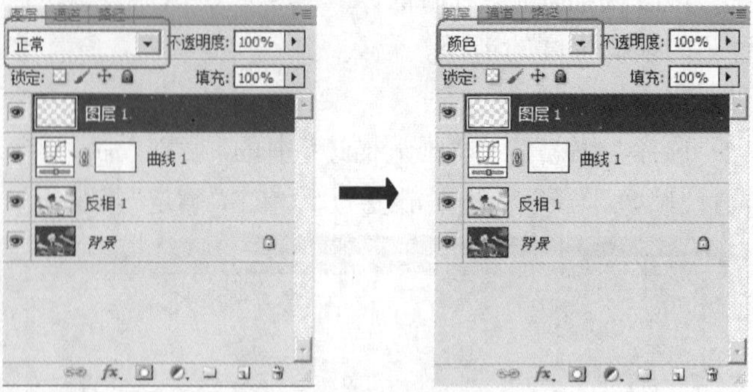

图 14.12　修改图层混合模式

(9)设置图层混合模式。在图层面板中选择"图层 1"。在图层面板中,单击图层面板左上角的"图层混合模式"下拉列表,将"正常"改为"颜色"混合模式,如图 14.12 所示。

(10)在新图层中为花着色。

①在工具栏中,单击"设置前景色"工具,在弹出的"拾色器(前景色)"对话框中,如图 14.13 所示,设置前景色为"#f64ce4",单击"确定"按钮。

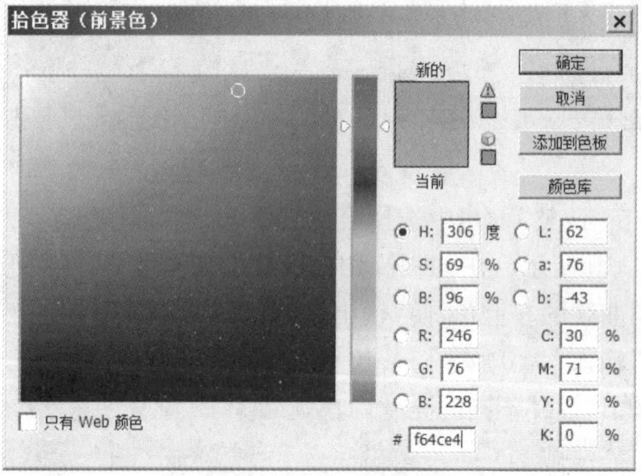

图 14.13　"拾色器"对话框

②在左下角的状态栏中修改图像的显示比例,对图像放大显示,再用"抓手工具"将荷花的位置调整至工作区的中心位置。单击工具箱中的"画笔工具",并在工具属性栏中为画笔工具设置适当大小的主直径,用"画笔工具"在花朵的位置进行涂抹,如图14.14所示。

(11)降低图层的不透明度。在图层面板中,将"图层 1"的"不透明度"由 100% 改为 70%。其效果如图 14.15 所示。

(12)打开蜻蜓图像。选择"文件"菜单中的"打开"命令,在"打开"对话框中选中素材图片"蜻蜓.jpg"并单击"打开"按钮。

(13)使用魔术棒工具抓取蜻蜓图像中的蜻蜓部分。

①调整"蜻蜓.jpg"图像的显示比例,使图像放大显示。单击工具栏中的"魔棒工具",

图 14.14　使用画笔工具对荷花进行上色

图 14.15　设置图层不透明度效果图

在上方的“工具属性栏”中单击“添加到选区”按钮,并将容差改为“10”。此时,用“魔棒工具”单击蜻蜓图像的白色背景部分,将背景中的白色部分全部选中,如图 14.16 所示。

图 14.16　使用魔棒工具选择白色区域

图 14.17　反相选择,选中蜻蜓

②在菜单栏选择“选择”菜单中的“反向”命令,效果如图 14.17 所示。这时,除白色背景以外的蜻蜓部分被选中,选择“编辑”菜单中的“拷贝”命令,切换到之前做好的荷花图

像,选择“编辑”菜单中的“粘贴”命令。蜻蜓被拷贝至荷花图像中,并以“图层 2”的形式存在。

(14)对“图层 2”中的蜻蜓自由变换。选中“图层 2”执行“编辑”菜单中的“自由变换”命令,将蜻蜓尺寸变小,并移动到合适位置再适当旋转方向,然后按回车键,执行“自由变换”命令效果如图 14.18 所示。

(15)复制“图层 2”图层。

右击“图层 2”,在弹出的快捷菜单中选择“复制图层”命令,在弹出的“复制图层”对话框中单击“确定”按钮,则生成新图层“图层 2 副本”。对该图层选择“编辑”菜单中的“自由变换”命令,将蜻蜓调整至适当位置并调整其大小和方向。

再次复制图层并选中,然后选择“编辑”菜单中的“自由变换”命令,将蜻蜓移动至适当位置,并调整大小和角度,双击鼠标左键执行“自由变换”命令。效果如图 14.19 所示。

图 14.18　适当修改蜻蜓的大小、角度并调整到合适位置

图 14.19　创建图层副本,做出多只蜻蜓效果

(16)以 PSD 格式保存文件。

选择“文件”菜单中的“存储为… ”命令,在打开的“存储为”对话框中的“格式”下拉列表中选择“Photoshop(* PSD; * PDP)”然后在“文件名”文本框中输入“水墨画”,将图像存储为“水墨画. psd”。

(17)以 JPG 格式保存文件。

选择“文件”菜单中的“存储为… ”命令,在打开的“存储为”对话框中的“格式”下拉列表中选择“JPEG,然后在“文件名”文本框中输入“水墨画”,将图像存储为“水墨画. jpg”。

三、验证性实验

实验 1:利用提供的素材制作“中国民间剪纸”艺术海报。

(1)启动 Photoshop CS4,打开素材文件,如图 14.20 所示。

(2)将“剪刀”图片选中,使用移动工具将“剪刀”移动到“背景”图片中,并适当调整位置,效果如图 14.21 所示。

(3)在“剪刀”图层中使用魔棒工具创建选区,如图 14.22 所示;切换到“窗花”图像,使用快捷键“Ctrl + A”全选,然后使用快捷键“Ctrl + C”拷贝;再切换到“剪刀”图层中,使用“编辑”菜单中“选择性粘贴”下的“贴入”命令,此时拷贝的窗纸只复制到创建的选区中,如

“背景”图片

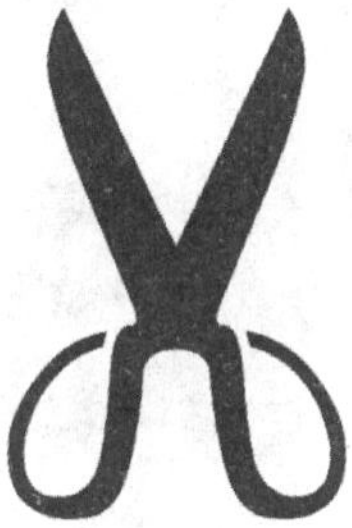

“剪刀”图片

“窗花”图片

图 14.20　原始素材图片

图 14.23 所示。观察图层调板，不难发现其实在“窗花”层中创建了一个图层蒙版。

图 14.21　将“剪刀”移动到“背景”

图 14.22　创建剪刀形状的选区

图 14.23　复制“窗花”贴入到选区

(4)选择合适的文本颜色及大小使用竖排文字工具添加文本，并调整到适当位置，最终效果及图层示意图如图 14.24 所示。

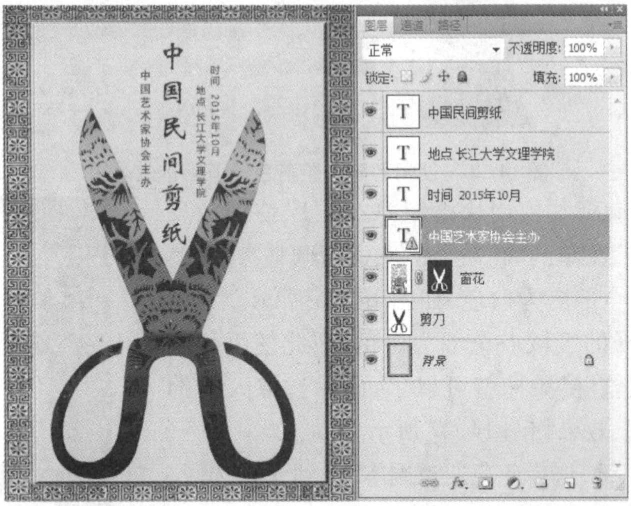

图 14.24　最终效果及图层示意图

实验 2：人物抠图，完成合成效果。

（1）启动 Photoshop CS4，打开素材文件，观察通道调板中的红、绿、蓝单色通道，如图 14.25 所示。

图 14.25　红、绿、蓝通道调板

（2）不难看出，蓝色通道和背景反差最大，因此创建蓝色通道副本。

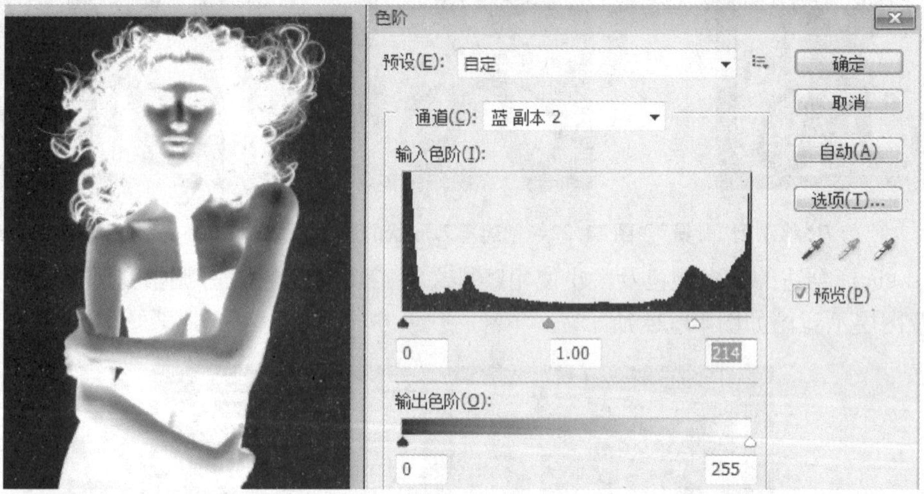

图 14.26　使用色阶调整蓝色通道副本效果图

（3）在蓝色通道副本使用快捷键“Ctrl + I”使图像反相，然后选择“调整”菜单的“色阶”命令，适当调整参数，使得图像的头发区域全部变为白色，如图 14.26 所示。为了实现人物抠图，选择的区域应全部为白色，因此使用画笔工具在蓝色通道上直接涂抹就可以了，此时选取人物的alpha通道就能完成，效果如图 14.27 所示。

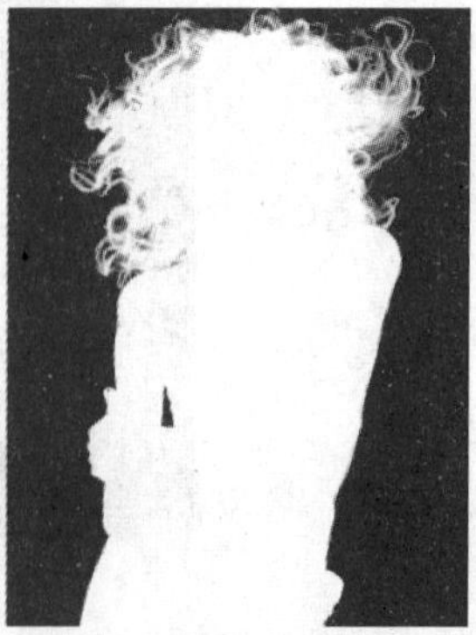

图 14.27　蓝色通道副本效果图

（4）按住“Ctrl”键，选择蓝色通道副本，得到人物选区，将图像复制粘贴到一个背景层中，效果如图 14.28 所示。

（5）此时背景颜色较暗，使用“调整”面板中的“色阶”命令，适当调整参数，效果如图 14.29 所示。

图 14.28　将人物复制到背景图中

图 14.29　使用“色阶”调整图像明暗关系

(6)使用组合键“Ctrl + Alt + Shift + E”盖印可见图层,其实质是将所有可见图层合并到新建的图层中。

(7)在盖印图层中制作人物清晰背景模糊的效果。使用“滤镜”菜单“模糊”中的“高斯模糊”命令,效果如图 14.30 所示;然后在盖印图层中创建图层蒙版,不需要模糊的区域用黑色画笔涂抹,效果如图 14.31 所示。

图 14.30　“高斯模糊”效果图

图 14.31　添加图层蒙版，并用黑色画笔填充人物

(8)添加文字，并对文字进行描边，最终效果如图 14.32 所示。

图 14.32　最终效果图

四、设计性实验

实验 1：根据提供的素材，制作“半兽人”效果，如图 14.33 所示。

图 14.33　“半兽人”素材及合成效果图

实验 2：根据提供的素材，制作“走出显示器的恐龙”效果，如图 14.34 所示。

图 14.34 “走出显示器的恐龙”素材及合成效果图

实验 15 Flash 动画设计

一、实验目的

- 掌握创建逐帧动画、补间动画、遮罩动画及运动引导层动画的方法;
- 掌握 Flash 工具栏中相关工具的设置和使用;
- 掌握帧的操作,包括关键帧的新建、删除、移动、复制等;
- 掌握在 Flash 中导入图片、声音等外部素材的方法;
- 掌握元件的创建方法,能够正确使用元件创建补间动画;
- 掌握动画文件的测试方法;
- 掌握将动画文件以多种格式存储和发布的方法。

二、实验内容

内容:制作生日贺卡

利用提供的图片及声音素材,包括蛋糕图片、蜡烛图片以及生日快乐的背景音乐,设计成一张带有动画效果的生日贺卡,要求如下:

(1)让蛋糕以一定的路径由右上角进入舞台,旋转运动至舞台中央。

(2)在蛋糕上加入蜡烛燃烧效果的动画。

(3)以遮罩方式呈现出贺卡内容。

(4)添加“生日快乐”文字动画效果。

(5)为贺卡插入背景音乐,且背景音乐与动画情节同步。

(6)以不同文件格式存储或发布动画。

【操作步骤】

(1)新建文件。启动 Adobe Flash 程序,在“文件”菜单中选择“新建”命令,在对话框中选择“Flash 文件(ActionScript 3.0)”类型并单击“确定”按钮。

(2)修改文件属性。选择“修改”菜单的“文档...”命令,弹出“文档设置”对话框,设置尺寸“宽”为 640 像素,“高”为 480 像素,“背景色”为#9999ff,“频帧”为 24 fps,如图 15.1 所示,设置完成后单击“确定”按钮。

(3)调整显示比例。在工作区右上角的下拉列表中,将显示比例由默认的“100%”调整为“显示帧”。

(4)导入素材文件到库。选择“文件”菜单的“导入”命令下的“导入到库...”子命令，在弹出的“导入到库对话框”中，选中所有素材图像文件和素材音频文件，单击“打开”按钮，则“库”面板中会显示所有导入的素材文件，如图15.2所示。

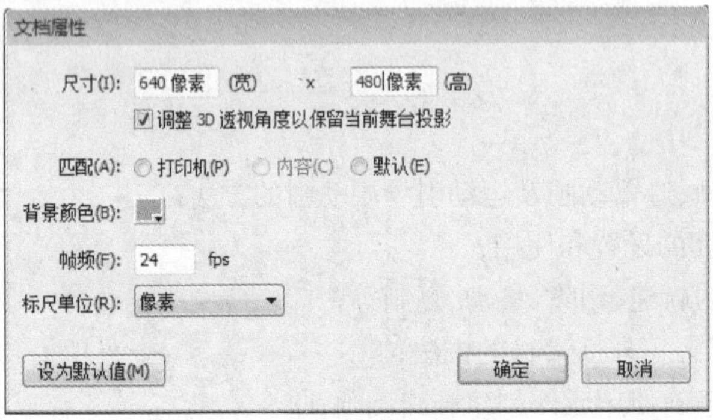

图15.1 “文档属性”对话框

图15.2 导入素材到“库”面板

(5)建立蛋糕图层。在时间轴面板中双击“图层1”，将其重命名为“蛋糕”，并从“库”面板中将“生日蛋糕.png”图片拖动到舞台中央，如图15.3所示。

图15.3 拖动“生日蛋糕”素材到舞台

(6)将素材转换为元件。右击舞台中的蛋糕,在弹出的快捷菜单中选择“转换为元件...”命令,在“转换为元件”对话框中将“名称”改为“蛋糕” ,类型设为“图形”,如图 15.4 所示,然后单击“确定”按钮。

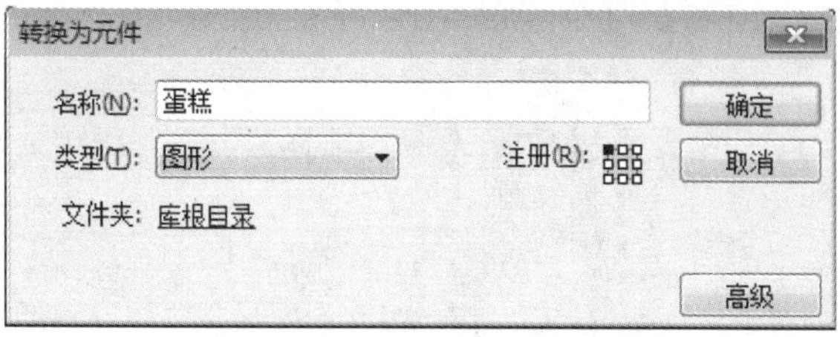

图 15.4 “转换为元件”对话框

(7)插入关键帧。在 20 帧的位置处右击,在弹出的快捷菜单中选择“插入关键帧”,然后将第 1 帧中的蛋糕元件移动到舞台右上角并适当调整大小。

调整对象大小的方法可以使用“窗口”菜单中的“变形”命令或者在元件上使用鼠标右键,在弹出的快捷菜单中选择“任意变形”命令。

(8)给蛋糕元件添加运动路径。在 “时间轴”面板中右击“蛋糕”图层,在快捷菜单中选择“添加传统运动引导层”,这时创建了一个新图层“引导层”,如图 15.5 所示。

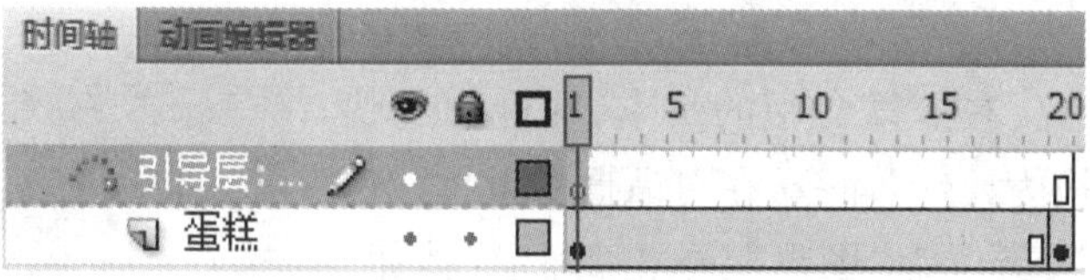

图 15.5 添加运动引导层

在“时间轴”面板中选中图层“引导层”,在工具箱中选择“铅笔工具”,并将工具箱下方的“铅笔模式”设为“平滑”;打开“属性”面板设置铅笔的属性,将“笔触高度”调整为“5.00”,使用铅笔工具在舞台中绘制蛋糕元件的运动路径。然后,将第 1 帧上的元件移动到右上角的位置,使它的中心与铅笔路径的起点重合。切换到蛋糕图层的第 20 帧,重新调整蛋糕元件的位置,使它的中心与铅笔路径的终点重合。在第 1 帧上使用右键,选择“创建传统补间”命令,则在第 1 帧和第 20 帧之间添加了补间动画。在第 60 帧处右击,选择“插入帧”,效果如图 15.6 所示。

(9)测试动画播放效果。在“控制”菜单中选择“测试影片”命令,观看影片播放效果,可以看到“蛋糕”在第 1 帧到第 20 帧沿着路径运动,之后到第 60 帧都是静止的。

(10)创建“蜡烛”影片剪辑。在“插入”菜单中选择“新建元件... ”命令,在弹出的“创建新元件对话框”中,将“类型”设为“影片剪辑”,“名称”设为“蜡烛”。将库面板中的图片“蜡烛. gif”拖动至舞台,调整图片至舞台中间的位置。

(11)为蛋糕插上多根蜡烛。在时间轴面板中新建图层“蜡烛”,在第 21 帧的位置创建关键帧,然后在库面板中将影片剪辑“蜡烛”拖动到蛋糕上,重复这个步骤并适当修改蜡烛的大小,如图 15.7 所示,使用快捷键“Ctrl + Enter”测试影片。

(12)新建贺卡图层,创建贺卡渐现效果。

①在时间轴面板中新建“贺卡”图层。在第 61 帧处 “插入关键帧”,将库中的图片“贺

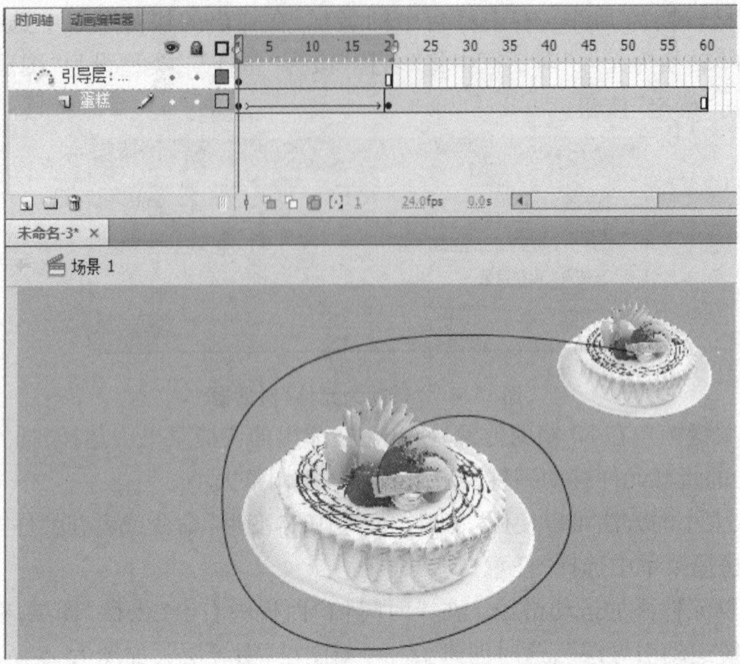

图 15.6　创建引导层动画

卡.jpg”拖至舞台中。右击舞台中的贺卡,在弹出的快捷菜单中选择“转换为元件”命令,在对话框中设置元件名称为“元件贺卡”,类型为“图形”,单击“确定”按钮;在第 75 帧处插入关键帧,在属性面板中将贺卡元件的色彩效果“样式”调整为“alpha”,分别将第 61 帧的 alpha 值修改为 5%,第 75 帧的 alpha 值修改为 100%,如图 15.8 所示。

图 15.7　为蛋糕添加蜡烛

②在第 61 帧处“创建传统补间”动画。贺卡图层制作完成,最后将“贺卡”图层锁定。

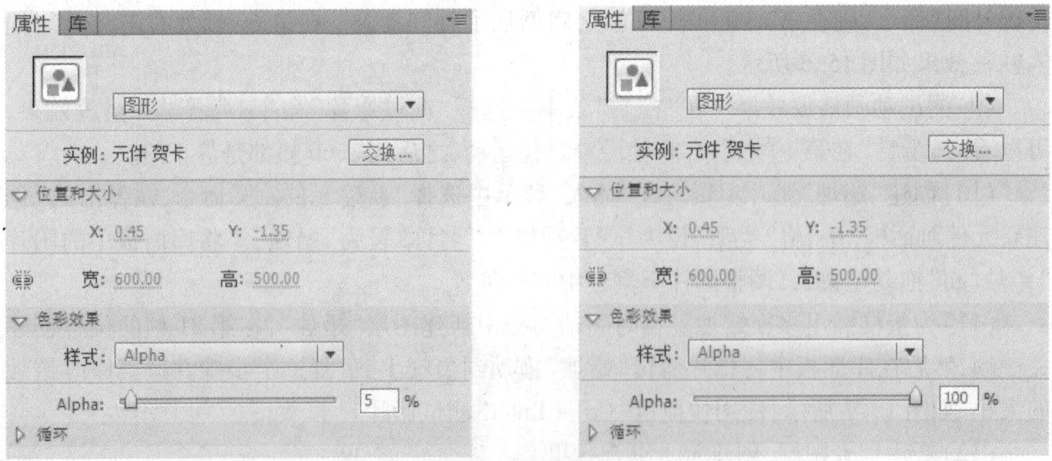

图 15.8　修改贺卡元件的 alpha 透明度属性

(13)创建遮罩动画。

①创建新图层“矩形”，在第61帧处插入关键帧，在工具箱中选择“矩形工具”，在属性面板中调整矩形工具属性，其中，“笔触颜色”选择右上角的“不使用任何颜色”按钮，在舞台中央画一个矩形，右击矩形，选择“转换为元件”，为其命名为“矩形”，类型为“图形”。在第75帧处，插入关键帧，在工具箱中选择“任意变形工具”，将矩形调整大小至覆盖整个舞台，如图15.9所示。

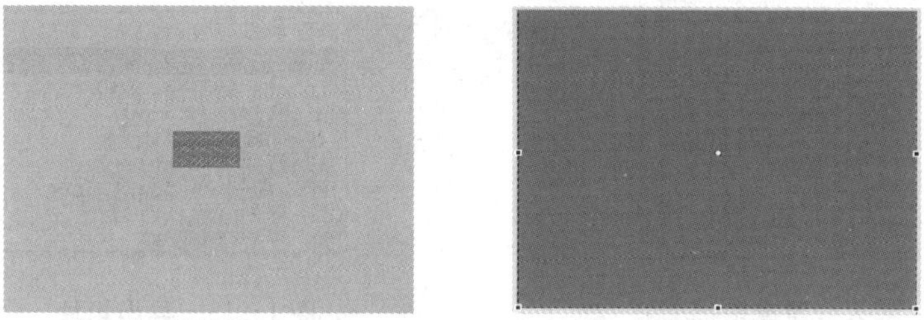

第61帧上的矩形　　第75帧上的矩形

图15.9　创建矩形图层，并在舞台中绘制矩形

②在第61帧处使用鼠标右键，在弹出的快捷菜单中选择“创建传统补间”命令，然后再选择“矩形”图层并右击，在弹出的快捷菜单中选择“遮罩层”命令，测试影片就可以看到贺卡的遮罩效果，如图15.10所示。

图15.10　创建遮罩动画

(14)创建文字动画。新建图层“文字”，在第75帧处创建关键帧，从库面板中将事先做好的“生日快乐文字”素材拖动到舞台，并转换为图形元件，分别在第90帧和第100帧处添加关键帧，在属性面板中将文字元件的色彩效果“样式”调整为“色调”，使得3个关键帧上的颜色不同，然后参照步骤(12)创建补间效果，文字效果如图15.11所示。

图15.11　制作文字动画

(15)为动画插入背景音乐。新建图层，命名为“声音”，在第20帧处右击，插入关键帧，将库中的“生日快乐歌.mp3”拖至舞台中。选中第20帧，在属性面板中将音乐与动画的“同步”方式由“事件”改为“数据流”，如图15.12所示，测试影片，试听声音效果。

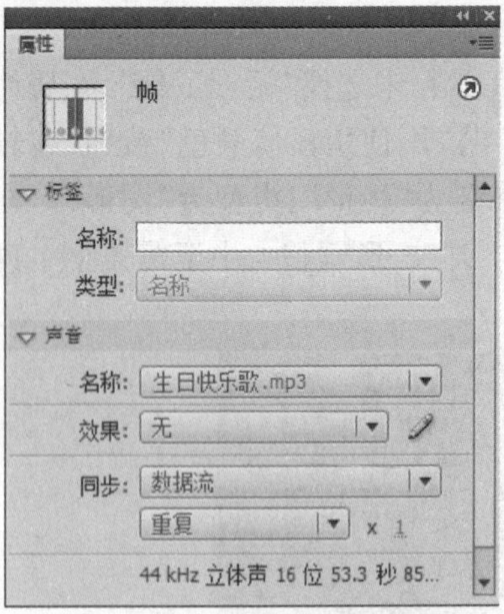

图 15.12　插入背景音乐

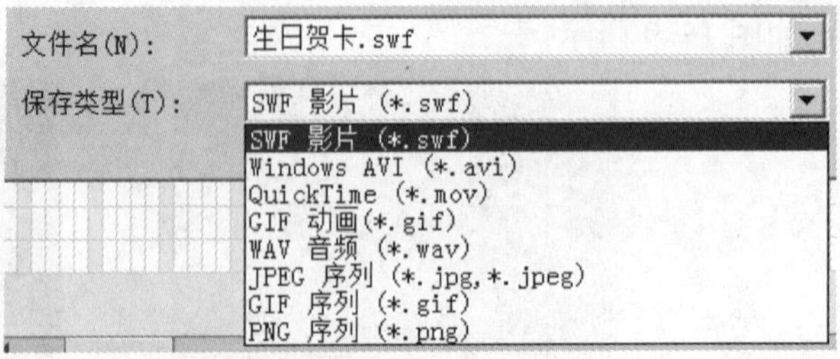

图 15.13　导出影片

(16)以不同文件格式保存动画。

①选择"文件"菜单中的"保存"命令,将文档保存为"生日贺卡.fla"文档。

②选择"文件"菜单中的"导出"子菜单下的"导出影片…"命令,在对话框中可以选择多种格式进行导出,如图 15.13 所示,最常用的导出格式为 SWF 影片。

三、验证性实验

实验:利用 Flash 的 3D 功能,将提供的多张照片素材,制作成 3D 效果的相册翻页动画。

(1)新建"Action Script 3.0"动画源文件,并设置文件属性。

(2)对图层中的对象设置"3D 定位和查看"属性。

(3)对每张照片都建立"影片剪辑"。

(4)利用"3D 旋转"变形功能,模拟翻页效果。

(5)将动画分别保存为源文件格式和影片格式。

实验 16　网络设置与应用

一、实验目的

- 掌握在 Windows 7 接入因特网的方法;
- 掌握常用的网络命令;
- 掌握设置文件共享的方法
- 掌握设置打印机共享的方法
- 掌握无线路由器的基本配置。

二、实验内容

内容1:接入因特网

使用计算机最重要的一件事就是让其可以连接到互联网。在 Windows 7 中,网络连接变得更加容易、更易于操作,它将几乎所有与网络相关的向导和控制程序聚合在"网络和共享中心"中,通过可视化的视图和单站式命令,我们便可以轻松连接到网络。Windows 7 操作系统接入因特网主要有两种方式:一种是有线接入,一种是无线接入,无论采用哪种方式都需要电信服务商提供相应的账号和密码。下面我们就来看看如何在 Windows 7 中使用有线方式接入互联网。

【操作步骤】

(1)硬件连接。用户采用有线方式接入因特网时,需要使用一根网线接入本地网卡。一旦将网线上的 RJ-45 接头插入本地网卡接口,本地网卡的黄绿指示灯便会不停闪烁。本地网卡接口如图 16.1 所示。

图 16.1 "网卡"接口

(2)安装驱动程序。如果插入网线后,本地网卡指示灯不闪烁,则用户就需要检查本计算机网卡驱动是否正常安装。检查方式如下:

①单击 Windows 桌面的"开始"按钮,在弹出的开始菜单中选择打开控制面板。

②在弹出的"控制面板"窗口中单击"管理工具"。

③在弹出的"管理工具"窗口中,双击打开"计算机管理"。

④单击打开"设备管理器",查看本地网卡是否安装正常,网卡驱动安装正常会如图 16.2 所示。

图 16.2 "设备管理器"窗口

如果网卡驱动没有安装,那么在网卡适配器下面网卡名称就不会被识别,同时显示红色的"X"符号。如果驱动程序安装不匹配,那么在网卡适配器下面的网卡名就显示黄色的"?"或者"!"符号。

(3)IP 地址设置。大部分局域网都提供 IP 地址自动分配技术,因此用户一般不需要设置网络地址,但是,也有部分网络为了网络安全和网络管理,需要人工设置 IP 地址。IP 地址设置方法如下:

①右击任务栏右边的"本地连接",打开"网络和共享中心"窗口,如图 16.3 所示。

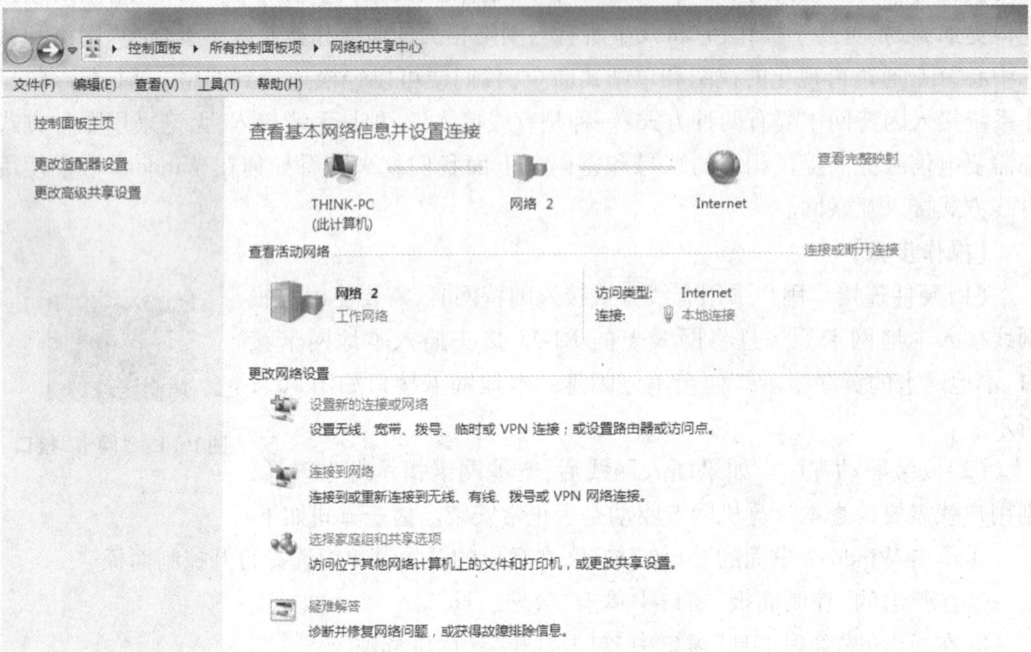

图 16.3 "网络和共享中心"窗口

②单击窗口左上角的"更改适配器设置",打开"网络连接"窗口。

③双击"本地连接设置"图标,在弹出的对话框中单击"属性"按钮,打开"本地连接属性"对话框,在弹出的对话框中选择"Internet 协议版本 4(TCP/IPv4)",如图 16.4 所示。

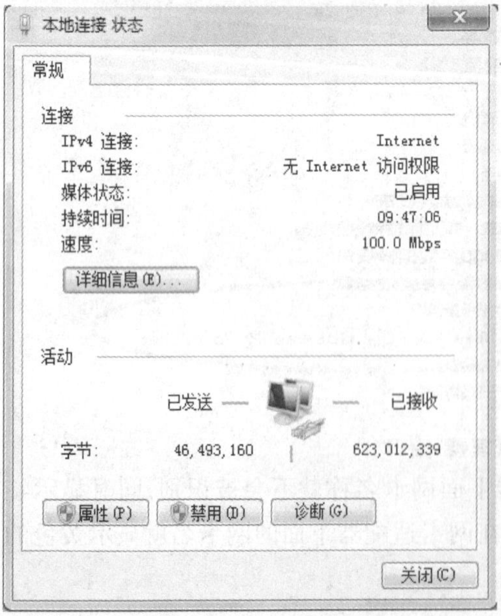

图 16.4 "本地连接"对话框

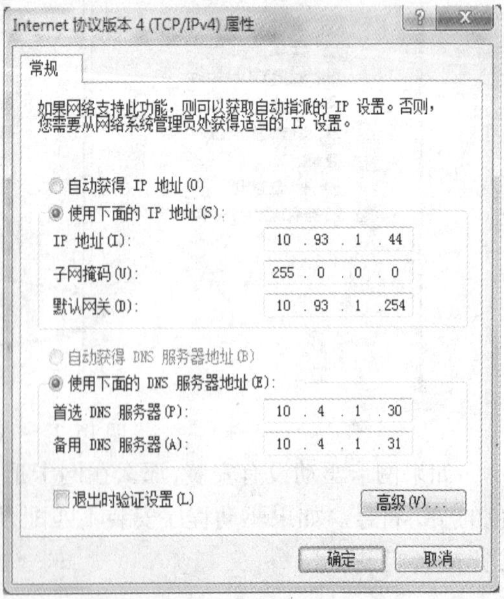

图 16.5 IP 地址设置

在默认状态下,网络地址为自动分配。如果需要手动设置,选中“使用下面的 IP 地址”单选按钮,然后在“IP 地址”、“子网掩码”、“默认网关”、“DNS”等位置输入网络管理提供的指定内容,如图 16.5 所示。

(4)检查计算机当前 TCP/IP 配置。所有硬件及软件都设置好后,用户可以通过 Ipconfig 命令检查当前主机的 TCP/IP 配置是否正确。检查方法如下:

①在 Windows 7 操作系统下单击“开始”菜单,选择“所有程序”。

②单击“附件”中的“命令提示符”。

③在弹出的“命令提示符”窗口输入“ipconfig/all”(不区分大小写)网络命令,按 Enter 键,这时窗口将显示本主机的 TCP/IP 设置信息,如图 16.6 所示。

C:\Windows\system32\cmd.exe
连接特定的 DNS 后缀 . . . . :
描述. . . . . : Intel(R) Centrino(R) Advanced-N 6205
物理地址. . . . . : 10-0B-A9-7B-3D-B0
DHCP 已启用 . . . . : 是
自动配置已启用. . . . . : 是
本地链接 IPv6 地址. . . . . : fe80::f0f5:6c81:b172:4be0%17(首选)
IPv4 地址 . . . . : 192.168.1.105(首选)
子网掩码 . . . . : 255.255.255.0
获得租约的时间 . . . . : 2015年5月19日 21:36:03
租约过期的时间 . . . . : 2015年5月20日 0:36:03
默认网关. . . . . : 192.168.1.1
DHCP 服务器 . . . . : 192.168.1.1
DHCPv6 IAID . . . . : 386927529
DHCPv6 客户端 DUID . . . . : 00-01-00-01-1C-90-4A-08-00-24-8C-49-0A-58

图 16.6 利用 ipconfig 命令查看网络参数设置

网络中的每台计算机的 IP 地址都应不相同,子网掩码一般为 255.255.255.0。

(5)检查网络的连通性。在网络故障中,最常见的故障就是网络的连通性故障,通过对网络连通性的分析,从故障出发,运用网络诊断工具,就可以快速、准确地确定网络的故障点,排除故障,恢复网络的正常运行。

ping 命令是一种常见的网络连通性测试命令。ping 的原理很简单,就是向远程计算机发送特定的数据包然后等待回应并接收返回的数据包,对每个接收的数据包均根据传输的消息进行验证,以校验与远程计算机或本地计算机的连接情况。需要注意的是检测顺序,必须遵守的规则是由近到远的检测顺序,否则会出现网络问题的错误定位。当某一步连通检测出障碍,则定位出网络连通的故障点所在。它是一个使用频率极高的网络命令。

利用 ping 命令进行网络连通性检查的前提条件是,本网络中的交换机、路由器和本网中的计算机不能禁止 ping 命令使用 ping 出和 ping 入。

在默认情况下 ping 命令发送 4 个回送请求检测数据包,每个数据包为 32 Byte。如果网络运行正常,本主机计算机就会收到 4 个回送的应答数据包。检查方法如下:

①在 Windows 7 操作系统下单击“开始”菜单,选择“所有程序”。

②单击“附件”中的“命令提示符”。

③在弹出的“命令提示符”窗口,输入 ping 命令与本机或者对方主机 IP 地址或者域名即可。如输入“ping www.baidu.com”,如图 16.7 所示。

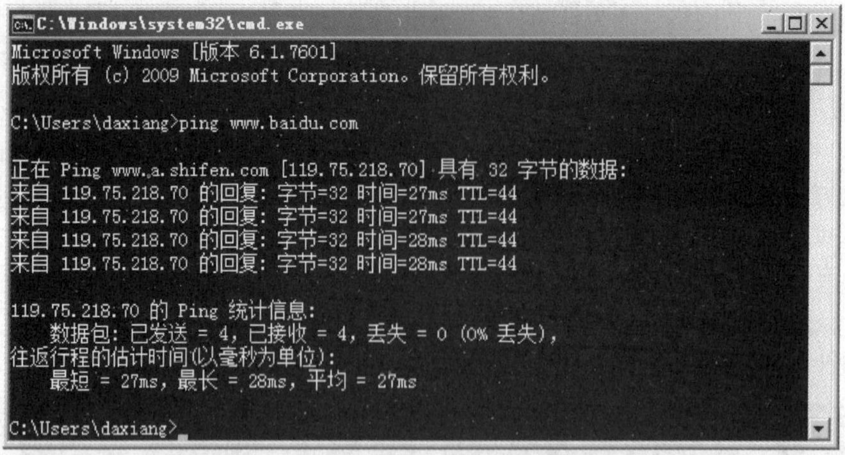
C:\Windows\system32\cmd.exe
Microsoft Windows [版本 6.1.7601]
版权所有 (c) 2009 Microsoft Corporation。保留所有权利。
C:\Users\daxiang>ping www.baidu.com
正在 Ping www.a.shifen.com [119.75.218.70] 具有 32 字节的数据:
来自 119.75.218.70 的回复: 字节=32 时间=27ms TTL=44
来自 119.75.218.70 的回复: 字节=32 时间=27ms TTL=44
来自 119.75.218.70 的回复: 字节=32 时间=28ms TTL=44
来自 119.75.218.70 的回复: 字节=32 时间=28ms TTL=44
119.75.218.70 的 Ping 统计信息:
数据包: 已发送 = 4, 已接收 = 4, 丢失 = 0 (0% 丢失),
往返行程的估计时间(以毫秒为单位):
最短 = 27ms, 最长 = 28ms, 平均 = 27ms
C:\Users\daxiang>

图 16.7　利用 ping 命令检查网络连接情况

由图 16.7 可知,发送 4 个 ICMP 回送请求,每个 32 字节数据得到 4 个回送应答。通过参数“数据包:已发送 =4,已接收 =4,丢失 =0”,说明数据包返回正确,没有丢包现象,表明已经接入因特网并且工作正常。

内容 2:创建共享

在 Windows 7 中提供了相当强大的共享功能,我们可以轻松地实现计算机互联,在计算机之间直接共享文档、照片、音乐等各种资源,也能直接设置打印机等其他设备的共享。Window 7 的共享主要分为两种:一种是家庭工作组共享,一种是非家庭工作组共享。下面将详细介绍这两种共享方式的操作方法。

【操作步骤】

(1)通过家庭组共享。在 Windows 7 操作系统中创建家庭组的方法相对简单。方法如下:

①单击“开始”按钮,在弹出的“开始”菜单中单击打开“控制面板”。

②在“控制面板”窗口中选择“家庭组”,如图 16.8 所示。

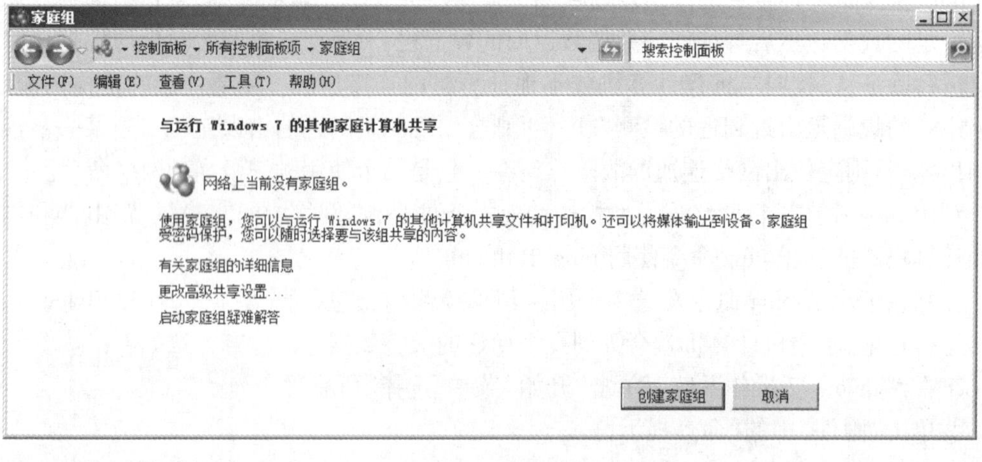
家庭组
控制面板 ▸ 所有控制面板项 ▸ 家庭组
搜索控制面板
文件(F) 编辑(E) 查看(V) 工具(T) 帮助(H)
与运行 Windows 7 的其他家庭计算机共享
网络上当前没有家庭组。
使用家庭组，您可以与运行 Windows 7 的其他计算机共享文件和打印机。还可以将媒体输出到设备。家庭组受密码保护，您可以随时选择要与该组共享的内容。
有关家庭组的详细信息
更改高级共享设置...
启动家庭组疑难解答
创建家庭组
取消

图 16.8　家庭组

③单击“创建家庭组”即弹出如图 16.9 所示的窗口。

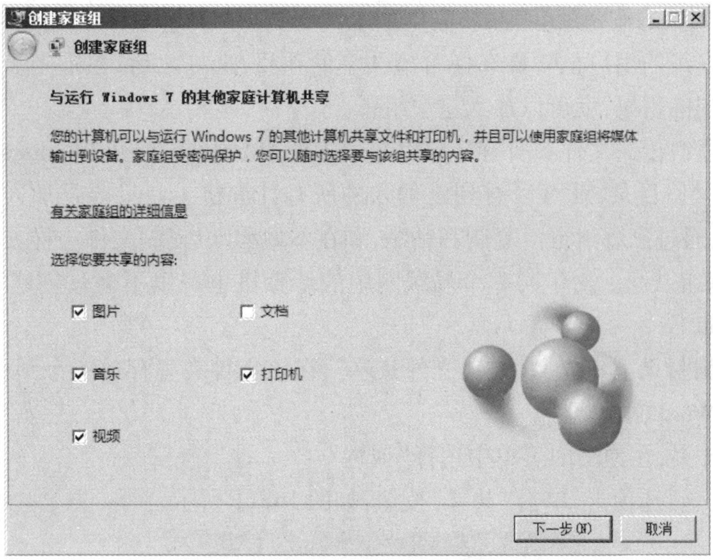
创建家庭组
创建家庭组
与运行 Windows 7 的其他家庭计算机共享
您的计算机可以与运行 Windows 7 的其他计算机共享文件和打印机，并且可以使用家庭组将媒体输出到设备。家庭组受密码保护，您可以随时选择要与该组共享的内容。
有关家庭组的详细信息
选择您要共享的内容:
图片
文档
音乐
打印机
视频
下一步(N)
取消

图 16.9 “创建家庭组”窗口

④在“家庭组”窗口中勾选需要共享的项目。Windows 7 家庭组可以共享的内容很丰富，包括文档、音乐、图片、打印机等，几乎覆盖了计算机中的所有文件。

⑤勾选共享项目之后，单击“下一步”按钮，在弹出的窗口显示一串无规律的字符，这就是家庭组访问密码，如图 16.10 所示。

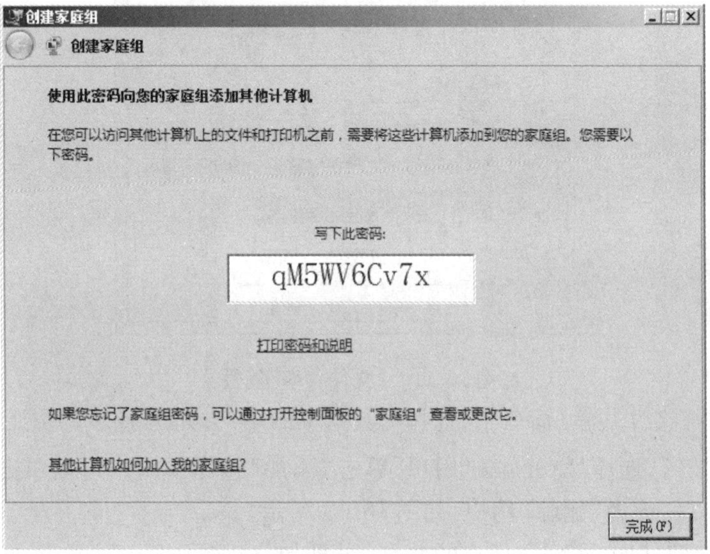
创建家庭组
创建家庭组
使用此密码向您的家庭组添加其他计算机
在您可以访问其他计算机上的文件和打印机之前，需要将这些计算机添加到您的家庭组。您需要以下密码。
写下此密码:
qM5WV6Cv7x
打印密码和说明
如果您忘记了家庭组密码，可以通过打开控制面板的“家庭组”查看或更改它。
其他计算机如何加入我的家庭组?
完成(F)

图 16.10 家庭共享密码

注意：必须是运行 Windows 7 的计算机才能加入家庭组。所有版本的 Windows 7 都可使用家庭组。在 Windows 7 简易版和 Windows 7 家庭普通版中，可以加入家庭组，但无法创建家庭组。

⑥其他用户加入家庭组。其他用户要访问家庭组中共享的内容，就必须加入已有的家

庭组,选择打开"控制面板"窗口中的"家庭组",当系统检测到当前网络中已有家庭组时,显示"创建家庭组"的按钮就会变成"立即加入"。

⑦加入家庭组的用户也需要选择希望共享的项目,选好之后,在下一步中输入刚才创建家庭组时得到的密码,就可以加入这个组了。

⑧通过家庭组传送文件。所有计算机都加入到家庭组后,展开 Windows 7 资源管理器的左侧的"家庭组"目录,就可以看到已加入的所有计算机了。只要是加入时选择了共享的项目,都可以通过家庭组自由复制和粘贴,和在本地移动、复制文件一样方便。

(2)非家庭组共享。对于同一个局域网中的计算机也可以不通过创建"家庭组"来实现共享。方法如下:

①在 D 盘根目录下建立文件夹"文件共享",在该文件夹里存放一个图片文件、一个文本文件和一个 Word 文档。

②右击文件夹,在弹出的菜单中选择"属性"。

③选择"共享"选项卡,单击"共享"按钮,如图 16.11 所示。

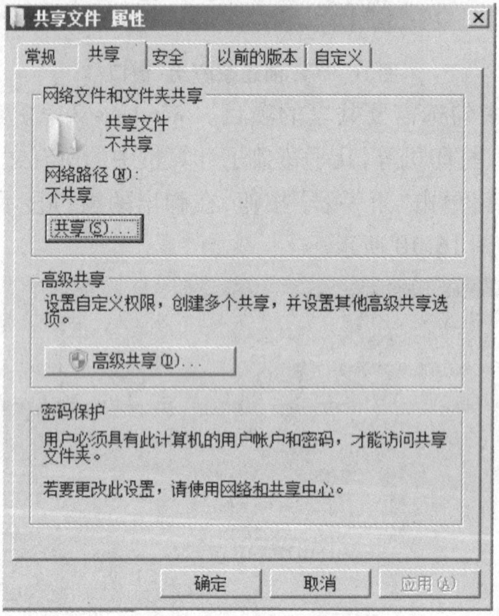

图 16.11 "文件共享"属性

④在弹出的"文件共享"窗口中,选择与其共享的用户,如图 16.12 所示。

⑤单击 ▾ 按钮,选择"Everyone"用户,单击"添加"按钮。用户可以单击"Everyone"设置"读取"、"读/写"或者"删除"用户,如图 16.13 所示。

⑥单击"共享"按钮,实现文件夹的共享,如图 16.14 所示。

⑦开启 guest 帐户(必须打开,否则无法访问),在"控制面板"窗口中,单击打开"网络与共享中心",单击"更改高级共享设置",在弹出的"高级共享设置"窗口中设置公用下的"网络发现"、"文件和打印机共享"、"密码保护的共享"等,如图 16.15 所示。

⑧执行"开始"菜单中的"运行"命令,或通过快捷方式 Windows 键 + R 打开"运行"对话框,并输入:\\共享文件计算机的 IP 地址,如\\192.168.1.1。

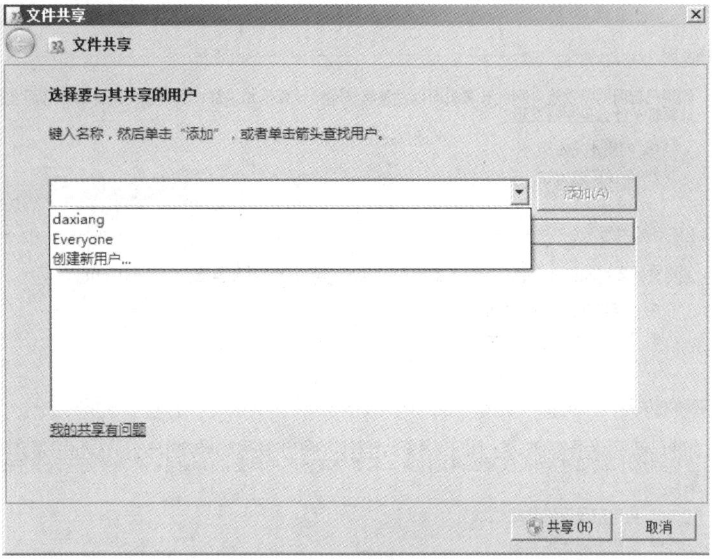

图 16.12 "文件共享"用户添加

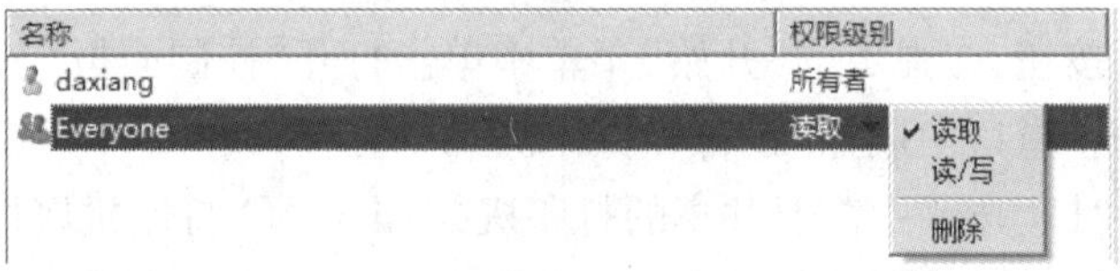

图 16.13 添加"Everyone"用户读写权限

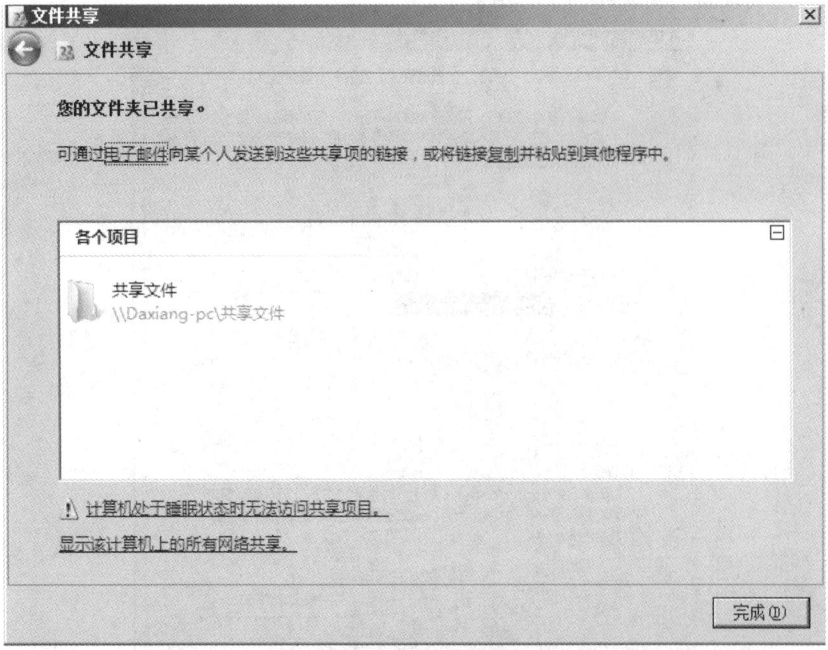

图 16.14 完成共享

(3)打印机共享。打印机共享也需要开启 guest 用户，此处参照非家庭组共享中的步骤⑦。

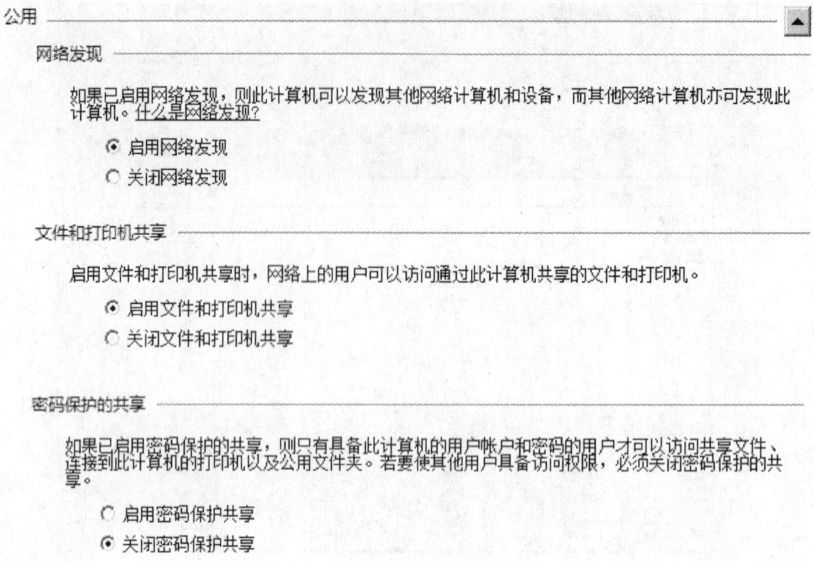
公用
网络发现
如果已启用网络发现，则此计算机可以发现其他网络计算机和设备，而其他网络计算机亦可发现此计算机。什么是网络发现?
启用网络发现
关闭网络发现
文件和打印机共享
启用文件和打印机共享时，网络上的用户可以访问通过此计算机共享的文件和打印机。
启用文件和打印机共享
关闭文件和打印机共享
密码保护的共享
如果已启用密码保护的共享，则只有具备此计算机的用户帐户和密码的用户才可以访问共享文件、连接到此计算机的打印机以及公用文件夹。若要使其他用户具备访问权限，必须关闭密码保护的共享。
启用密码保护共享
关闭密码保护共享

图 16.15　高级共享设置

①单击“开始”按钮,在弹出的“开始”菜单中单击打开“控制面板”。

②在“控制面板”窗口中选择“设备和打印机”。

③选择“设备和打印机”中需要共享的打印机,右击选择“打印机属性”。

④在弹出的“打印机属性”窗口中选择“共享”选项卡,勾选“共享这台打印机”,单击“确定”按钮完成设置,如图 16.16 所示。

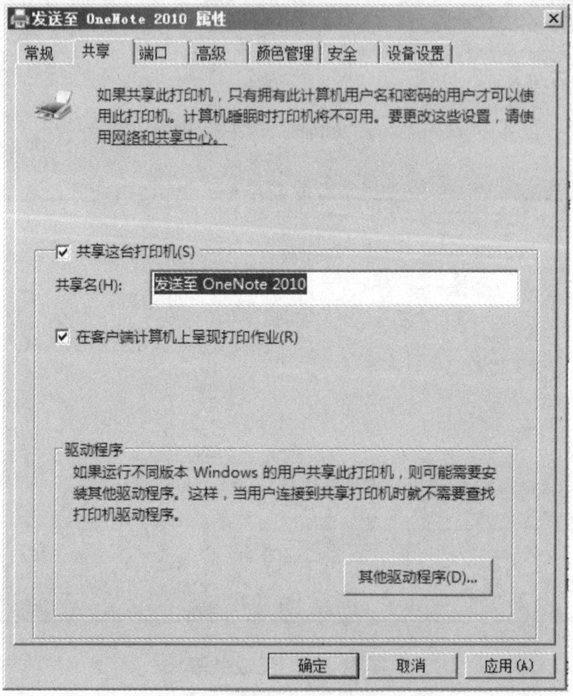
发送至 OneNote 2010 属性
常规
共享
端口
高级
颜色管理
安全
设备设置
如果共享此打印机，只有拥有此计算机用户名和密码的用户才可以使用此打印机。计算机睡眠时打印机将不可用。要更改这些设置，请使用网络和共享中心。
共享这台打印机(S)
共享名(H):
发送至 OneNote 2010
在客户端计算机上呈现打印作业(R)
驱动程序
如果运行不同版本 Windows 的用户共享此打印机，则可能需要安装其他驱动程序。这样，当用户连接到共享打印机时就不需要查找打印机驱动程序。
其他驱动程序(D)...
确定
取消
应用(A)

图 16.16　打印机属性

⑤访问共享的打印机。

执行“开始”菜单中的“运行”命令，或通过快捷方式 Windows 键 + R 打开“运行”对话框，并输入：\\共享打印机的计算机的 IP。如在命令提示窗口输入“\\192.168.1.1”。

内容 3：无线路由器的使用

无线路由器提供多台计算机同时接入无线局域网的功能，使用无线上网的计算机必须要安装无线网卡，现有的大部分笔记本电脑都自带了无线网卡，智能手机、平板电脑也可以通过无线路由器接入网络。

无线路由器：是用于用户上网、带有多根天线的网络设备。无线路由器的功能是将有线网络信号转化为无线信号，它是整个无线网络的核心。常见品牌有 Tp-link、腾达、水星等。市场上流行的无线路由器一般只能支持 15～20 个以内的设备同时在线使用。信号范围在 50 m 到 100 m 不等，如图 16.17 所示。

图 16.17　家用无线路由器

【操作步骤】

(1)准备工作。

①将无线路由器接通电源，在另一端标识 WAN 的插口插入网线(入户网线)。

②确定准备接入无线路由器的设备的无线网卡驱动正常。

③以安装了 Windows 7 的笔记本电脑为例。单击打开“开始”菜单，打开“控制面板”窗口中的“网络与共享中心”。单击“连接到网络”，在右下角弹出的无线信号列表中选择相应的无线路由器名称(初次设置时没有登录密码，无线路由器名称请查看无线路由器的底部)接入无线网络。

(2)路由器的登录。

无线路由器由于生产厂商的不同其设置的方法也不相同，但是基本流程大致一样，常见的路由器登录地址多为 http://192.168.1.1，具体可以观察无线路由器的底部或者说明书。登录的用户名和密码多数为默认的 admin。

①运行 IE 浏览器，在地址栏输入无线路由器的管理地址“http://192.168.1.1”。

②在弹出的登录对话框中，输入相应的账号和密码(一般为 admin)，单击“确定”按钮。如图 16.18 所示。

③在弹出的窗口中会看到一个“设置向导”，单击进入“设置向导”界面，单击“下一步”按钮，进入上网方式设置。

(3)上网方式设置。

一般的路由器提供了 3 种上网方式，PPPOE(ADSL 虚拟拨号)、动态 IP、静态 IP。通常使用的电信、联通、移动互联网提供商的宽带基本上是采用 PPPOE 拨号上网方式，如果是公司或者学校大多是采用静态 IP 的方式。下面我们来实验 PPPOE(ADSL 虚拟拨号)上网方式。

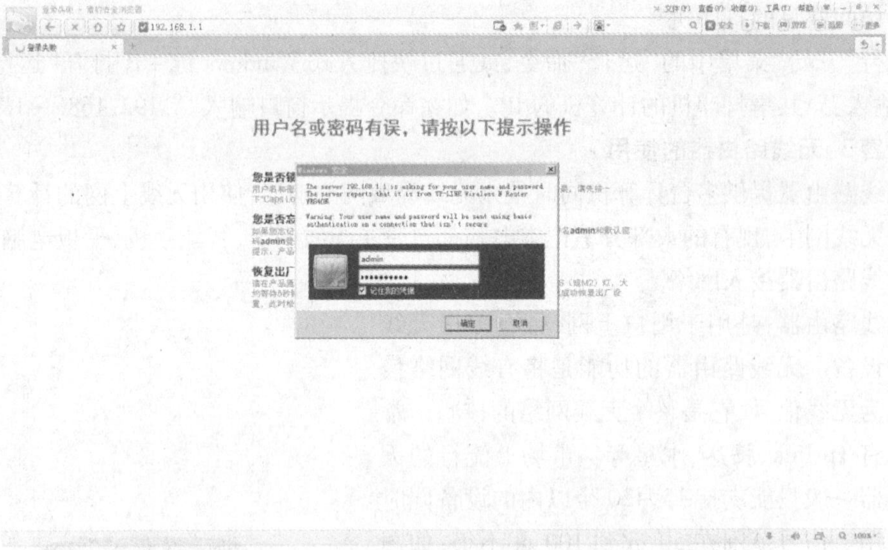
192.168.1.1
用户名或密码有误，请按以下提示操作
admin
确定
取消

图 16.18　路由器登录界面

①选择 PPPOE(ADSL 虚拟拨号),单击“下一步”按钮,如图 16.19 所示。

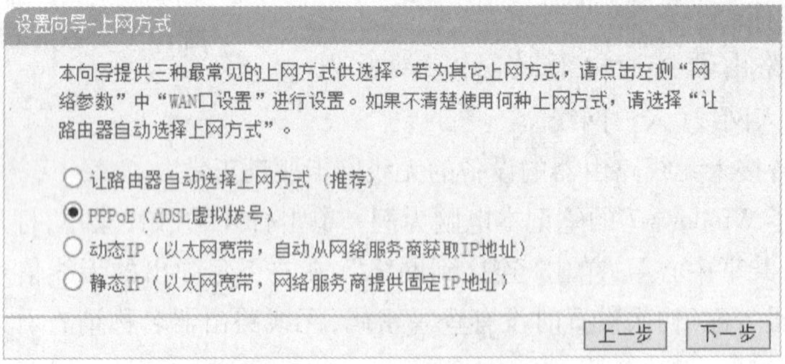
设置向导-上网方式
本向导提供三种最常见的上网方式供选择。若为其它上网方式，请点击左侧“网络参数”中“WAN口设置”进行设置。如果不清楚使用何种上网方式，请选择“让路由器自动选择上网方式”。
让路由器自动选择上网方式（推荐）
PPPoE（ADSL虚拟拨号）
动态IP（以太网宽带，自动从网络服务商获取IP地址）
静态IP（以太网宽带，网络服务商提供固定IP地址）
上一步
下一步

图 16.19　上网方式设置界面

②在弹出的“设置向导”对话框中输入电信服务商提供的上网账号和密码,输入后单击“下一步”按钮,如图 16.20 所示。

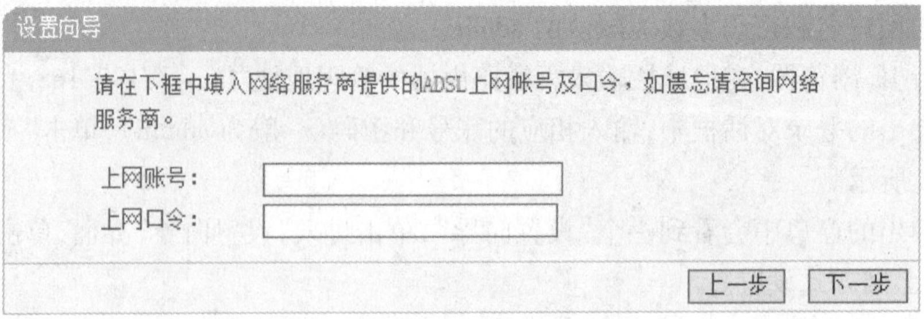
设置向导
请在下框中填入网络服务商提供的ADSL上网帐号及口令，如遗忘请咨询网络服务商。
上网账号：
上网口令：
上一步
下一步

图 16.20　PPPOE 拨号登录界面

③设置路由器无线网络的基本参数以及无线安全。在弹出的“设置向导-无线设置”对话框中可以看到无线状态、SSID、频段、模式这 4 项参数,如图 16.21 所示。

④将“无线状态”设置为“开启”。

⑤对于 SSID 选项,用户可以根据自己的爱好来修改添加,这一项只是在无线连接的时候搜索连接设备后可以容易分辨需要连接设备的识别名称而已。

⑥“信道”一般选择“自动”。

⑦“模式”采用“11bgn mixed”。

⑧“频段带宽”选择“自动”。

如果附近有多台无线路由器,你可以设置使用其他频段来避免无线连接上的冲突。

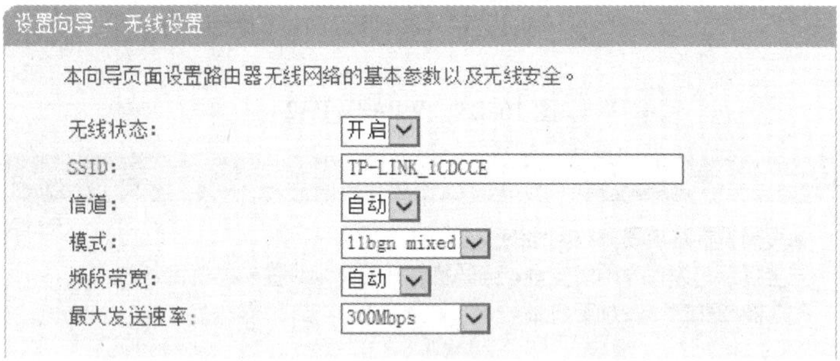

图 16.21 无线路由器网络基本参数设置

⑨对于“无线安全选项”,目前家用无线路由器安全类型主要有 3 个:WEP、WPA/WPA2、WPA-PSK/WPA2-PSK。

WEP 提供的认证类型有 3 个:自动选择(根据主机请求自动选择使用开放系统或共享密钥方式)、开放系统(使用开放系统方式)、共享密钥(使用共享密钥方式),如图 16.22 所示。

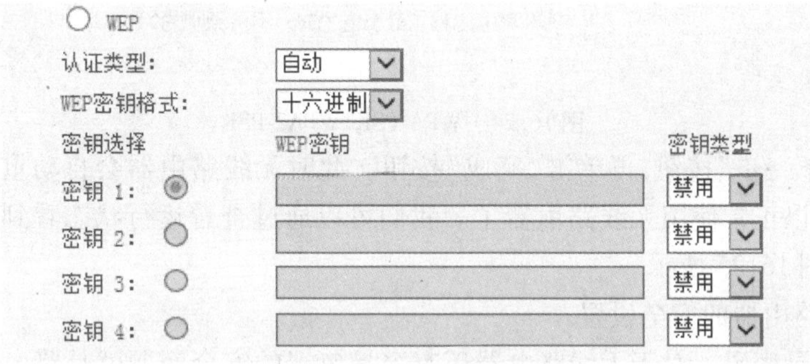

图 16.22 WEP 安全认证

WPA/WPA2 用 Radius 服务器进行身份认证并得到密钥的 WPA 或 WPA2 模式。WPA/WPA2 或 WPA-PSK/WPA2-PSK 的加密方式都一样,包括自动选择、TKIP 和 AES,如图 16.23所示。

WPA-PSK/WPA2-PSK(基于共享密钥的 WPA 模式)。这里的设置和之前的 WPA/WPA2 也大致雷同,需要注意的是这里的 PSK 密码是 WPA-PSK/WPA2-PSK 的初始密码,最短为 8 个字符,最长为 63 个字符。这个密码就是手机或者平板电脑连接无线 WIFI 的密码,如图 16.24 所示。(该安全模式为常用模式)

用户选择较为常用的“WPA-PSK/WPA2-PSK”选项会相对安全,以免被别的用户“蹭网”。

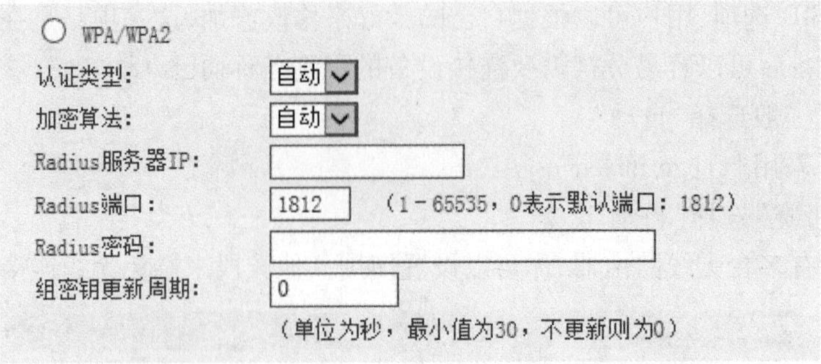

图 16.23　WPA/WPA2

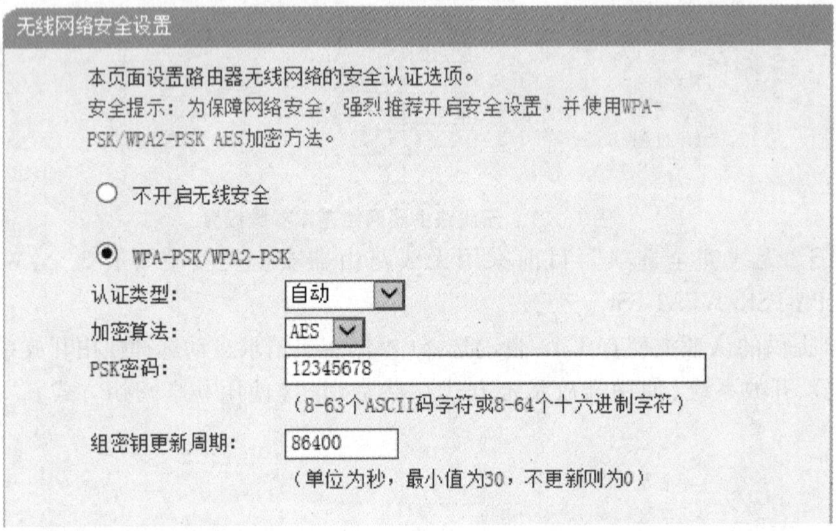

图 16.24　WPA-PSK/WPA2-PSK

⑩单击“下一步”按钮,再单击“完成”按钮。此时无线路由器会自动重启。经过以上几步设置就可以正常使用无线路由器了。我们可以通过查看运行状态看到无线路由器的基本情况,如图 16.25 所示。

(4)无线路由器的安全设置。

①修改登录密码。对于无线路由器还有容易忽视的安全问题就是路由器的登录帐户和密码的修改,对于已经设置好的路由器,一定要修改默认的登录账号或者密码。登录路由器后,单击“修改登录口令”,在弹出的“修改登录口令”窗口中分别输入“原用户名”、“原口令”、“新用户名”、“新口令”、“确认新口令”多个内容,单击“保存”按钮即可,如图 16.26 所示。

②设置无线 MAC 地址过滤。无线 MAC 地址过滤功能通过 MAC 地址允许或拒绝无线客户端接入无线网络,有效控制无线客户端的接入权限。无线 MAC 过滤可以让无线网络获得较高的安全性。

例:假如你只希望 MAC 地址为“00-21-27-B7-7E-15”的主机访问本无线网络,其他主机均不可以访问本无线网络,你可以按照以下步骤进行设置:

a. 使用路由器管理地址登录路由器管理界面,然后在“无线设置”菜单中选择“无线

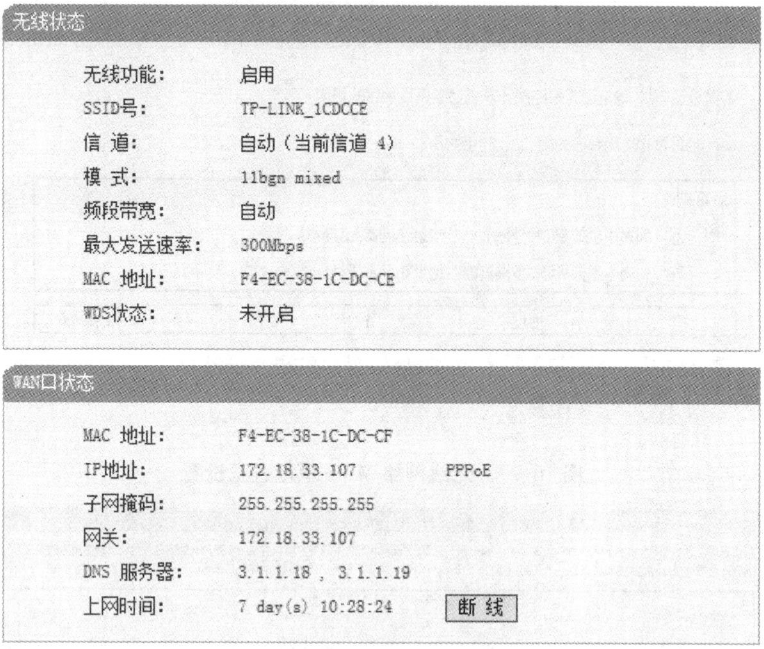

图 16.25 无线路由器运行状态

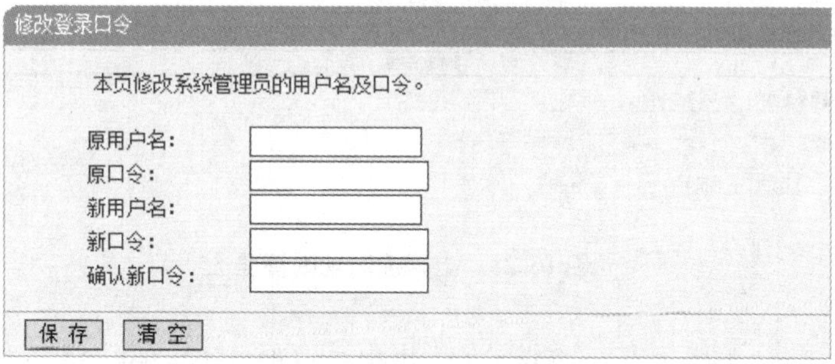

图 16.26 无线路由器账号和密码修改窗口

MAC 地址过滤”选项，出现如图 16.27 所示窗口。

b. 将过滤规则设为“允许列表中生效的 MAC 地址访问本无线网络”。

c. 单击“添加新条目”按钮，如添加 MAC 地址为“00-21-27-B7-7E-15”，类型为允许，状态为“生效”的条目。为了方便管理，描述一项中可以添加说明。譬如该地址为张三的电脑，则可以在描述中填写“张三”。单击“保存”按钮，完成设置。

③上网控制规则管理。上网控制路由器可以限制内网主机的上网行为。在本页面，可以打开或者关闭此功能，并且设定默认的规则。更为有效的是，你可以设置灵活的组合规则，通过选择合适的“主机列表”、“访问目标”、“日程计划”，构成完整而强大的上网控制规则。

a. 使用路由器管理地址登录路由器管理界面，然后在“无线设置”菜单中选择“上网控制规则管理”选项，出现如图 16.28 所示窗口。

b. 单击“开启上网规则”，选择“凡是不符合已设上网控制规则的数据包，禁止通过本

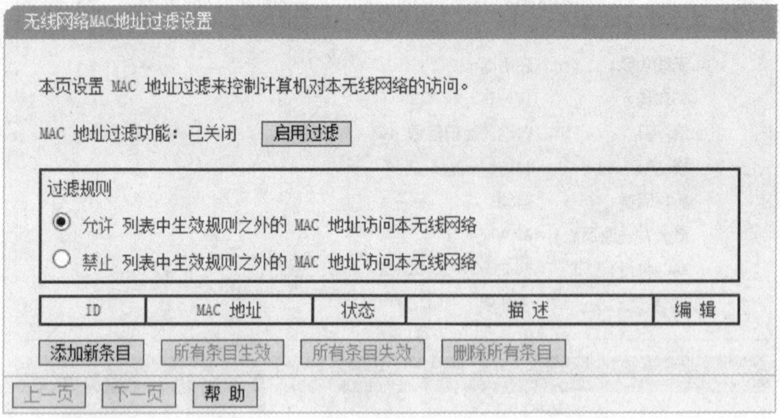

图 16.27　无线网络 MAC 地址过滤设置

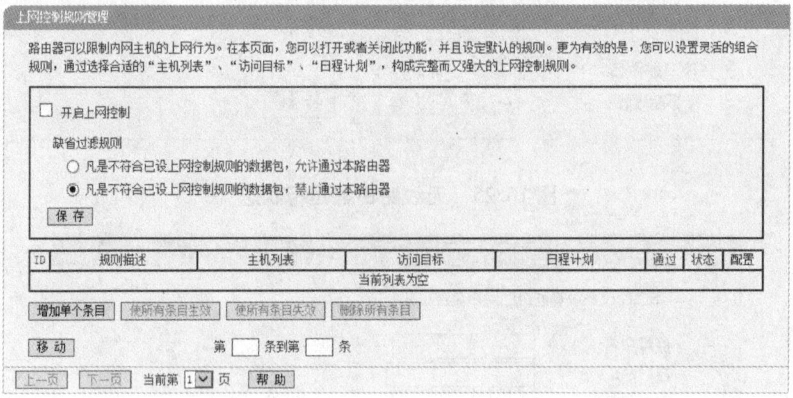

图 16.28　上网控制规则管理

路由器”。

c. 在“日程描述”中输入名称(自定义)，设置“星期”、“开始时间”、“结束时间”等信息，单击“保存”按钮，如图 16.29 所示。

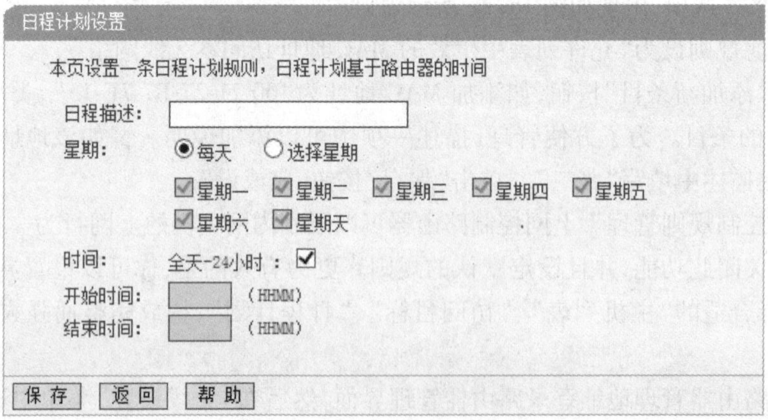

图 16.29　日程计划设置

d. 添加主机列表：在“上网控制”中选择“主机列表”，单击“填加单个条目”，参照图16.30 输入相应内容，单击“保存”按钮。

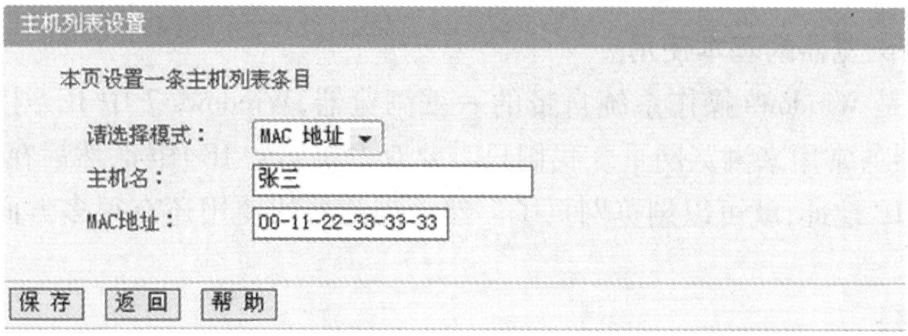

图 16.30　主机列表设置

e. 添加上网控制规则。在“上网控制规则管理”中选择 “增加单个条目”。对上一步设置的主机进行“日程计划”设置。主机列表选择“张三”，日程计划通过下拉菜单选择对应的“日程描述”。

上述通过对“主机列表”、“日程计划”等多个参数的控制，实现了对用户上网控制的目的。

三、验证性实验

实验要求如下：

(1) 检查本机的网卡驱动是否正常。

(2) 检查本机的 IP 设置情况。

(3) 验证 ping 命令的效果。

(4) 验证 ipconfig 命令。

(5) 创建文件夹并将里面存放的内容共享。

(6) 配置一台无线路由器，使之能够上网。

(7) 修改无线路由器的登录账号和密码。

(8) 修改无线路由器的连接密码。

实验 17　Internet 服务

一、实验目的

- 掌握 IE 浏览器的基本使用和设置；
- 掌握使用 IE 浏览器保存网页；
- 掌握利用搜索引擎搜索资料；
- 掌握电子邮件的地址、格式、协议；
- 掌握邮箱申请、邮件收发等各种操作；
- 掌握电子邮件工具的参数设置和基本操作。

二、实验内容

内容 1:IE 浏览器的基本使用

IE 浏览器是 Windows 操作系统自带的一款浏览器,Windows 7 中 IE 浏览器的版本是 8.0。IE 浏览器通常用来浏览网页。我们只需要双击桌面的 IE 图标,然后在地址栏输入网站的域名或者 IP 地址,就可以浏览网页了。然而浏览器的使用还有很多方面,下面介绍相关内容。

【操作步骤】

(1)浏览网页。

①单击 Windows 7 桌面上的 Internet explorer 图标启动 IE 浏览器。(提示:也可以单击任务栏上的 Internet explorer 浏览器,或者单击“开始”菜单,选择“所有程序”,选择“Internet explorer”启动浏览器)

②在 IE 浏览器的地址栏里输入需要访问的网址,按回车(Enter)键后打开对应的网站内容。正常访问 HTTP 或者 WWW 服务,可以不用输入“http://”。例如,访问百度的主页,可以直接在地址栏输入 www. baidu. com,如图 17.1 所示。

图 17.1　百度主页

③在打开的网页内容中,如果将鼠标放置在图片、文字或者标题等内容上时,鼠标指针会变换成手型。单击该位置后,即可进入其 Web 页面。如果需要查看上一个浏览过的网页或者查看下一个浏览过的页面,可以使用浏览器上的“前进”与“后退”按钮实现对历史记录的前进和后退。

④使用 IE 浏览器时,每打开一个网页,浏览器就会生成一个窗口。如果需要在当前窗口下查看其他网站,请单击“新建选项卡”(已打开的选项卡标题右侧),打开一个新的选项卡,在打开的新选项卡中输入网址,如图 17.2 所示。

图 17.2 选项卡

(2)全屏浏览网页。在浏览网页的时候,由于有些内容无法完全显示,需要通过移动滚动条才能显示完整内容。

在打开的网站主页中,按下“F11”键,即可将网页全屏显示。如要恢复正常显示,再按一下 F11 键即可。

(3)主页设置。单击浏览器工具中的“工具”按钮,打开“Internet 选项”,在弹出的“Internet选项”对话框中选择“常规”选项卡,直接在“主页”栏中输入一个或者多个“网页地址”设置主页地址;或者单击“使用当前页”、“使用默认页”或“使用空白页”3 种按钮进行快速设置,如图 17.3 所示。

图 17.3 Internet 常规选项卡

(4)网页停止和刷新。当打开一个网页时加载时间过长,用户可以单击“地址栏”最后面的“×”,将网页停止加载。

当打开一个网页后发现该网页的许多图片或者内容无法正常显示,用户通过右击选择“刷新”或者按“F5”键使网页重新加载显示。

(5)查看和删除历史记录。

用户退出浏览器后,浏览过的网页部分内容会存在用户硬盘里,这些记录会按照时间和访问站点的顺序存储。

①单击浏览器工具栏上的“查看收藏夹、源和历史记录(Alt + C)”按钮,在打开的对话框中单击“历史记录”标签,打开“历史记录”窗口,如图 17.4 所示。

②在“历史记录”窗口中显示用户最近一段时间内所访问过的Web站点。IE浏览器提供了按“日期查看”、“按站点查看”、“按访问次数查看”、“按今天的访问顺序查看”和“搜索历史记录”等多种方式查看历史记录。单击历史记录中的网页,即可查看该网页,如图17.4所示。

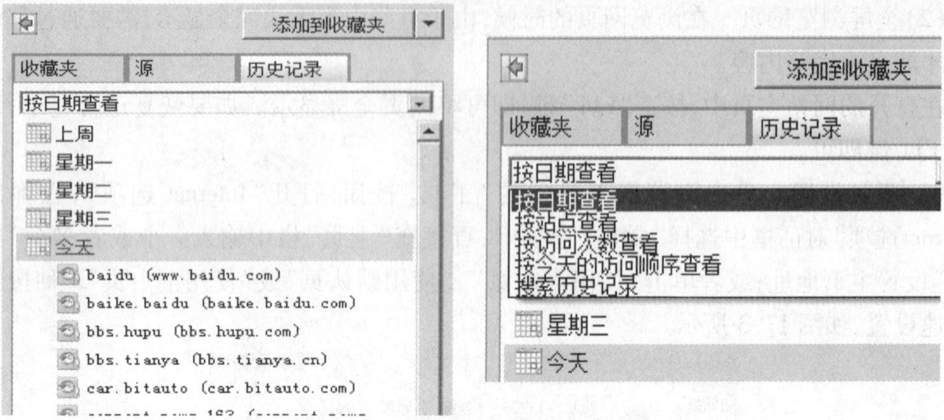

图17.4 历史记录

③删除历史记录。单击浏览器工具中的“工具”按钮,打开“安全”选项,在弹出的子菜单中选择“删除浏览的历史记录”,在“删除浏览器的历史记录”对话框中有“保留收藏夹网站数据”、“Internet临时文件”、“Cookie”、“历史记录”、“表单数据”、“密码”、“Inprivate筛选数据”等多个选项,用户将需要删除的部分选择后,单击“删除”按钮即可删除对应的历史记录,如图17.5所示。

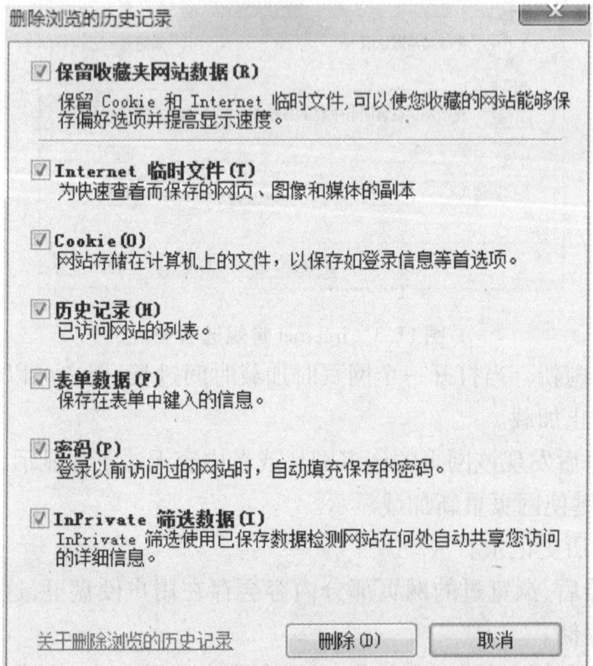

图17.5 删除浏览的历史记录

(6)管理收藏夹。

①打开用户需要收藏的网页,在网页的主窗口右击选择“添加到收藏夹”,单击“添加”按钮,网页即被收藏到该浏览器的收藏夹里,如图 17.6 所示。

②网页被收藏后,单击浏览器工具栏上的“查看收藏夹、源和历史记录(Alt + C)”按钮(五角星),在打开的“收藏夹”窗口中即可查看已经收藏的网页,单击相应的名称就可以打开该网页。

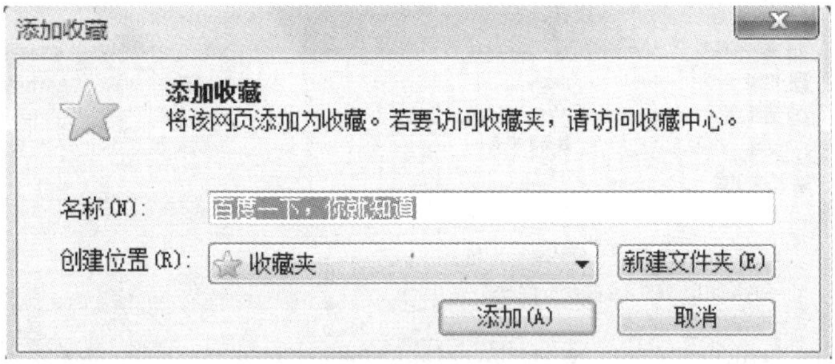

图 17.6 “添加收藏”

③右击已经收藏的网页地址,在快捷菜单中选择“删除”命令,即可删除已经收藏的网页,如图 17.7 所示。

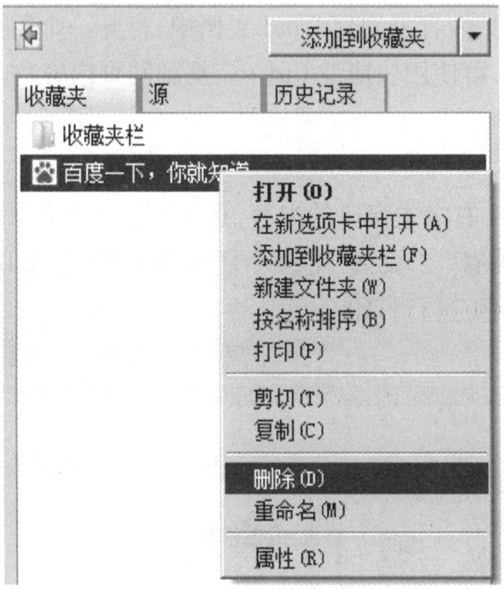

图 17.7 删除收藏

(7)保存网页。

①打开 IE 浏览器,在地址栏中输入 www.baidu.com,打开百度主页。

②单击浏览器的“工具”按钮,选择“文件”中的“另存为”命令按钮,弹出“保存网页”对话框,如图 17.8 所示。在对话框中选择保存的位置,输入文件名和保存类型,单击“保存”按钮。

(8)保存图片。

把鼠标移到所要保存的图片上,右击选择“图片另存为”,在弹出“保存图片”对话框选

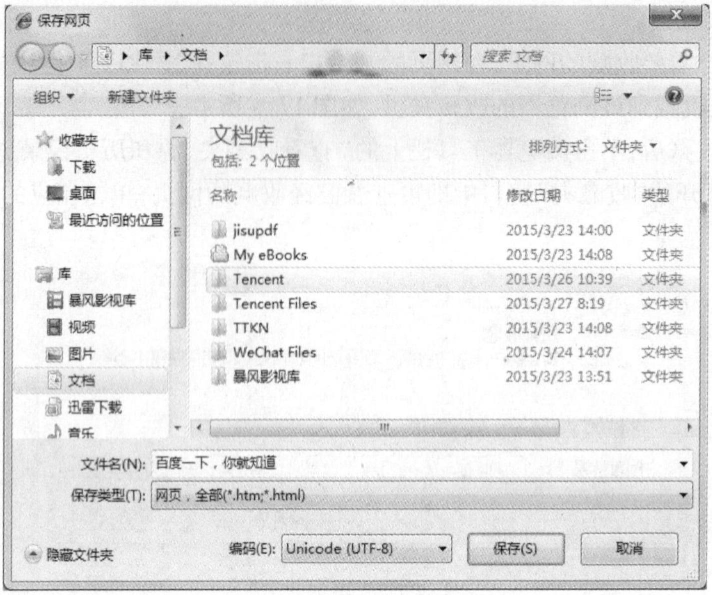

图 17.8 “保存网页”对话框

择保存的位置,输入文件名和保存类型,单击“保存”按钮。

(9)复制网页。将网页内容复制到 Word 文档中,打开一个需要保存的网页,使用快捷键 Ctrl + A 全选所有内容,再使用快捷键 Ctrl + C 复制网页内容,在打开的 Word 文档中,右击选择“保留原格式”粘贴。

(10)打印网页。

打开需要打印的网页,右击主窗口的内容,选择“打印预览”,在“打印预览”窗口可以对“纸张”、“页边距”、“页眉”、“页脚”等多个属性进行设置,如图 17.9 所示。最后单击“打印”按钮对设置好的网页进行打印。

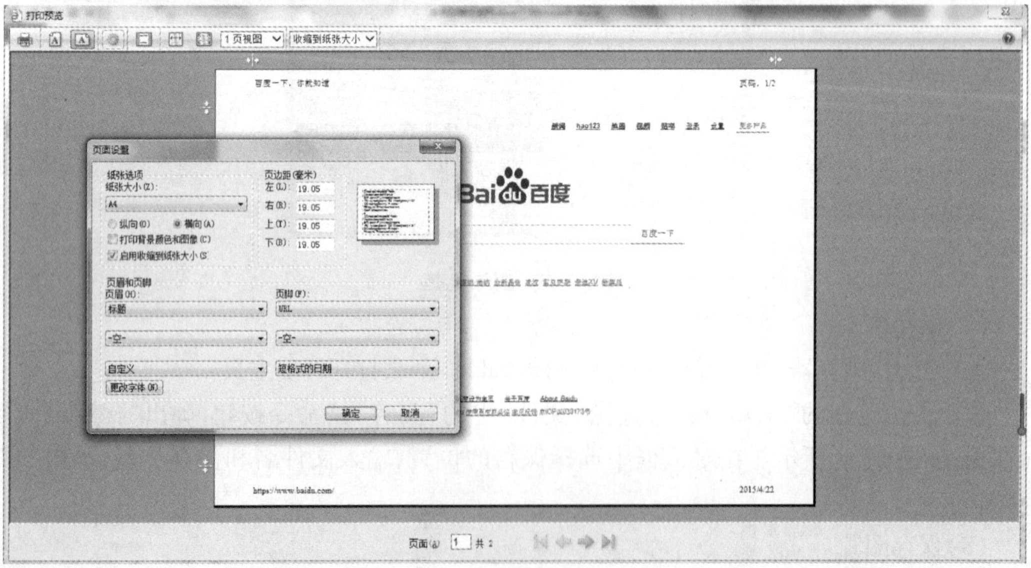

图 17.9 打印网页

内容 2:使用搜索引擎

(1)常用的搜索引擎如下:

百度(www. baidu. com)

谷歌 google(www. google. com. hk)

搜狗(www. sogou. com)

Bing(必应)(cn. bing. com)

雅虎 yahoo(www. yahoo. com. cn)

SOSO(www. soso. com)

有道(www. youdao. com)

(2)使用关键字搜索。

①打开 IE 浏览器,在地址栏输入 www. baidu. com 进入百度网站主页。

②在搜索框内输入关键字"大学生计算机基础",单击"百度一下"按钮,即可搜索出包含关键字的网页,如图 17. 10 所示。

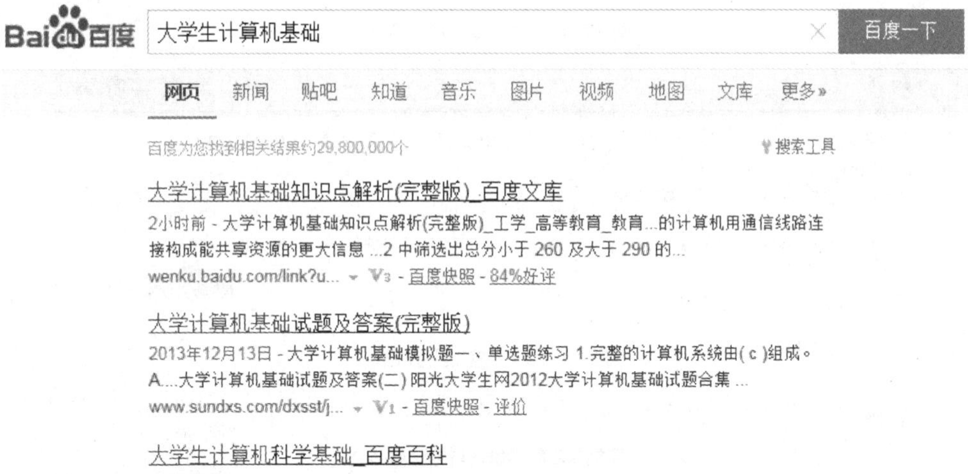

图 17. 10 搜索结果

(3)CNKI 的使用。

打开 IE 浏览器,在地址栏输入 www. cnki. net,按下 Enter 键进入到 CNKI 首页。CNKI 提供各种类型的检索,如"文献"、"期刊"、"博硕士"、"会议"等。下面以搜索"期刊"为例。

①单击"高级检索",进入 CNKI 检索平台,如图 17. 11 所示。

②在"主题"后,输入"计算机基础",选择"精确",单击"检索"按钮即可,如图 17. 12 所示。

③在检索结果页面上,单击所需文章的篇名,进入知网节点页面,如图 17. 13 所示,单击"CAJ 下载"或者"PDF 下载"。

④如果在检索之前,没有使用用户名和密码进行登录,就会弹出登录页面。在相应的位置输入账户名称和密码,点单击"登录"即可。

内容 3:电子邮件的使用

(1)申请免费电子邮箱。

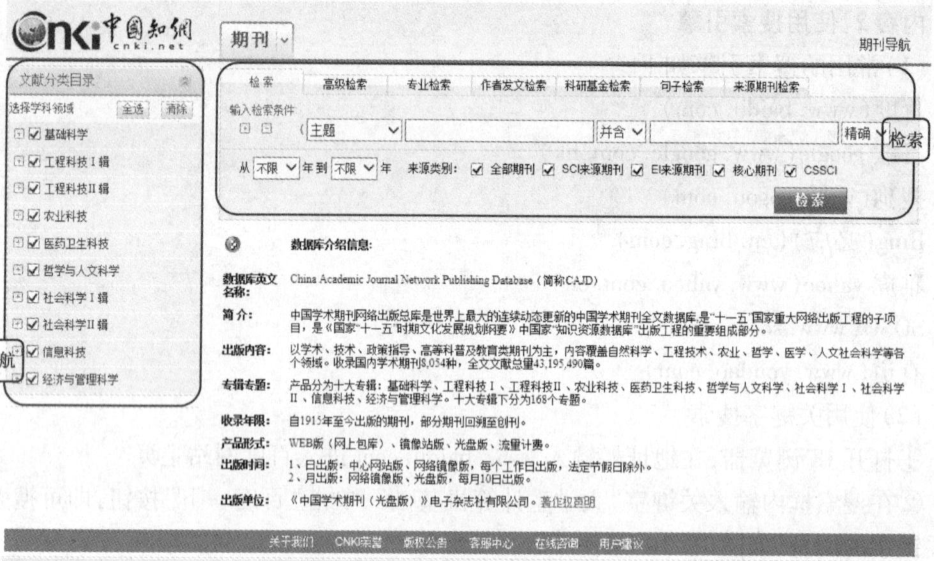
中国知网 cnki.net
期刊
期刊导航
文献分类目录
选择学科领域 全选 清除
基础科学
工程科技Ⅰ辑
工程科技Ⅱ辑
农业科技
医药卫生科技
哲学与人文科学
社会科学Ⅰ辑
社会科学Ⅱ辑
信息科技
经济与管理科学
导航
检索 高级检索 专业检索 作者发文检索 科研基金检索 句子检索 来源期刊检索
输入检索条件:
主题 并含 精确
检索
从 不限 年 到 不限 年 来源类别: 全部期刊 SCI来源期刊 EI来源期刊 核心期刊 CSSCI
检索
数据库介绍信息:
数据库英文名称: China Academic Journal Network Publishing Database (简称CAJD)
简介: 中国学术期刊网络出版总库是世界上最大的连续动态更新的中国学术期刊全文数据库,是"十一五"国家重大网络出版工程的子项目,是《国家"十一五"时期文化发展规划纲要》中国家"知识资源数据库"出版工程的重要组成部分。
出版内容: 以学术、技术、政策指导、高等科普及教育类期刊为主,内容覆盖自然科学、工程技术、农业、哲学、医学、人文社会科学等各个领域。收录国内学术期刊8,054种,全文文献总量43,195,490篇。
专辑专题: 产品分为十大专辑:基础科学、工程科技Ⅰ、工程科技Ⅱ、农业科技、医药卫生科技、哲学与人文科学、社会科学Ⅰ、社会科学Ⅱ、信息科技、经济与管理科学。十大专辑下分为168个专题。
收录年限: 自1915年至今出版的期刊,部分期刊回溯至创刊。
产品形式: WEB版(网上包库)、镜像站版、光盘版、流量计费。
出版时间: 1、日出版:中心网站版、网络镜像版,每个工作日出版,法定节假日除外。
2、月出版:网络镜像版、光盘版,每月10日出版。
出版单位: 《中国学术期刊(光盘版)》电子杂志社有限公司。著作权声明
关于我们 CNKI荣誉 版权公告 客服中心 在线咨询 用户建议

图 17.11 "高级检索"窗口

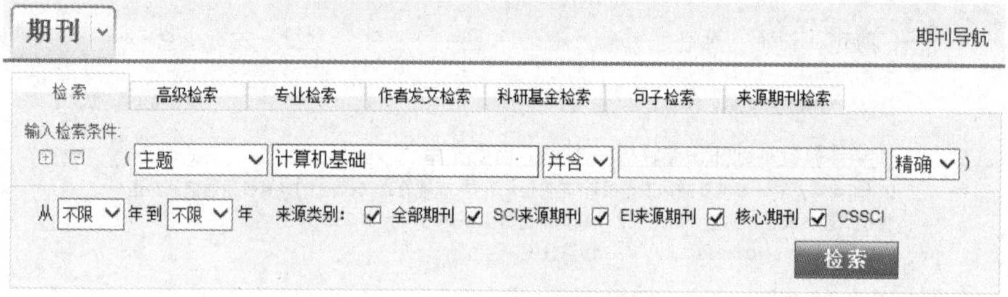
期刊
期刊导航
检索 高级检索 专业检索 作者发文检索 科研基金检索 句子检索 来源期刊检索
输入检索条件:
主题 计算机基础 并含 精确
从 不限 年 到 不限 年 来源类别: 全部期刊 SCI来源期刊 EI来源期刊 核心期刊 CSSCI
检索

图 17.12 "检索"界面

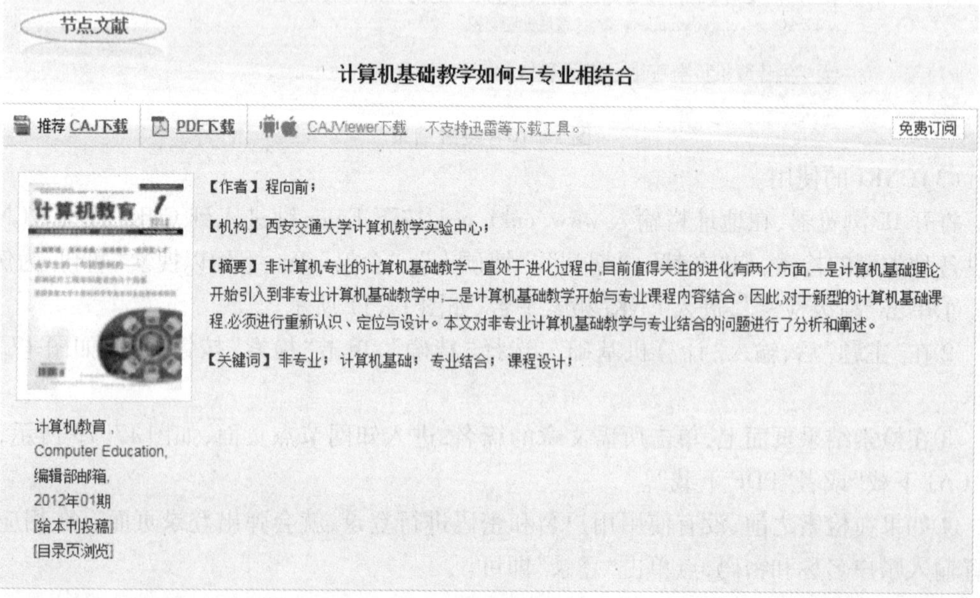
节点文献
计算机基础教学如何与专业相结合
推荐 CAJ下载 PDF下载 CAJViewer下载 不支持迅雷等下载工具。 免费订阅
【作者】程向前;
【机构】西安交通大学计算机教学实验中心;
【摘要】非计算机专业的计算机基础教学一直处于进化过程中,目前值得关注的进化有两个方面,一是计算机基础理论开始引入到非专业计算机基础教学中,二是计算机基础教学开始与专业课程内容结合。因此,对于新型的计算机基础课程,必须进行重新认识、定位与设计。本文对非专业计算机基础教学与专业结合的问题进行了分析和阐述。
【关键词】非专业; 计算机基础; 专业结合; 课程设计;
计算机教育
计算机教育,
Computer Education,
编辑部邮箱,
2012年01期
[给本刊投稿]
[目录页浏览]

图 17.13 "检索下载"

①打开 IE 浏览器输入“126”的地址 http://www.126.com。

②进入网站主页，单击“注册”，回答一系列问题后，单击“提交”，可以申请到 E-mail 邮箱。重复上一步的操作再到另一个大型网站（如腾讯、163 等）申请一个邮箱账号（账号和密码可以相同，以方便记忆）。

（2）登录 126 网站发送邮件。

①在地址栏输入“http://www.126.com/”，再次登录“126”的主页。

②在用户名栏输入账号，在密码栏输入密码，按回车键进入电子邮箱页面。

③单击“发邮件”，在线写一封信件，收信人可以是你同学的邮件地址，再单击“立刻发送”即可发出邮件。

（3）登录 126 网站接收邮件。

①进入 126 网站的电子邮箱和页面。

②进入邮件收发系统的收件箱查看是否已收到你的同学所发的邮件。（发信后一般过一两分钟后对方就可以收到）

（4）管理联系人。

邮箱联系人和手机联系人一样，可以录入经常使用的联系人的邮箱地址，这样在给他发送邮件时，直接输入该姓名就可以了，如图 17.14 和图 17.15 所示。

图 17.14　联系人管理页面

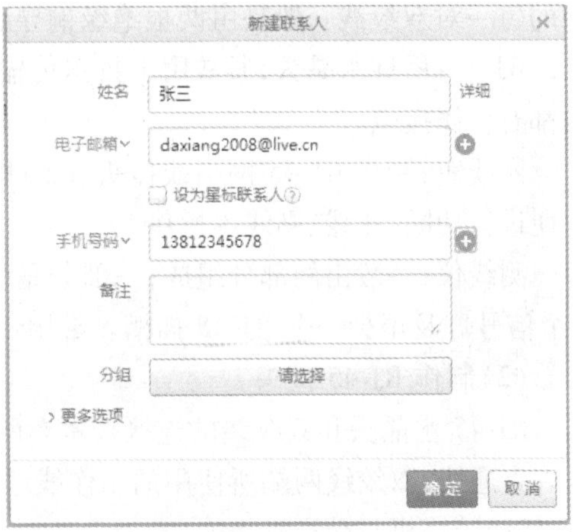

图 17.15　新建联系人

三、验证性实验

实验要求：

（1）使用 IE 浏览器访问多个新闻网站，并收藏一个自己喜欢的网站。

（2）使用搜索引擎搜索“大学生计算机应用能力”相关的文章内容，并将所有内容保存至本地计算机的 D 盘。

（3）注册一个属于自己的邮箱，并在通讯录添加一个用户。

（4）给同班的同学发送一个普通邮件和一个带有附件的邮件。

（5）查看是否收到邮件。

(6)删除一封收到的邮件。

实验 18　网线的制作

一、实验目的

- 掌握将计算机和计算机连接时,RJ-45 交叉线的制作方法;
- 掌握将计算机和集线器(交换机、路由器等其他设备)连接时,RJ-45 直连线的制作方法。

二、实验内容

内容:网线的制作

【操作步骤】

(1)准备工作。

硬件工具:一根长度合适的双绞线、RJ-45 水晶头、网线钳、测线器,如图 18.1 所示。

双绞线:将一对以上的双绞线封装在一个绝缘外套中,为了降低信号的干扰程度,电缆中的每一对双绞线一般是由两根绝缘铜导线相互缠绕而成,它是一种常用的布线材料。

RJ-45:俗称水晶头,通常用于数据传输,RJ-45 接口前端有 8 个凹槽,简称 8P,每个槽内都有金属接点。

网线钳:制作 RJ-45 网络线接头、RJ-11 电话线接头、4P 电话线接头的工具。网线钳能方便进行切断、压线、剥线等操作。

测线仪:一般由两部分组成,一部分是信号发生器,另一部分是信号接收器,双方各有 8 个信号灯及至少一个 RJ-45 插槽。常用于检测网络布线是否存在故障。

(2)制作 RJ-45 接头。

RJ-45 水晶头和双绞线的连接技术有两种接线标准,一种叫直通线,另一种叫交叉线。

直通线:双绞线两端所使用的制作线序相同(同为 T568A 或 T568B),用于连接异种设备,例如计算机与交换机相连。

交叉线:双绞线两端所使用的制作线序不同(两端分别使用 T568A 和 T568B),用于连接同种设备,如计算机间直接相连。

表 18.1　RJ-45 接口连接顺序

T568A 标准线序	绿白	绿	橙白	蓝	蓝白	橙	棕白	棕
T568B 标准线序	橙白	橙	绿白	蓝	蓝白	绿	棕白	棕

①选择双绞线两头,使用网线钳上组刀片轻压双绞线并旋转,剥去双绞线两端的外保护皮 2 ~5 cm,注意不要将里面的细线割破,以免短路。

②剥除外包皮后即可见到双绞线网线的 4 对 8 条芯线,并且可以看到每对的颜色都不同。每对缠绕的两根芯线是由一种染有相应颜色的芯线加上一条只染有少许相应颜色的

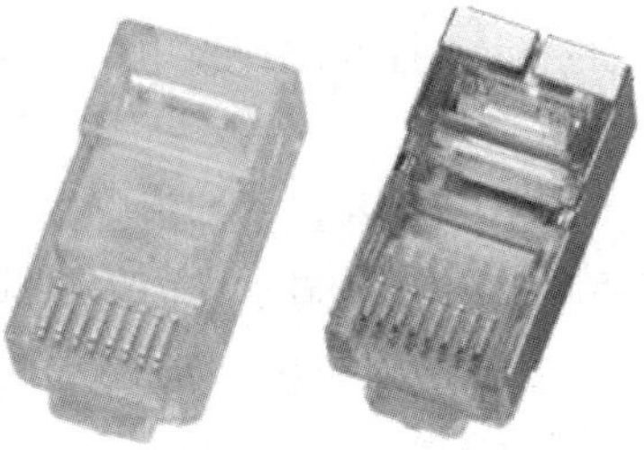

水晶头

双绞线

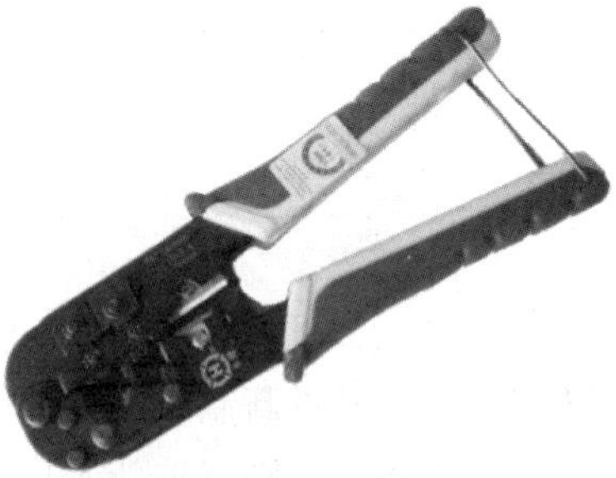

网线钳

测线仪

图 18.1　制作工具

白色相间芯线组成。顺时针从左向右依次为“白橙/橙”、“白绿/绿”、“白蓝/蓝”、“白棕/棕”。

③再次将每对线分开排列，如果制作直通线则两头都按照 T568B 线序制作水晶头，如果制作交叉线则两端分别使用 T568A 和 T568B 线序制作水晶头。

④把线尽量抻直（不要缠绕）、压平（不要重叠）、挤紧理顺（朝一个方向紧靠），然后用网线钳把线头剪平齐，留取 1.5 cm 左右裸线。

⑤一手用拇指和中指捏住水晶头，使有塑料弹片的一侧向下，针脚一方朝向远离自己的方向，并用食指抵住；另一手捏住双绞线外面的胶皮，缓缓用力将 8 条导线同时沿 RJ-45 头内的 8 个线槽插入，一直插到线槽的顶端，如图 18.2 所示。

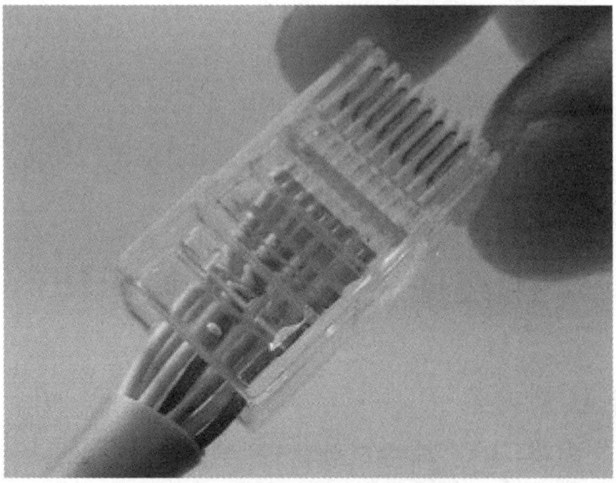

图 18.2　RJ-45 接口连接顺序

⑥确认线序正确后，将 RJ-45 接头放入网线钳的 RJ-45 插槽中，一面将线往接头前端顶住，一面用力将网线钳夹紧，此时可以听到“喀”的一声，表示接头已经压紧。然后将网线钳松开并取出已做好的网线 RJ-45 接头。

(3)网线检测。

网线制作完成后,将两头的水晶头分别插入测线仪的两头,打开测线仪电源开关,观察测试灯闪烁情况。两种接线方式的测试仪灯闪烁情况如下:

直通线:测线仪指示灯闪烁顺序 1-1 2-2 3-3 4-4 5-5 6-6 7-7 8-8 显示即为测试成功;

交叉线:测线仪指示灯闪烁顺序 1-3 2-6 3-1 4-4 5-5 6-2 7-7 8-8 显示即为测试成功。

如果有部分指示灯不亮,需用网线钳重新压紧,直到测试正确为止。如果指示灯闪烁顺序不是上述顺序,则说明网线的顺序不对,需要剪断网线头重新制作接头。

(4)各步骤注意事项。

①剥去外保护皮时,注意力度不宜过大,否则容易损伤到导线。

②4 组线最好在导线的底部排列在同一个平面上,以避免导线的乱串。

③捋直的作用是便于到最后制作水晶头。

④上下扭动能够使导线自然并列在一起。

⑤导线顺序:面向水晶头引脚,自左向右的顺序。

⑥压制的力度不宜过大,以免压碎水晶头。

⑦观察双绞线头是否顶到水晶头接头顶端。如果没有,则需要重新制作。

⑧观察水晶头侧面,看金属接头是否刺入双绞线之中,如果没有,则需重新制作。

三、验证性实验

实验要求:

(1)自行制作一条交叉线并进行测试。

(2)自行制作一条直通线并进行测试。

实验 19　Access 2010 数据库操作

一、实验目的

- 掌握创建数据表的基本操作;
- 掌握表的操作,为表之间建立关系的方法;
- 掌握创建查询的方法;
- 掌握创建窗体的方法;
- 掌握创建报表的方法。

二、实验内容

内容:建立“学生成绩管理”数据库

“学生成绩管理”数据库包括“学生”、“班级”、“教师”、“课程”、“授课”、“成绩”6 个表。在主教材中已经完成了“学生”、“课程”、“成绩”的创建工作。按要求完成以下任务:

(1)创建 “班级”、“教师”和“授课”3 个表。

(2)建立数据库中6个表之间的关系。

(3)对表进行查询,了解学生的课表信息。在课表中显示学生的学号、姓名、课程名称、任课教师姓名、授课地点和授课时间信息。

(4)查询"呙明辉"老师授课的课程名、授课地点和授课时间。

(5)创建教师信息窗体,方便输入新教师信息。

(6)按班级名称分组统计出每门课程的平均分。

【操作步骤】

(1)创建数据表。利用表设计视图建立"教师"表;根据素材文件夹中的"班级. txt"文件和"授课. xlsx"文件创建"班级"表和"授课"表。"教师"表、"班级"表和"授课"表的表结构如表19.1、表19.2、表19.3所示。

表19.1 教师表结构

字段名称	数据类型	字段大小(格式)	备注
教师编号	文本	4	主键
姓名	文本	8	
性别	文本	2	
参加工作时间	日期/时间	常规日期	
学历	文本	10	
职称	文本	10	
所属部门	文本	16	
联系电话	文本	16	
婚否	是/否		

表19.2 班级表结构

字段名称	数据类型	字段大小(格式)	备注
班级编号	文本	6	主键
班级名称	文本	12	
入学时间	日期/时间	常规日期	
专业	文本	20	
培养层次	文本	2	
人数	数字	整型	
班主任	文本	8	

表 19.3　授课表结构

字段名称	数据类型	字段大小(格式)	备注
课程编号	文本	4	主键
班级编号	文本	4	主键
教师编号	文本	6	
学年	文本	16	
学期	文本	2	
周学时	数字	2	
授课地点	文本	8	
授课时间	文本	20	

①打开 “学生成绩管理”数据库。

②切换到“创建”选项卡,单击“表格”组中的“表设计”按钮,进入表的设计视图。

③在“字段名称”栏中输入字段的名称“教师编号”,在“数据类型”下拉列表框中选择该字段为文本类型,在字段属性列表中将“字段大小”设为 4,如图 19.1 所示。

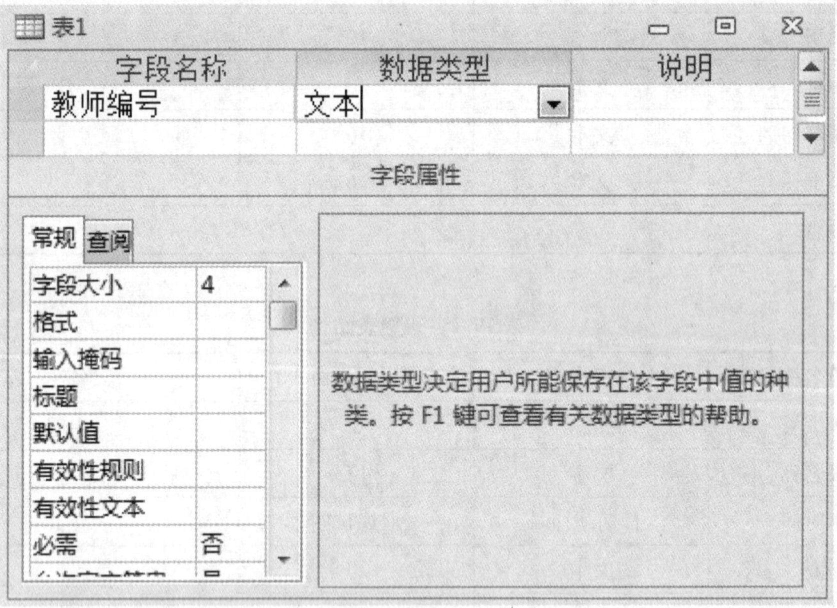

图 19.1　设置字段的属性

④用同样的方法,输入其他字段名称,并设置相应的数据类型和字段属性,结果如图 19.2 所示。

⑤选择“教师编号”字段,在“工具”组中单击“主键” 按钮,在设计视图上显示主键标志。将“教师编号”字段设置为数据表的主键。

⑥单击“保存”按钮,弹出“另存为”对话框,然后在“表名称”文本框中输入“教师”,再单击“确定”按钮。

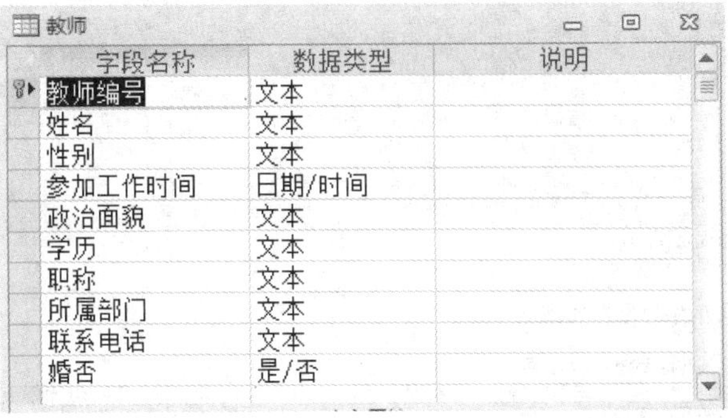

教师

字段名称	数据类型	说明
教师编号	文本	
姓名	文本	
性别	文本	
参加工作时间	日期/时间	
政治面貌	文本	
学历	文本	
职称	文本	
所属部门	文本	
联系电话	文本	
婚否	是/否	

图 19.2 教师表结构

⑦单击“视图”按钮，切换到“数据表视图”，这样就完成了利用表的“设计视图”创建表的操作。然后在数据表中输入数据，如图 19.3 所示。

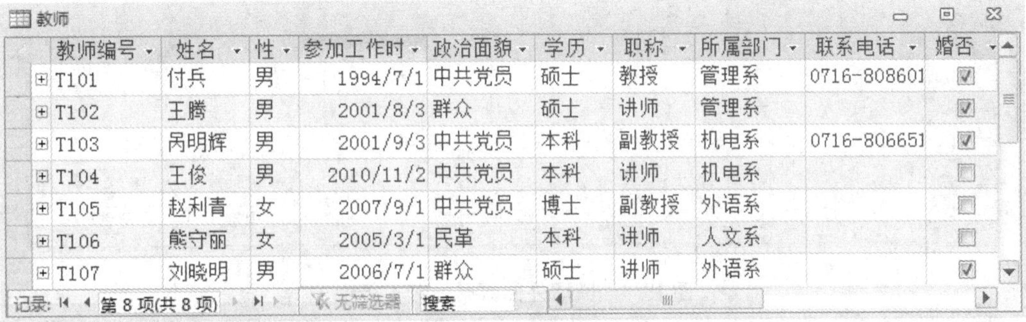

教师

教师编号	姓名	性	参加工作时	政治面貌	学历	职称	所属部门	联系电话	婚否
T101	付兵	男	1994/7/1	中共党员	硕士	教授	管理系	0716-808601	☑
T102	王腾	男	2001/8/3	群众	硕士	讲师	管理系		☑
T103	呙明辉	男	2001/9/3	中共党员	本科	副教授	机电系	0716-806651	☑
T104	王俊	男	2010/11/2	中共党员	本科	讲师	机电系		☐
T105	赵利青	女	2007/9/1	中共党员	博士	副教授	外语系		☐
T106	熊守丽	女	2005/3/1	民革	本科	讲师	人文系		☐
T107	刘晓明	男	2006/7/1	群众	硕士	讲师	外语系		☑

记录: 第 8 项(共 8 项) 无筛选器 搜索

图 19.3 教师表记录

⑧导入班级表。单击“外部数据”选项卡的“导入并链接”中的“文本文件”按钮，弹出“获取外部数据—文本文件”对话框。在该界面中单击“浏览”按钮选中要导入的文本文件。这里选择“班级. txt”表，如图 19.4 所示，单击“确定”按钮。

⑨在打开的“导入文本向导”对话框中选中数据分隔方式，这里选择“带分隔符”选项，如图 19.5 所示，单击“下一步”按钮。

⑩在“导入文本向导”对话框中，请指定第一行是否包含标题和分隔符的类型。依据本题实际，选择“逗号”分隔符，勾选“第一行包含列标题”复选框，如图 19.6 所示，然后单击“下一步”按钮。

⑪在“导入文本向导”对话框中设置数据类型。依次指定“班级编号”、“班级名称”、“培养层次”、“班主任”的字段信息的数据类型为“文本”；设置“入学时间”的数据类型为“日期/时间”；设置“人数”的数据类型为“数字”，如图 19.7 所示，单击“下一步”按钮。

⑫在“导入文本向导”对话框中指定主键，选中“我自己选择主键”单选按钮，然后在其后的下拉列表中选择“班级编号”字段，如图 19.8 所示。然后单击“下一步”按钮。

⑬在“导入文本向导”对话框中，指定表的名称。在“导入到表”文本框中，输入“班级”，然后单击“完成”按钮。

⑭在导航窗格中右击“班级”表，在弹出的快捷菜单中选择“设计视图”命令，以设计视图打开班级表，按照表 19.2 的要求为每个字段设置字段长度和格式。

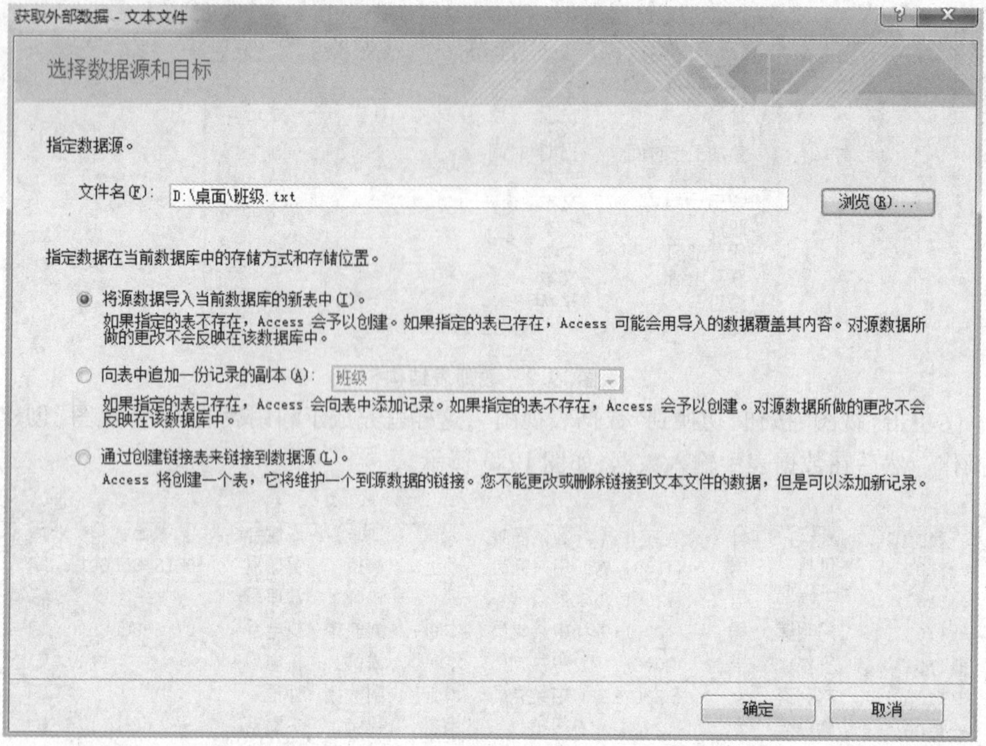

图 19.4　获取外部数据—文本文件

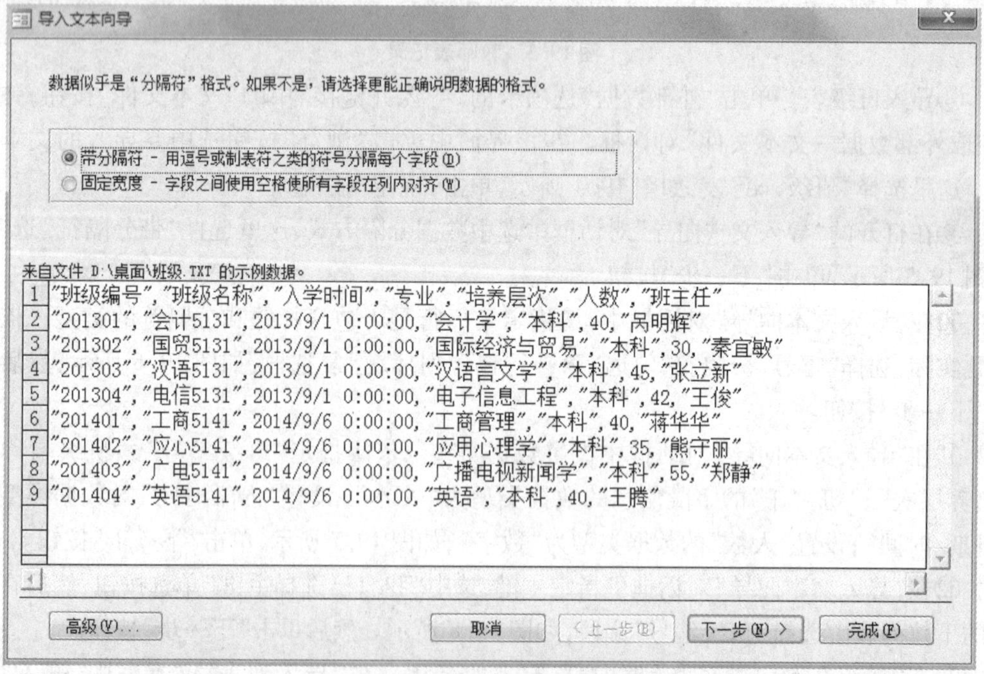

图 19.5　导入文本向导——设置数据分隔方式

⑮导入授课表。单击“外部数据”选项卡选择“导入并链接”中的“Excel”按钮，弹出“获取外部数据——Excel 电子表格”对话框。在该界面中单击“浏览”按钮选中要导入的

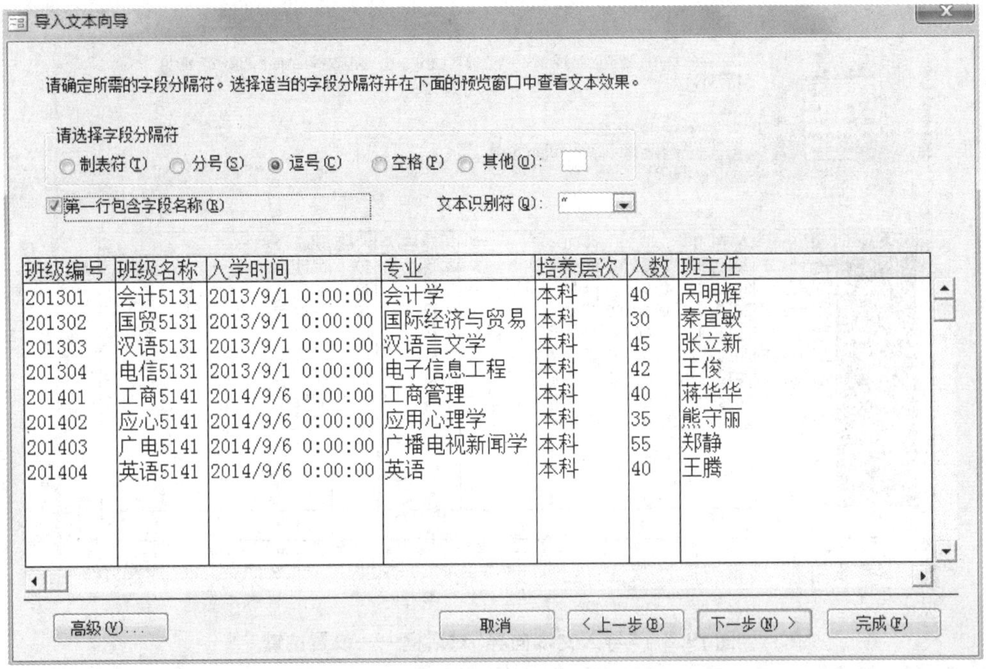

图 19.6 “导入数据表向导”对话框——指定标题行

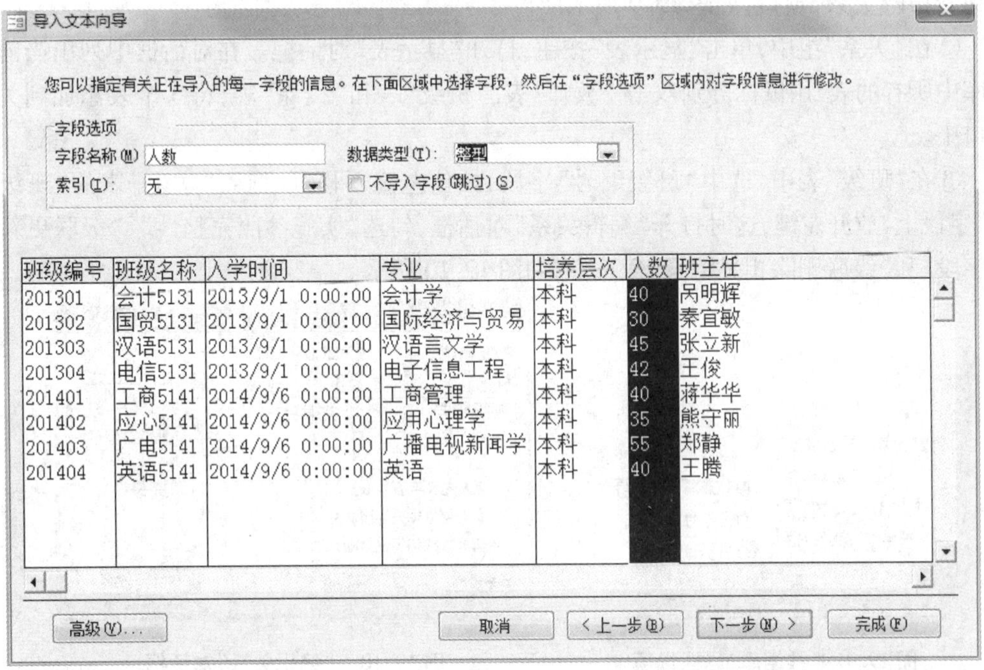

图 19.7 “导入文本向导”对话框——设置数据类型

电子表格文件。这里选择“授课. xlsx”表。

⑯参照⑨—⑭的步骤，完成授课表的创建。

注意：要为授课表设置主键。

(2)建立学生成绩管理数据库中 6 个表之间的关系。

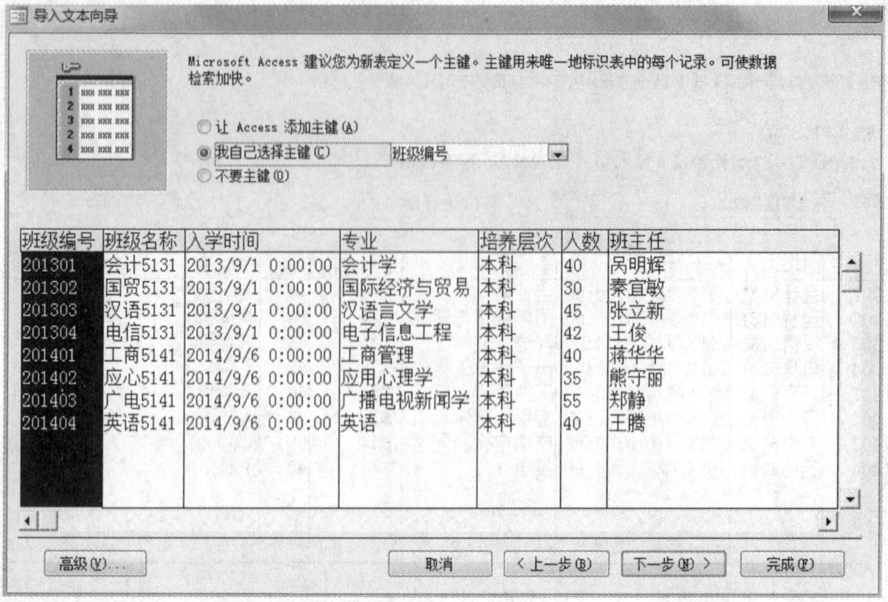

图 19.8 “导入文本向导”对话框——设置主键

①打开“学生成绩管理”数据库，在“数据库工具”选项卡的“关系”组中，单击“关系”按钮，打开“关系”窗口，如图 19.9 所示。

②在“关系”组中，单击“显示表”按钮，打开“显示表”对话框。在对话框中列出当前数据库中所有的表，用鼠标分别双击“教师”表、“班级”表和“授课”表，将 3 个表添加到关系窗口中。

③在“班级”表中，选中“班级编号”字段，按住左键不松开，拖到“学生”表的“班级编号”字段上，放开左键，这时打开“编辑关系”对话框，勾选“实施参照完整性”、“级联更新相关字段”和“级联删除相关记录”复选框，如图 19.10 所示。

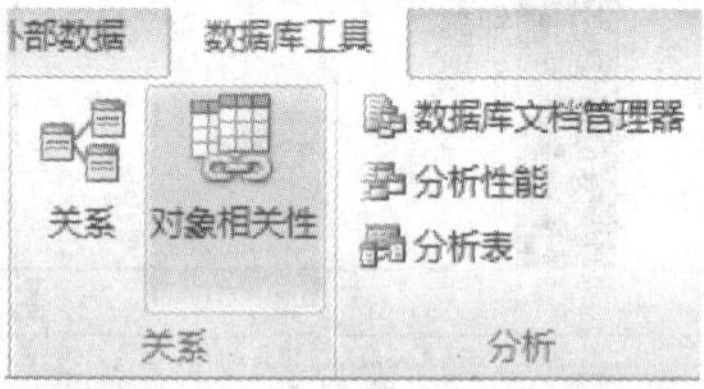

图 19.9 “数据库工具”选项卡

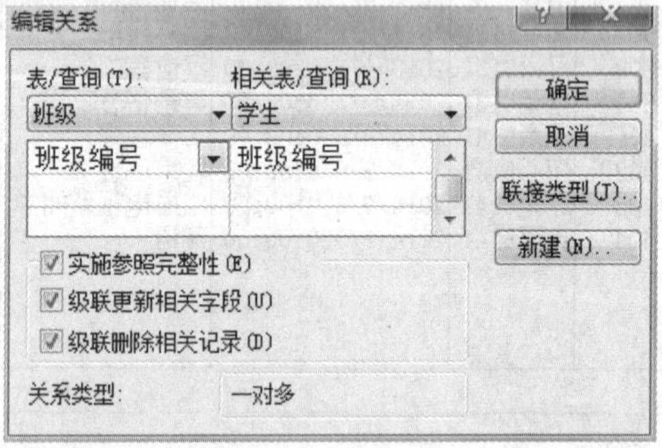

图 19.10 “编辑关系”对话框

④然后单击“创建”按钮，关闭“编辑关系”对话框，返回到“关系”窗口。在建立关系后，可以看到在两个表的相同字段之间出现了一条关系线，并且在“班级”表的一方显示“1”，在“学生”表的一方显示“∞”。

⑤重复步骤③，通过“教师编号”建立“教师”表和“授课”表的关系；通过“课程编号”建立“课程”表和“授课”表的关系。最后的效果如图 19.11 所示。

⑥保存关系。

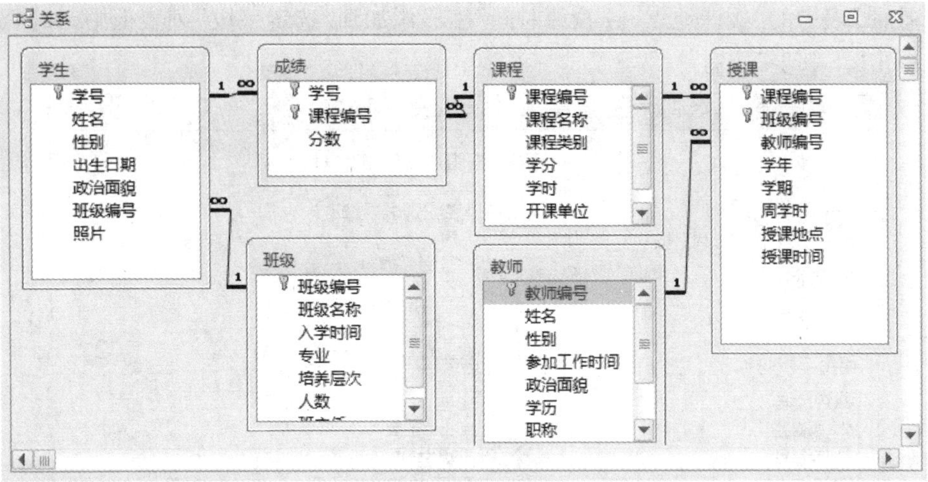

图 19.11 所有表的关系

(3)查询学生的上课课表。在结果中显示学生学号、学生姓名、课程名称、教师姓名、授课地点和授课时间信息。

分析:由于结果中出现的6个字段信息,涉及"学生"表、"课程"表、"教师"表和"授课"表,而且没有设置其他条件。可以使用查询向导来完成。

①打开"学生成绩管理"数据库,在"创建"选项卡的"查询"分组中,单击"查询向导"按钮。弹出"新建查询"对话框,选择"简单查询向导"选项,然后单击"确定"按钮。

②在弹出的"简单查询向导"对话框中,单击"表/查询"下拉列表框右侧的下拉按钮,从下拉列表框中选择"表:学生",这时"学生"表中的全部字段均显示在"可用字段"列表框中,如图 19.12 所示。然后分别双击"学号"、"姓名"字段。

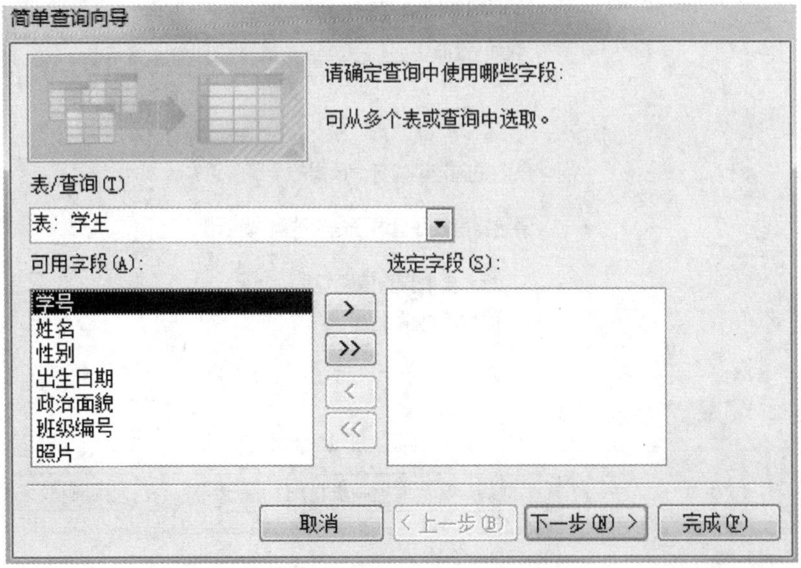

图 19.12 "简单查询向导"对话框

③重复上一步操作，将“课程”表中选择的“课程名称”字段、“教师”表中的“姓名”字段和“授课”表中的“授课地点”、“授课时间”字段添加到“选定字段”列表框中，如图 19.13 所示，单击“下一步”按钮。

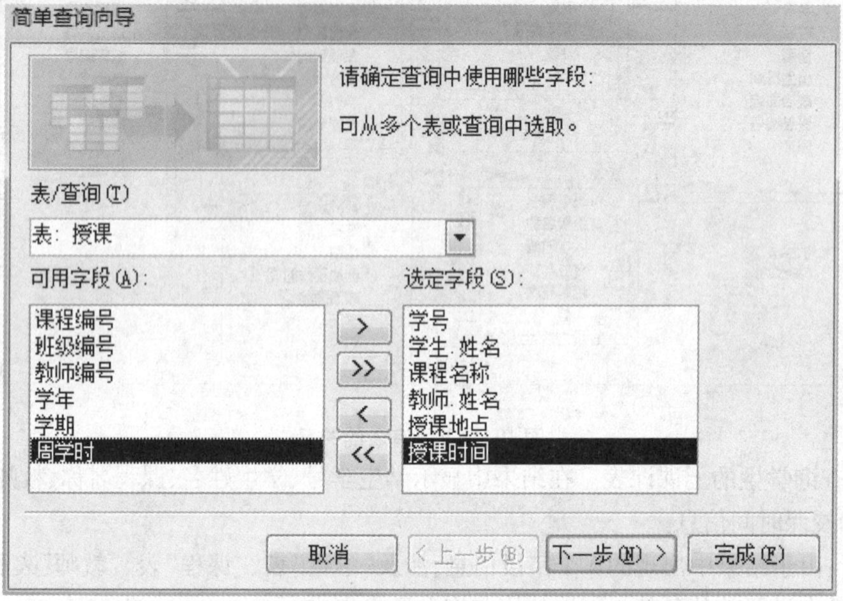

图 19.13 “简单查询向导”对话框——选中字段

④在弹出的对话框中为新建的查询取名为“教师查询 1”，选择“打开查询查看信息”，如图 19.14 所示，单击“完成”按钮，会显示查询的结果数据，将结果按学号排序，如图19.15 所示。

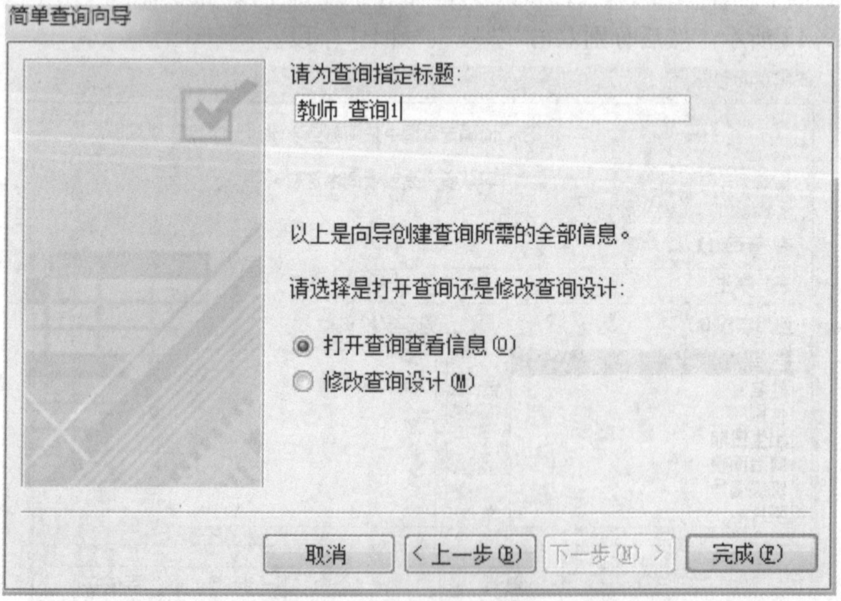

图 19.14 在“简单查询向导”中指定标题

(4)查询“呙明辉”老师授课的课程名、授课地点和授课时间。

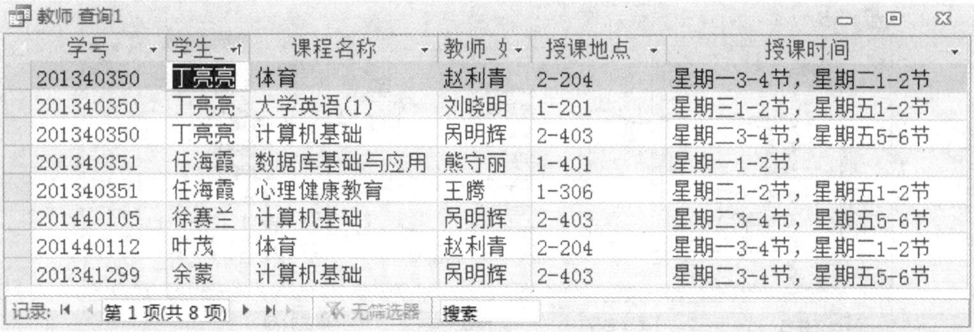

教师 查询1

学号	学生_	课程名称	教师_	授课地点	授课时间
201340350	丁亮亮	体育	赵利青	2-204	星期一3-4节，星期二1-2节
201340350	丁亮亮	大学英语(1)	刘晓明	1-201	星期三1-2节，星期五1-2节
201340350	丁亮亮	计算机基础	风明辉	2-403	星期二3-4节，星期五5-6节
201340351	任海霞	数据库基础与应用	熊守丽	1-401	星期一1-2节
201340351	任海霞	心理健康教育	王腾	1-306	星期二1-2节，星期五1-2节
201440105	徐赛兰	计算机基础	风明辉	2-403	星期二3-4节，星期五5-6节
201440112	叶茂	体育	赵利青	2-204	星期一3-4节，星期二1-2节
201341299	余蒙	计算机基础	风明辉	2-403	星期二3-4节，星期五5-6节

记录: 第 1 项(共 8 项) 无筛选器 搜索

图 19.15　教师查询 1 结果

分析:根据题意分析,教师姓名属于“教师”表、课程名称属于“课程”表、授课地点和授课时间属于“授课”表。该查询设置了条件,需要使用查询设计来完成。

①打开“学生成绩管理”数据库,单击“创建”选项卡“查询”组中的“查询设计”按钮,弹出“选择查询”设计视图窗口和“显示表”对话框。

②在“显示表”对话框中单击“表”选项卡,双击“教师”表、“课程”表、“授课”表,关闭“显示表”对话框,进入如图 19.16 所示的“选择查询”设计视图窗口。

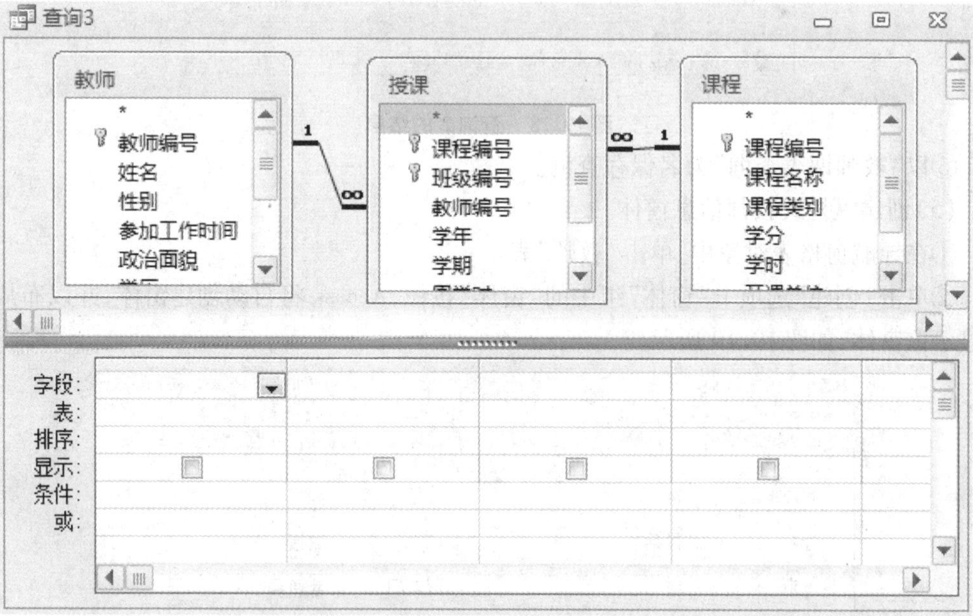

图 19.16　选择数据来源窗口

③双击“教师”表中的“姓名”字段,然后双击“课程”表中的“课程名称”字段,再双击“授课”表中的“授课地点”和“授课时间”字段,此时这 4 个字段显示在“设计视图”下面“字段”行的相应列中,在“表”行显示出这 4 个字段所在的表名,在“姓名”字段列的“条件”行输入查询条件“风明辉”,如图 19.17 所示。

④通过“文件”选项卡的视图分组中的“数据表视图”按钮,切换到数据表视图查看查询结果,如图 19.18 所示。

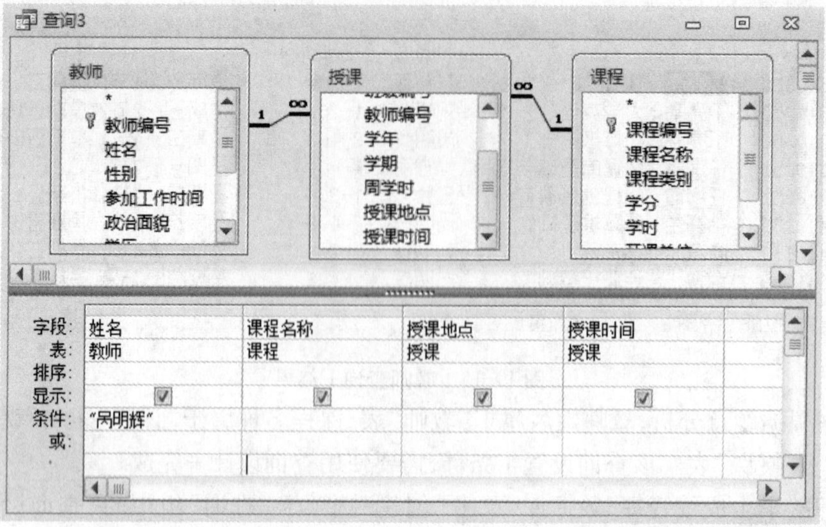

图 19.17　设置查询所需字段和条件

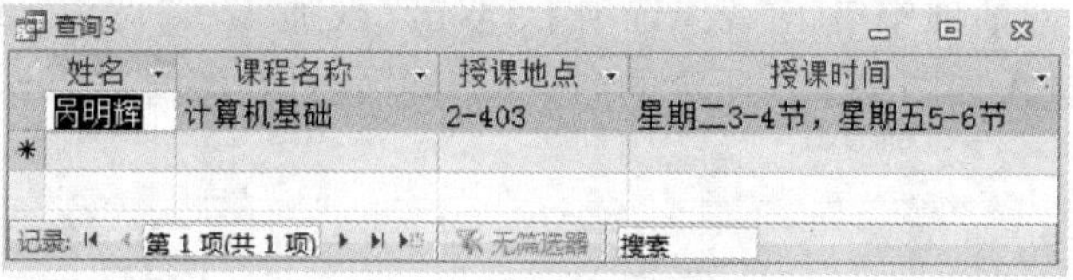

图 19.18　查询 2 的结果

⑤以“教师课表查询”为名保存查询。

(5)创建纵栏式教师信息窗体。

①在导航窗格表对象中,单击“教师”表。

②单击“创建”选项卡“窗体”组中的“窗体”按钮,Access 将自动创建窗体,并以布局视图显示该窗体,如图 19.19 所示。

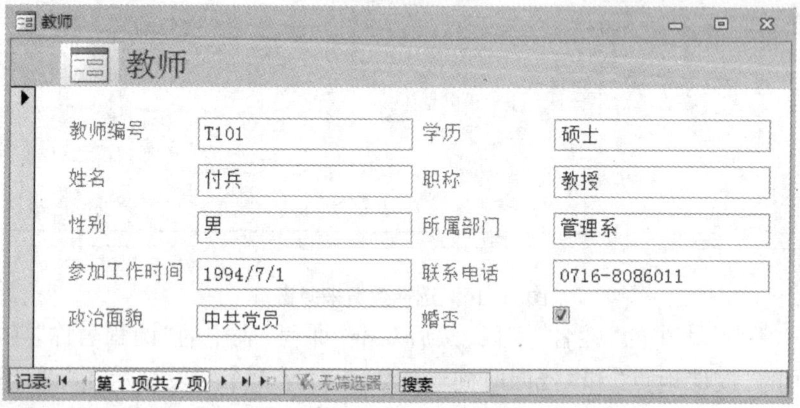

图 19.19　纵栏式教师窗体

③单击窗体下方的导航栏中的“上一条”纪录、“下一条”纪录按钮可以查看后面的记录信息或修改教师信息。单击“新纪录”按钮,则可以输入新教师的信息。

(6)按班级名称和政治面貌分组列出学生的学号、姓名、性别、出生日期等信息,最后形成报表。

分析:依据题目所提到的字段,涉及“班级”表和“学生”表。需要 2 次分组,并且是先按班级名称分组,然后再按政治面貌分组。

①打开“学生成绩管理”数据库,单击“创建”选项卡“报表”组中的“报表向导”命令,弹出“报表向导”对话框。

②在“表/查询”下拉列表框中指定报表的数据源,这里分别选择“班级”、“学生”作为数据源,添加“班级名称”、“学号”、“姓名”、“性别”、“出生日期”、“政治面貌”6 个字段,如图 19.20 所示,单击“下一步”按钮。

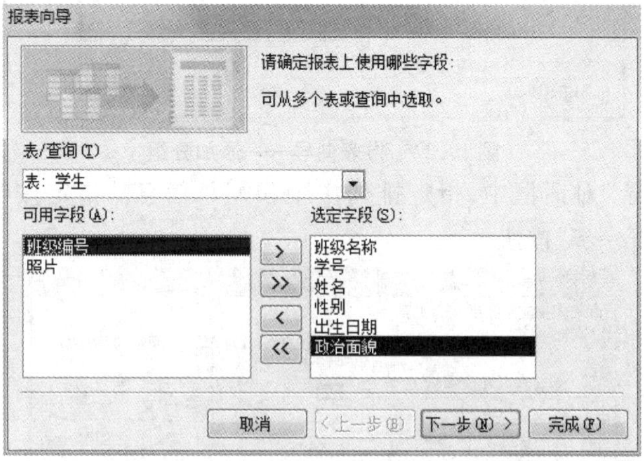

图 19.20 “报表向导”对话框——选择字段

③在“报表向导”对话框中,指定数据查看方式。由于该报表涉及多个表,所以需要指定以哪个表为主。此次选择通过“班级”,如图 19.21 所示,单击“下一步”按钮。

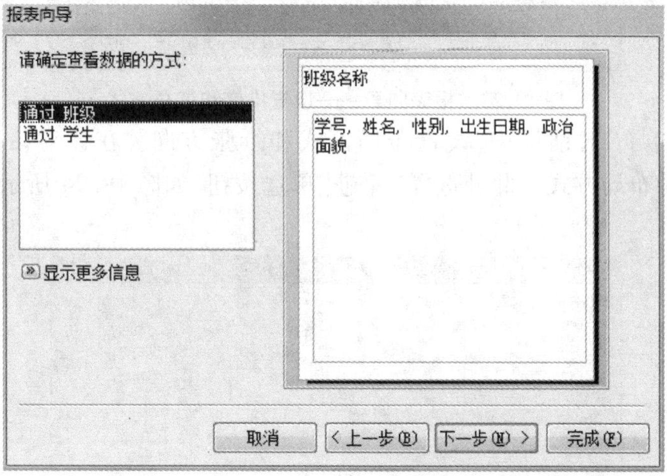

图 19.21 报表向导——指定查看数据方式

④在报表向导对话框中,指定分组级别,即是否要分组,若要分组就需要指定分组的字段。在本题中,我们已经在前一步中指定了数据查看方式,已经按“班级名称”分了组。根据任务需要,还要通过“政治面貌”分组,所以要双击“政治面貌”字段进行第 2 次分组,如

图 19.22 所示,单击“下一步”按钮。

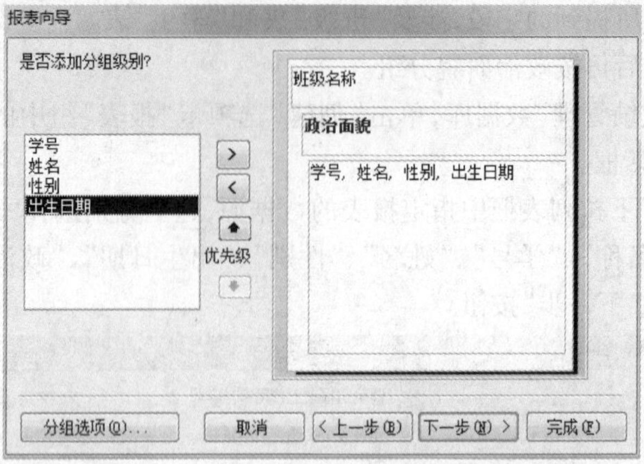

图 19.22　报表向导——添加分组

⑤在“报表向导”对话框中,指定排列次序和汇总信息。指定按“学号”升序,如图 19.23所示,单击“下一步”按钮。

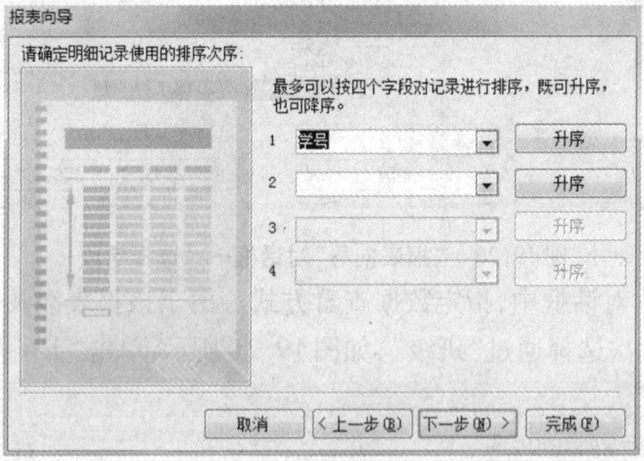

图 19.23　报表向导——设置排序和汇总方式

⑥在“报表向导”对话框中,设置布局方式和纸张方向。在该对话框中有“递进”、“块”、“大纲”3 种布局方式。此处选择“递进”单选按钮,如图 19.24 所示,单击“下一步”按钮。

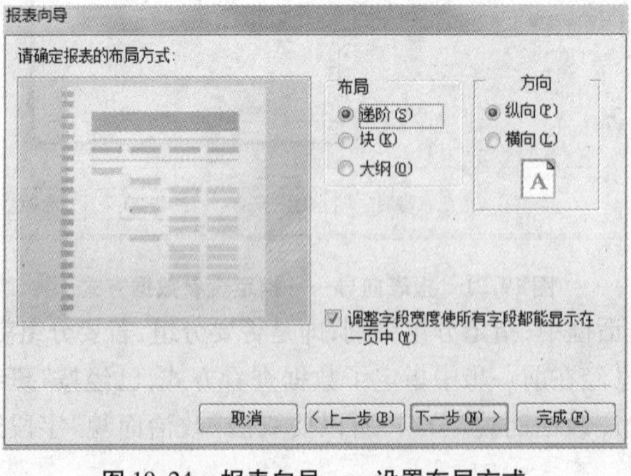

图 19.24　报表向导——设置布局方式

⑦在“报表向导”对话框中，设置报表的标题为“学生信息报表”，如图 19.25 所示，单击“完成”按钮，预览效果如图 19.26 所示。

⑧保存“学生信息报表”。

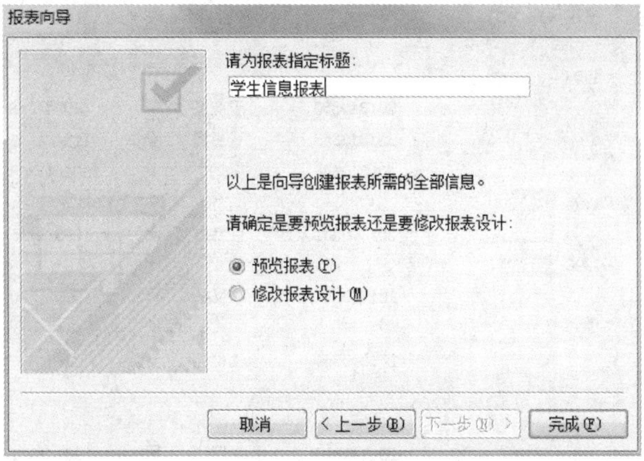

图 19.25　报表向导——指定报表标题

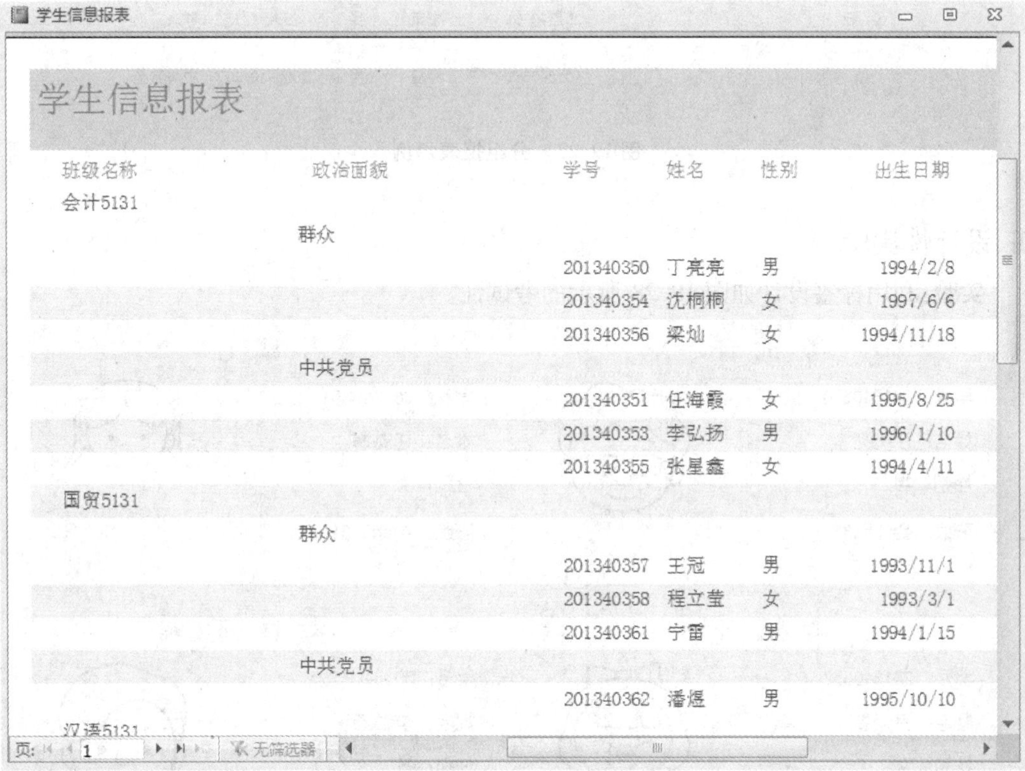

图 19.26　学生信息报表

三、验证性实验

实验：创建一个分组报表，要求将学生信息按班级名称、出生年份进行分组，在报表中显示学生的学号、姓名、性别、政治面貌信息，如图 19.27 所示。

分组统计报表

班级名称	出生日期 通过 年	学号	姓名	性别	出生日期	政治面貌
会计5131						
	1994					
		201340350	丁亮亮	男	1994/2/8	群众
		201340355	张星鑫	女	1994/4/11	中共党员
		201340356	梁灿	女	1994/11/18	群众
	1995					
		201340351	任海霞	女	1995/8/25	中共党员
	1996					
		201340353	李弘扬	男	1996/1/10	中共党员
	1997					
		201340354	沈桐桐	女	1997/6/6	群众
国贸5131						
	1993					
		201340357	王冠	男	1993/11/1	群众
		201340358	程立莹	女	1993/3/1	群众
	1994					
		201340361	宁笛	男	1994/1/15	群众
	1995					
		201340362	潘煜	男	1995/10/10	中共党员

图 19.27　分组报表示例

四、设计性实验

实验：利用标签设计如图 19.28 所示的考试证。

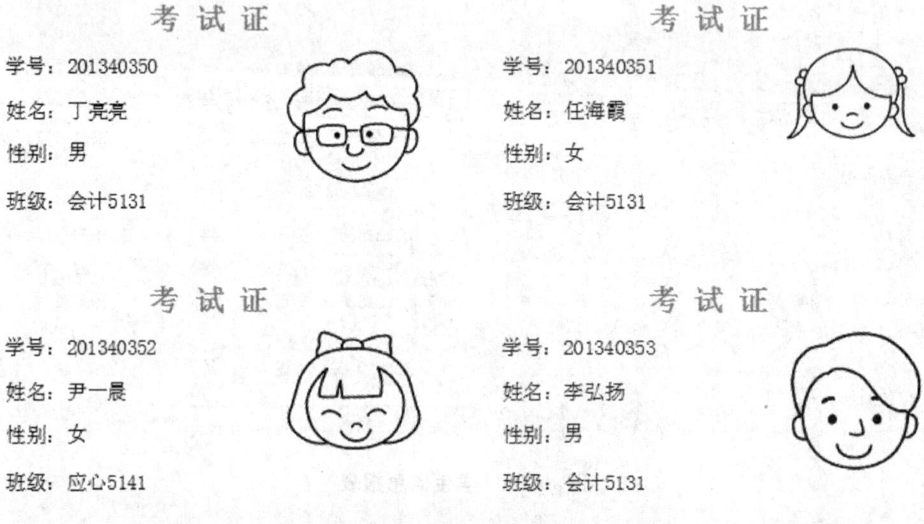

图 19.28　考试证示例

第 2 部分 常用的工具软件

日常工作和学习中经常要用到一些工具软件，这些软件能给工作和学习带来方便。这一部分将介绍一些常用的工具软件。

2.1 PDF 阅读器与 OCR 文字识别工具

每种格式的文件，都需要相应的软件才能打开。若要查看多种格式的文件，则必须安装多个软件，非常烦琐。能否将多种软件制作的文件保存成一种格式，方便用户查看呢？答案是肯定的。

Adobe 公司在其 PostScript 语言的基础上开发了一种规范的文件系统——PDF。PDF 的英文全称是（Portable Document Format，便携文件格式），PDF 文件的后缀名是.pdf。文件转成 PDF 有如下好处：

- 通用性——大多数软件设计的文件都可以转换成 PDF，如办公软件或各类设计软件。
- 安全性——PDF 不容易被变更或修改，能确保文件的安全性。
- 灵活性——PDF 克服了各种不同程序的不兼容和字体替换问题。PDF 文件中包含了所有的字体、图像、颜色和格式数据，令你无须受到印刷文件缺少字体或缺少图形的困扰。
- 高效性——文件转换成 PDF 后比原文件小，极方便于网上传输。
- 可靠性——文件内容与印刷品一致，降低其他设计文件转换成印刷用的格式时的损坏风险。
- 完整性——PDF 文件的外观同原始文档无异，保留了文件原有的格式、颜色、字体和图像，方便印刷前校对。
- 跨平台——不管是在 Windows、Unix 还是在 Mac OS 操作系统中显示效果都是相同的。

PDF 在电子网络中构筑了一个信息交流的桥梁，因此越来越多的电子图书、产品说明、公司文件、网络资料、电子邮件等开始使用 PDF 格式文件。

2.1.1 PDF 文件的创建

在 Office 2010 中就可以直接将 Word 文档、PPT 演示文稿另存为 PDF 格式的文件。Photoshop、CorelDRAW 等软件也可以直接另存为 PDF 格式的文件。不支持直接保存的其他软件可以使用虚拟打印机软件，打印生成 PDF 格式的文件，如使用虚拟打印机软件 PDF-

Creator 程序。用户安装 PDFCreator 程序后，选择 PDFCreator 作为打印机，将文件打印成 PDF 文件，如图 S.1 所示。

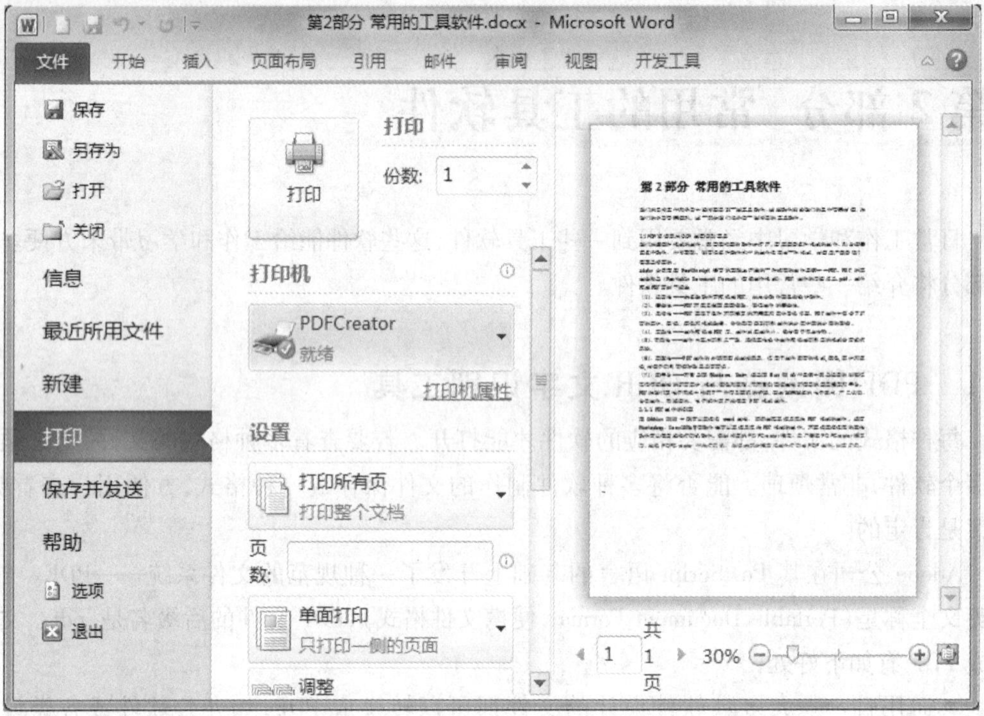

图 S.1 PDFCreator 打印生成 PDF 文件

2.1.2 浏览 PDF 文件

浏览 PDF 文件，需要使用 PDF 阅读器软件。通过百度搜索可知，阅读器的软件有很多种，如图 S.2 所示。

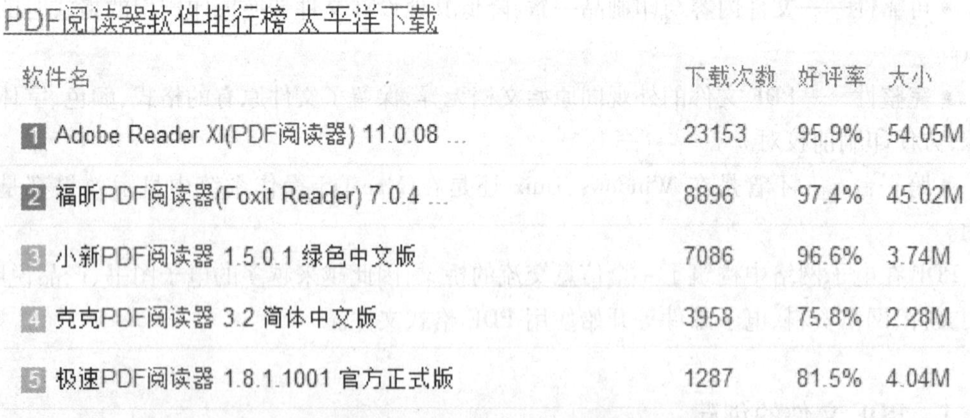

PDF阅读器软件排行榜 太平洋下载

软件名	下载次数	好评率	大小
1 Adobe Reader XI(PDF阅读器) 11.0.08 …	23153	95.9%	54.05M
2 福昕PDF阅读器(Foxit Reader) 7.0.4 …	8896	97.4%	45.02M
3 小新PDF阅读器 1.5.0.1 绿色中文版	7086	96.6%	3.74M
4 克克PDF阅读器 3.2 简体中文版	3958	75.8%	2.28M
5 极速PDF阅读器 1.8.1.1001 官方正式版	1287	81.5%	4.04M

图 S.2 PDF 阅读器软件使用排行榜

这些软件的使用方法是类似的。打开 PDF 文件后，不仅可以浏览缩放、标记、打印，还可以复制 PDF 文件中的文字（有一些不能复制）。现在以国产软件“福昕 PDF 阅读器”为例介绍使用方法。

福昕阅读器(Foxit Reader)由福建福昕软件开发股份有限公司开发,拥有自主知识产权,小巧快速,安装方便,允许浏览、审阅以及打印任何 PDF 文档,可以抵抗各种流氓软件或恶意攻击,为用户提供快速、流畅、安全的阅读体验。

1)软件的获取

可以从官方网站 http://www.foxitsoftware.cn/products/reader/index.php 下载。

2)软件的安装与注册

(1)双击下载的最新版本 FoxitReader704.916_zh_cn_Setup.exe 文件。弹出"打开文件-安全警告"对话框,单击"运行"按钮,如图 S.3 所示。

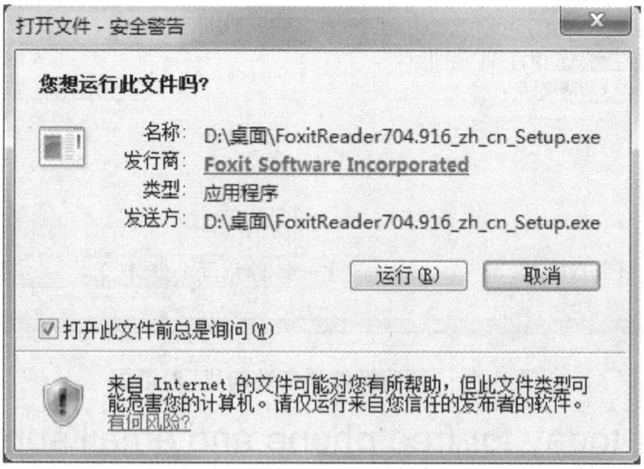

图 S.3 "打开文件-安全警告"对话框

(2)弹出福昕阅读器安装向导。按照提示逐步安装,期间会出现安装选项界面,如图 S.4所示。

(3)安装完成后,会提示注册。单击"注册"按钮,打开网站,输入注册信息,以便获得更好的服务,如图 S.5 所示。

3)基本操作

福昕阅读器采用 Microsoft Office 2013 设计风格,支持 Ribbon 工具栏模式,界面清楚明了,给用户提供类似于 Microsoft Office 的使用体验,如图 S.6 所示。从界面可以看出福昕阅读器不仅可以查看、打印 PDF 文件,还可以创建 PDF 文件,为 PDF 文件添加注释,填写表单。

(1)打开文件。单击"文件"选项卡中的"打开"命令,在"打开"对话框中,选择一个或多个文件后,单击"打开"按钮。

(2)页面缩放。文件打开后,通过"主页"选项卡"视图"组中的显示比例可以调整缩放比例。

(3)文字复制、截图。可以将 PDF 文件中的文字选择后复制,然后粘贴到其他软件中使用。单击"主页"选项卡"工具"组中的"选择文本"按钮,然后在正文部分选择文字,右击,在弹出的快捷菜单中选择"复制"命令,如图 S.7 所示。单击"主页"选项卡"工具"组中的"截图"按钮,可以将正文截取为图片。

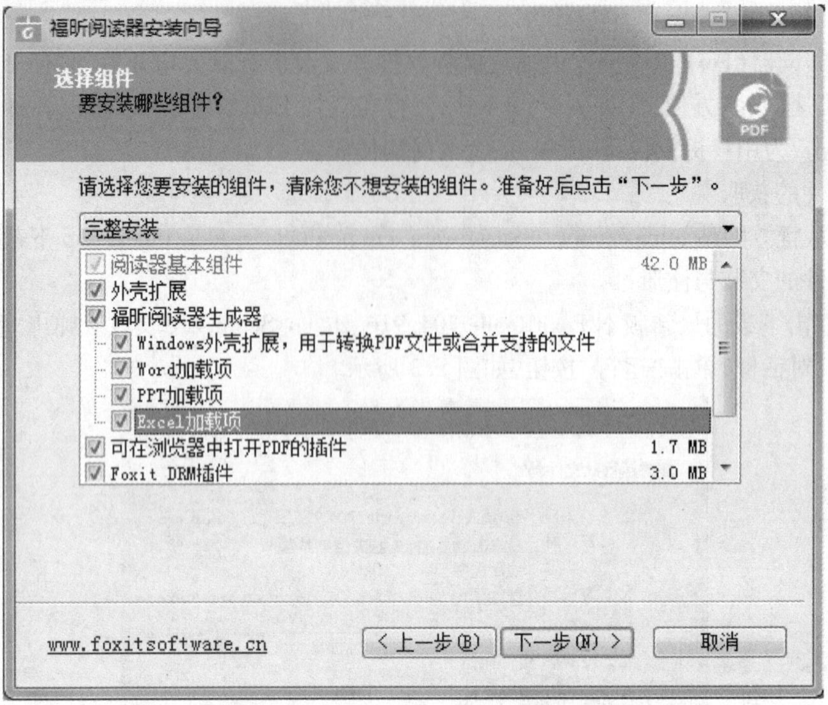

图 S.4 “福昕阅读器安装向导”对话框

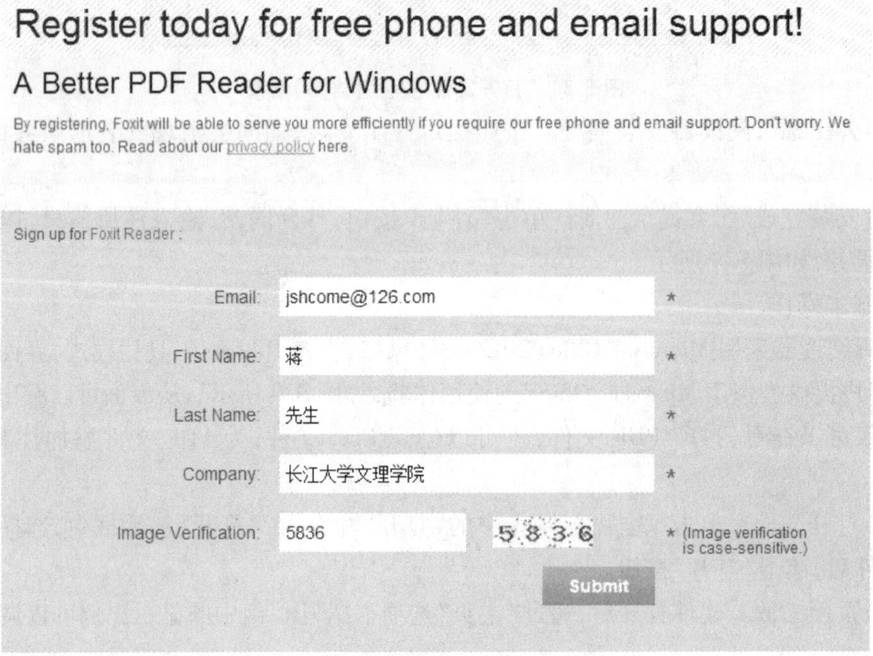

图 S.5 福昕阅读器注册

(4)添加注释。可以在 PDF 文件中插入图形、文本等信息，可以使用“注释”选项卡中提供的各种工具。

(5)朗读文件。单击“视图”选项卡“助手”组中的“读取”按钮，可以选择朗读文件，如

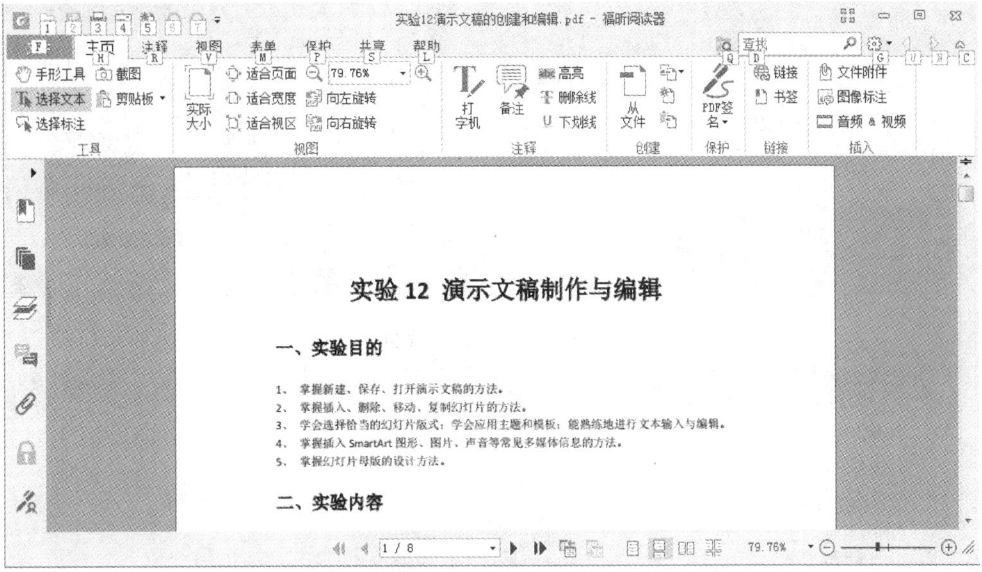

图 S.6　福昕阅读器工作界面

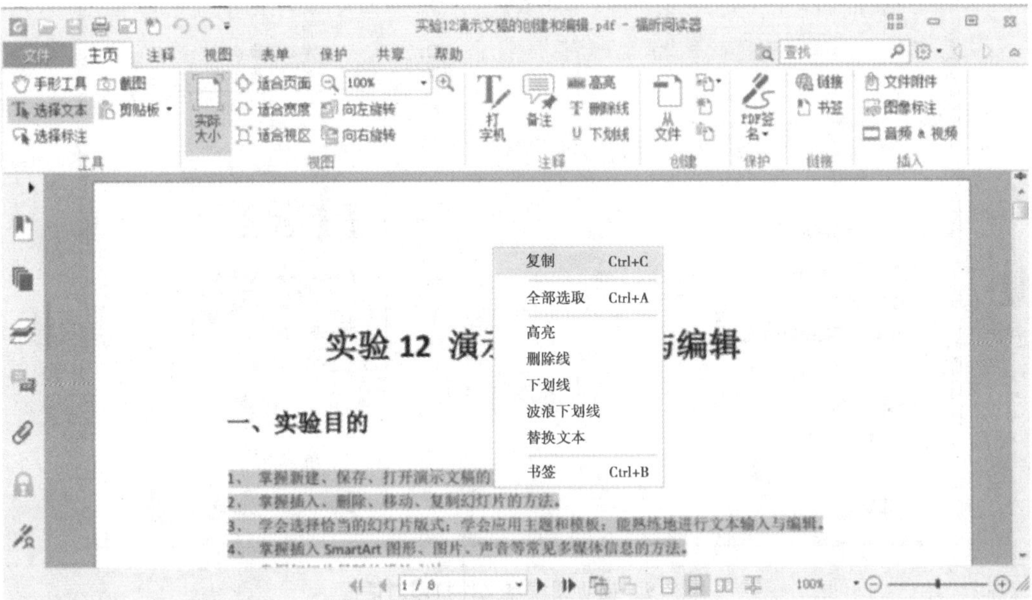

图 S.7　文本复制

图 S.8 所示。

(6)文件的打印。单击“文件”选项卡中的“打印”命令，弹出“打印”对话框。在该对话框中可以设置打印机、打印份数、打印范围、页面缩放等，如图 S.9 所示。

2.1.3　OCR 文字识别工具

在前面介绍的 PDF 阅读器中，有从 PDF 文件中复制文本的功能。但有些 PDF 文件不能复制文字。出现这种情形的原因有 2 个，一个是部分 PDF 文件设置了安全保护，禁止复

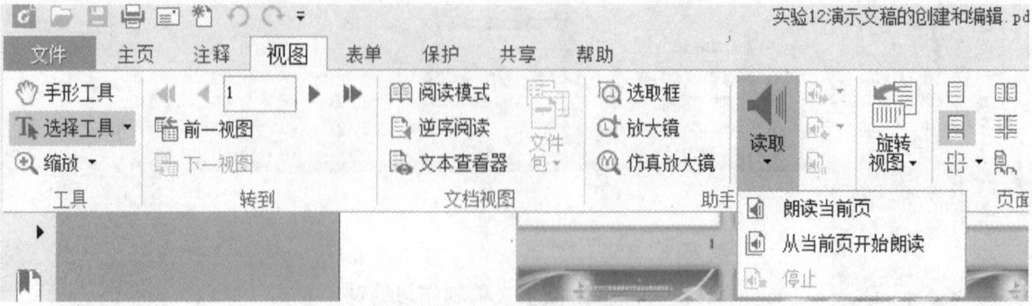

图 S.8　朗读 PDF 文件

图 S.9　福昕阅读器文件打印对话框

制，另一个是 PDF 文件是由扫描的图像创建的，文字即图像。前者，可以使用 PDF 密码破解软件破解密码。后者可以采用 OCR 文字识别工具从图像中提取文本。

OCR（Optical Character Recognition，光学字符识别）是指电子设备（例如扫描仪或数码相机）检查纸上打印的字符，通过检测明暗的模式确定其形状，然后用字符识别方法将形状翻译成计算机文字的过程。即针对印刷体字符，采用光学的方式将纸质文档中的文字转换成为黑白点阵的图像文件，并通过识别软件将图像中的文字转换成文本格式，供文字处理软件进一步编辑加工的技术。当然受图像的质量、颜色、字体等因素的影响，文字识别还不能做到 100% 的正确，有时还需要人工干预校正，较好的可以达到 85% 以上的识别率。

通过百度可知 OCR 文字识别工具软件有很多种，有免费、付费的，有英文的、中文的，如汉王、微软的 OneNote 等。也有很多软件自带了文字识别的插件，如 Office Document Imaging、中国知网的 CAJViewer。

下面以中国知网的 CAJViewer 为例来介绍 OCR 的使用。

中国知网（http://www. cnki. net/）是面向海内外读者提供中国学术文献、外文文献、学位论文、报纸、会议、年鉴、工具书等各类资源统一检索、统一导航、在线阅读和下载服务的平台。中国知网的文献资料，主要提供 PDF 格式、CAJ 格式两种下载方式。为了阅读 CAJ、KDH、NH 等格式文件，需要安装 CAJViewer7.2 阅读器，该阅读器也能打开 PDF 格式文件。

1）软件的获取与安装

在知网首页的下载中心下载（http://cajviewer. cnki. net/download. html），如图 S. 10 所示。

下载完成后直接运行安装，按默认的选项直到安装完毕即可。

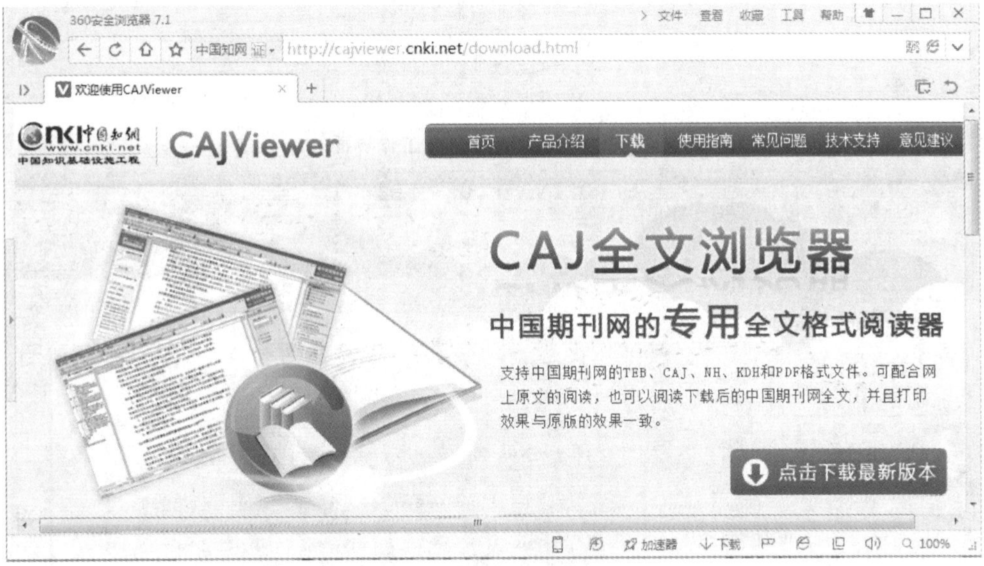

图 S. 10 CAJViewer 下载页面

2）基本操作

启动 CAJViewer7.2 程序，通过“文件”菜单中的“打开”命令打开一个文档，开始浏览该文档，这个文档必须是以 CAJ、PDF、KDH、NH、CAA、TEB 为后缀名的文件类型，界面如图 S. 11所示。

（1）缩放。主页面上的文档，其显示比率可以调整，默认情况下是实际大小。比率值在主页面下方的工具条上显示，只显示百分号前的整数值。

在显示百分比的编辑控件里，直接输入新的百分比值（不包含百分号），按下键盘的回车键，主页面上的文档的显示比率将随之调整，但是最小不会小于 25%，最大不会大于 6 400%。

（2）标注。单击菜单项“查看标注”，即可在当前文档的主页面左边出现标注管理的窗口，在该窗口下，可以显示并管理当前文档上所作的所有标记，如图 S. 12 所示。

（3）文本的识别。单击工具栏上的文字识别按钮，光标变成（+），按下鼠标左键并

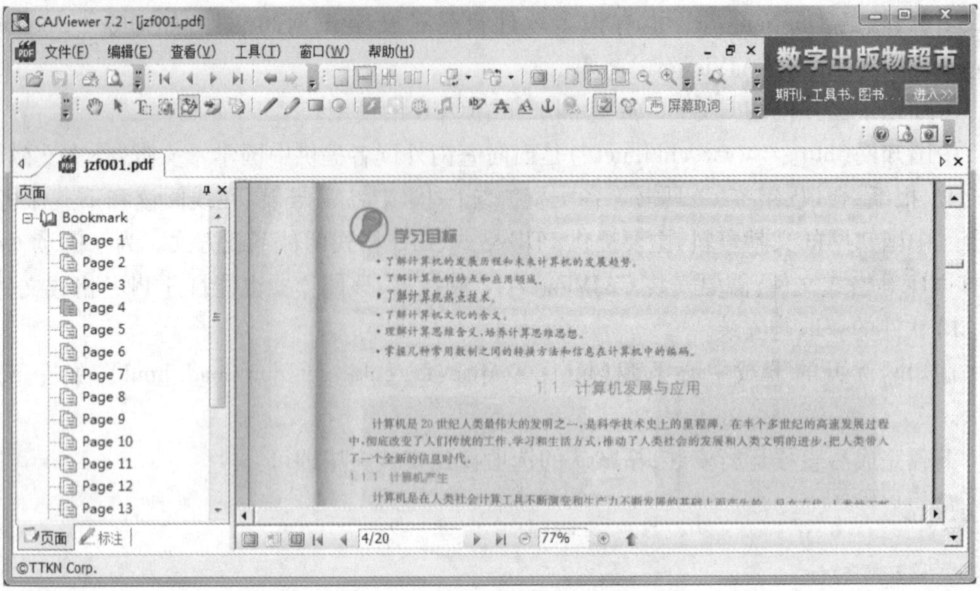

图 S.11 CAJViewer7.2 工作界面

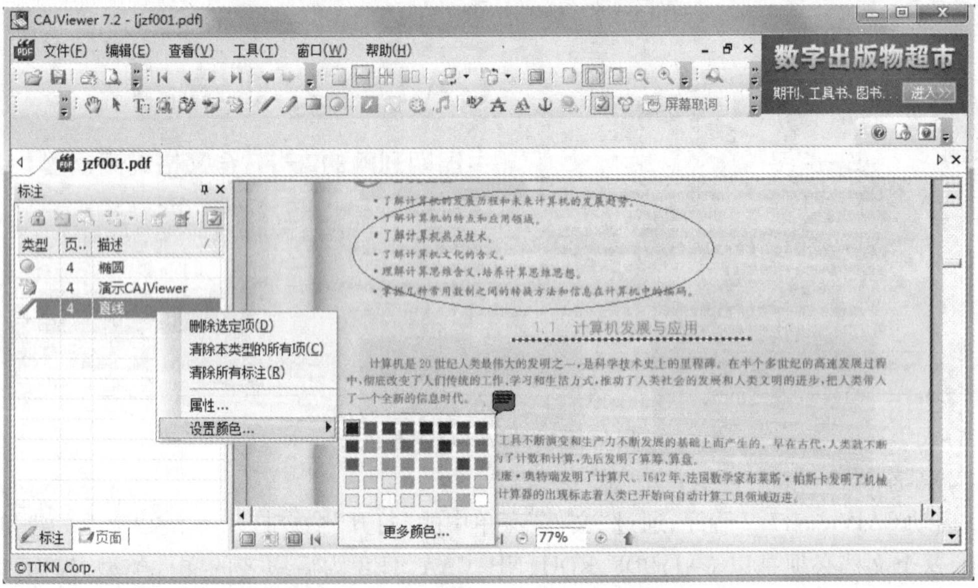

图 S.12 CAJViewer7.2 标注的使用

拖动，可以选择一页上的一块区域进行识别，识别结果将在“文字识别结果”对话框中显示，如图 S.13 所示。可以编辑对话框中的文本，确保正确率。如果单击对话框中的“复制到剪贴板”按钮，编辑后的所有文本都将被复制到 Windows 系统的剪贴板上，再将识别结果粘贴到其他文本编辑软件中。如果单击“发送到 WPS/WORD”按钮，则将结果保存到新的 Word 文档中。为了提高识别的正确率，在选择识别区域时，最好确保文字都在选择框内。

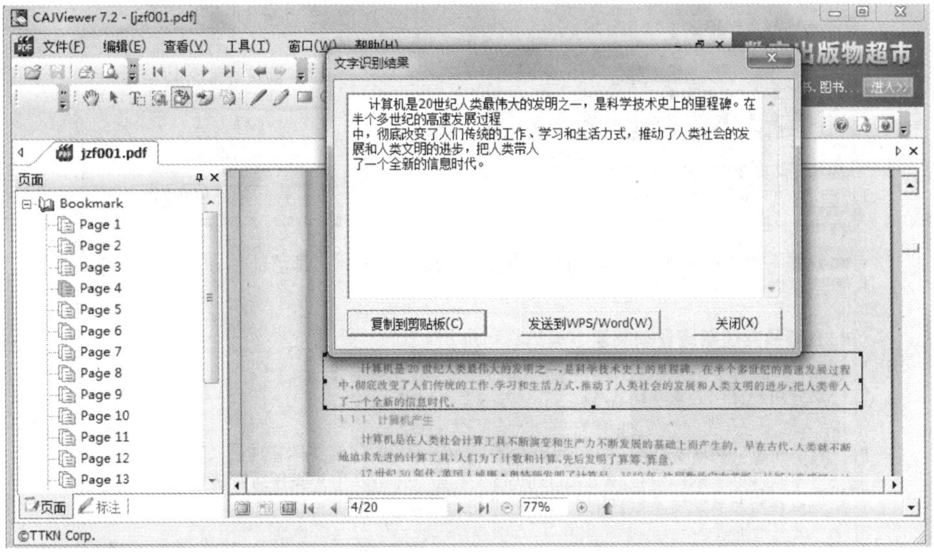

图 S.13　CAJViewer7.2 文字识别

2.2　文件解压缩软件

当前大家身处一个信息爆炸的时代，每天接收或发送到的信息很多。一方面经常要在网络中传输文件，另一方面也要将一些有收藏价值的文件保存起来。计算机中的每个文件都会占用一定的磁盘空间，那如何依靠网络高效、便捷地传递文件，如何让计算机中保存的文件更多呢？压缩软件可以解决这个问题，它通过对原来的文件进行压缩处理，使得文件占用的存储空间减少，达到节约存储空间和提高传输效率的目的。

压缩软件有许多种，如 WinRAR、好压压缩软件（HaoZip）、360 压缩、WinZip 等。

WinRAR 是在 Windows 的环境下对.rar 格式的文件（经 WinRAR 压缩形成的文件）进行管理和操作的一款功能强大的压缩软件。在某些情况下，它的压缩率比 WinZip 还要大。WinRAR 的一大特点是支持很多压缩格式，除了.rar 和.zip 格式（经 winZip 压缩形成的文件）的文件外，WinRAR 还可以为许多其他格式的文件解压缩，同时，使用这个软件也可以创建自解压可执行文件。现在，简要介绍这个软件的应用。

2.2.1　WinRAR 的获取和安装

1）软件的获取

可以从 WinRAR 的中国官网 http://www.winrar.com.cn/下载，也可以从其他专业网站下载。

2）安装

（1）双击下载的 wrar520sc.exe 文件，就会出现如图 S.14 所示的安装界面。在目标文件夹中选择安装路径，然后再单击“安装”按钮。

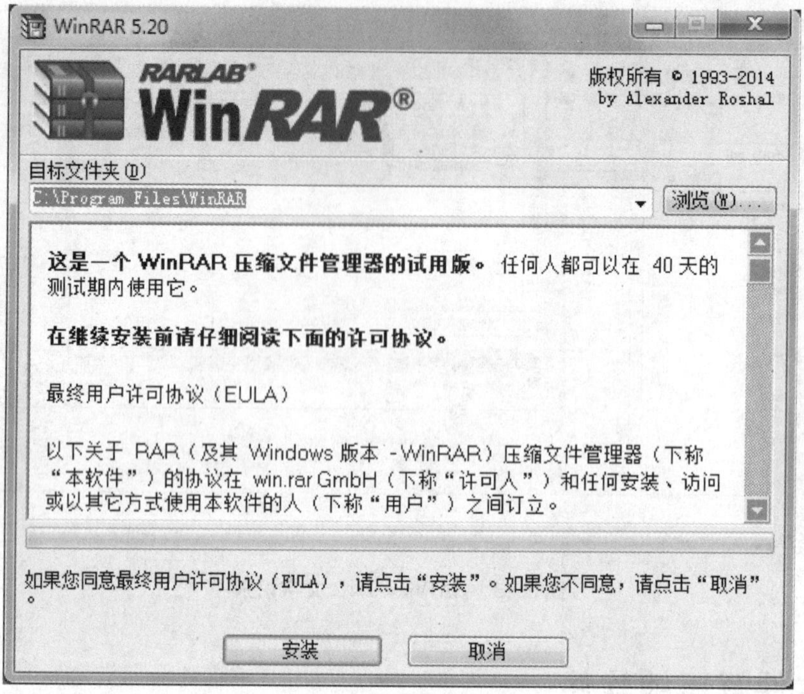
WinRAR 5.20
RARLAB
WinRAR®
版权所有 © 1993-2014
by Alexander Roshal
目标文件夹(D)
C:\Program Files\WinRAR
浏览(W)...
这是一个 WinRAR 压缩文件管理器的试用版。任何人都可以在 40 天的测试期内使用它。
在继续安装前请仔细阅读下面的许可协议。
最终用户许可协议(EULA)
以下关于 RAR(及其 Windows 版本 -WinRAR)压缩文件管理器(下称“本软件”)的协议在 win.rar GmbH(下称“许可人”)和任何安装、访问或以其它方式使用本软件的人(下称“用户”)之间订立。
如果您同意最终用户许可协议(EULA),请点击“安装”。如果您不同意,请点击“取消”。
安装
取消

图 S.14 WinRAR 安装界面

(2)接着会弹出“WinRAR 简体中文安装”选项对话框,如图 S.15 所示。第 1 组选项允许选择可以 WinRAR 关联的文件类型,表示 WinRAR 支持的多种压缩文件格式;第 2 组选项“界面”用来选择放置 WinRAR 可执行文件链接的地方;第 3 组选项“外壳整合设置”用来设置在快捷菜单可以出现哪些 WinRAR 的命令选项。一般使用默认设置即可。

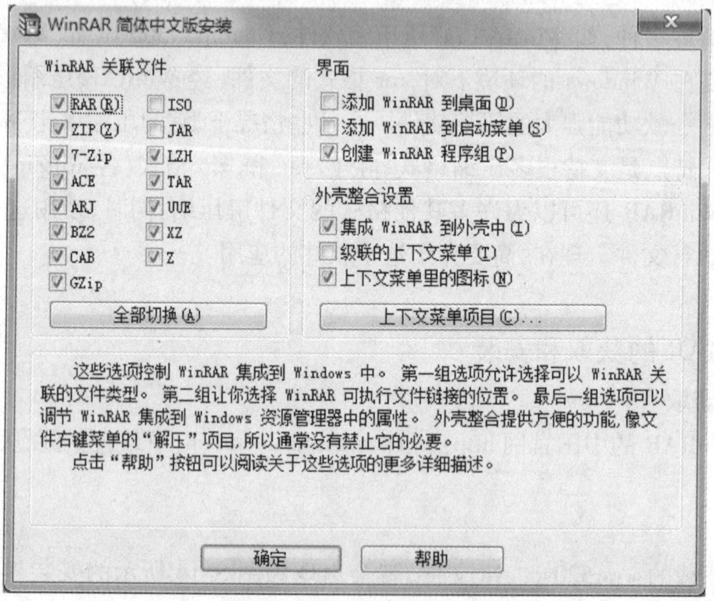
WinRAR 简体中文版安装
WinRAR 关联文件
RAR(R)
ZIP(Z)
7-Zip
ACE
ARJ
BZ2
CAB
GZip
ISO
JAR
LZH
TAR
UUE
XZ
Z
全部切换(A)
界面
添加 WinRAR 到桌面(D)
添加 WinRAR 到启动菜单(S)
创建 WinRAR 程序组(P)
外壳整合设置
集成 WinRAR 到外壳中(I)
级联的上下文菜单(T)
上下文菜单里的图标(N)
上下文菜单项目(C)...
这些选项控制 WinRAR 集成到 Windows 中。第一组选项允许选择可以 WinRAR 关联的文件类型。第二组让你选择 WinRAR 可执行文件链接的位置。最后一组选项可以调节 WinRAR 集成到 Windows 资源管理器中的属性。外壳整合提供方便的功能,像文件右键菜单的“解压”项目,所以通常没有禁止它的必要。
点击“帮助”按钮可以阅读关于这些选项的更多详细描述。
确定
帮助

图 S.15 “WinRAR 简体中文版安装”选项对话框

(3)最后单击“完成”按钮,完成 WinRAR 的安装。

2.2.2 WinRAR 基本操作

1)压缩文件

WinRAR 支持鼠标快捷菜单功能,在需要压缩的文件或文件夹上单击鼠标右键,弹出如图 S.16 所示的快捷菜单,选择对应的命令进行压缩。

图 S.16 压缩文件快捷菜单选项

(1)添加到 xxx. rar:就是快速地在当前位置创建一个与文件同名的压缩文件。图 S.16 所示的就是右击“PPT 文件夹”后弹出的快捷菜单,若选择“添加到 PPT. rar”,则会创建一个名为 PPT. rar 的文件。

(2)添加到压缩文件…:利用对话框设置各项参数创建压缩文件。在该对话框中可以设置文件格式、文件名、文件保存位置、添加密码等信息,如图 S.17 所示。

在“压缩文件名和参数”对话框的常规选项卡中,可以利用“浏览”按钮选择文件保存位置、重新输入压缩文件名。“压缩选项”中最常用的是“创建自解压格式压缩文件”,自解压格式压缩文件的后缀名是 exe,该类文件解压时,可以脱离 WinRAR 软件自行解压。单击“设置密码”按钮弹出对话框,用于设置密码,如图 S.18 所示。

(3)压缩并 E-mail 和 压缩到 xxx. rar 并 E-mail:这 2 项命令与前述 2 项是类似的,只是压缩后,再用 E-mail 发送到指定邮箱中。

2)解压文件

在压缩文件上单击鼠标右键,弹出如图 S.19 所示的快捷菜单,包含 3 个解压命令。

(1)解压到当前文件夹:将文件解压到当前文件夹中,此时文件或文件夹的名称与压缩

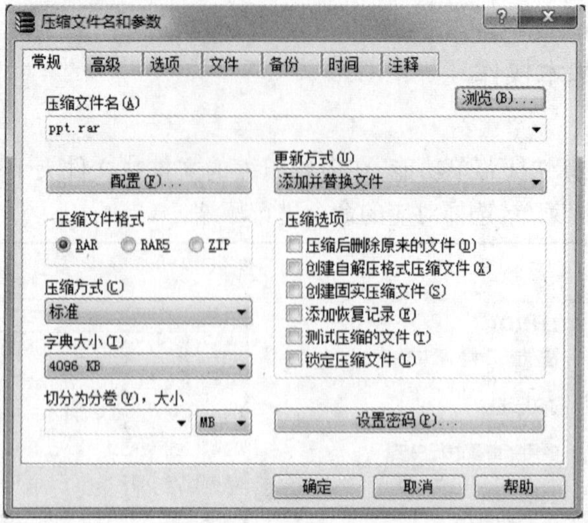

图 S.17　设置“压缩文件名和参数”对话框

图 S.18　设置压缩文件密码对话框

文件相同。

(2)解压到 xxx：首先在当前文件夹中新建一个同名的文件夹，然后将压缩文件解压到新建的文件夹中。

(3)解压文件：弹出“解压路径和选项”对话框，如图 S.20 所示。在该对话框中主要是设置解压文件的保存路径和文件名称。对话框中的“更新方式”和“覆盖方式”提供的是解压文件与以往的文件同名时的处理方式。

3)分卷压缩

在网络中部分网站限制了单个传输文件的大小，压缩时可以利用“切分为分卷”方式，将大文件分卷压缩为多个小文件，方便传输。

操作方法如下：

(1)右击要分卷压缩的文件，从弹出的快捷菜单中选择“添加到压缩文件”。

图 S.19　解压文件快捷菜单选项

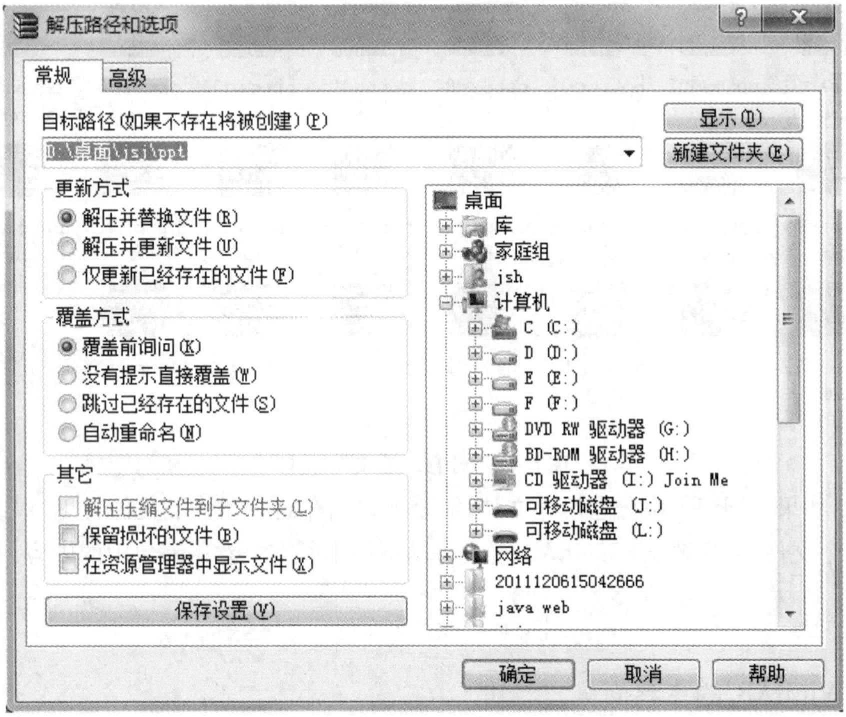

图 S.20　“解压路径和选项”对话框

(2)在“压缩文件夹名和参数”窗口中设置压缩分卷的大小，以字节为单位，例如压缩分卷大小为 5 MB，如图 S.21 所示。

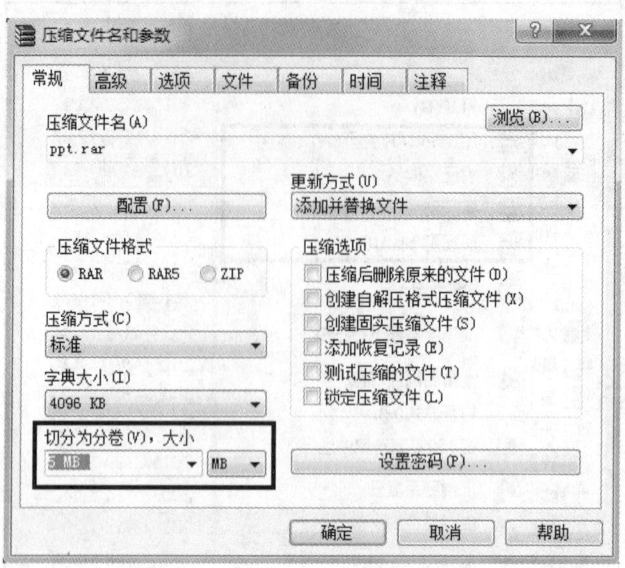

图 S.21　设置“切分为分卷”选项

(3)分卷压缩后的文件,以数字为后缀名,如.part01,.part02……如图 S.22 所示。

图 S.22　分卷压缩文件样式

说明:如果从网络下载分卷压缩文件,需要把它们存放到同一个文件夹里,双击压缩包的任意 1 个文件,然后解压, WinRAR 就会自动解压出所有分卷压缩包中的内容,并合并成一个文件。

2.2.3　WinRAR 的主界面

对文件进行压缩和解压的操作,在快捷菜单中的功能就足以胜任了。WinRAR 还提供了测试、修复压缩文件、扫描病毒等功能,这些功能在 WinRAR 的主界面中进行操作,主界面如图 S.23 所示。下面对主界面中的各个按钮做简单说明。

“添加”按钮:添加新文件到压缩文件中。

“解压到”按钮:是将文件解压到指定位置。

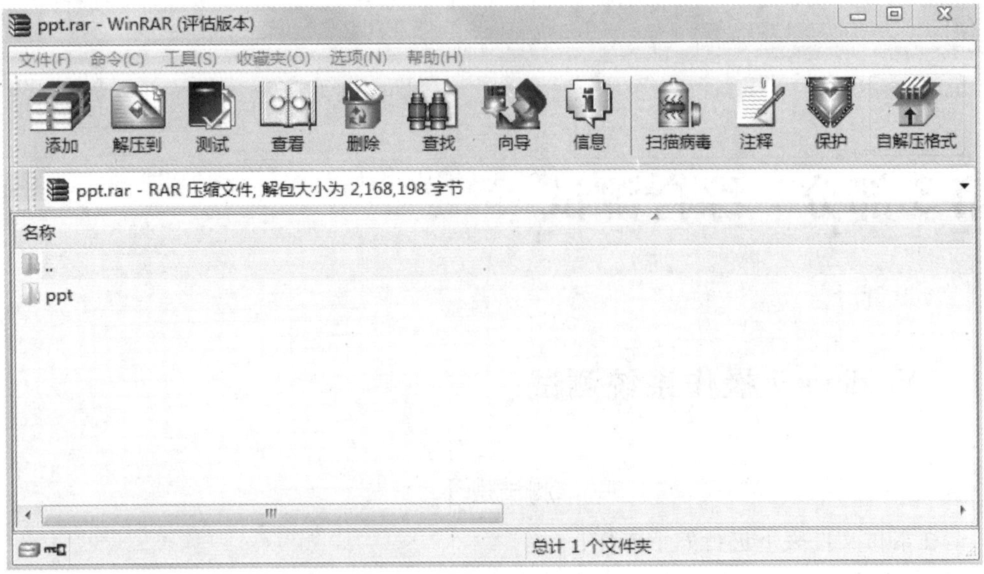

图 S. 23　WinRAR 工作界面

"测试"按钮:测试当前压缩包是否有缺损,并显示测试结果。

"查看"按钮:显示选定文件中的内容。

"删除"按钮:删除选定的文件。

"扫描病毒"按钮:借助系统安装的杀毒软件,扫描压缩文件中是否有病毒。

"注释"按钮:为压缩文件添加注释。

"保护"按钮:保护压缩文件不被损坏。

"自解压格式"按钮:将压缩文件转换成自解压格式。

"修复":修复损坏的压缩文件。

第3部分 综合测试

3.1 Windows 7 操作系统测试

测试题 1

请在素材文件夹下进行如下操作：

(1)打开素材文件夹下的 api110 文件夹下的 gui110. txt 文件,在文件的最后另起一段输入:"构建一个反应灵敏的用户界面"(不包括双引号),保存后退出。

(2)在桌面上为 gui110. txt 文件建立名称为"gui110"的快捷方式。

(2)将素材文件夹下的 set110. txt 文件设置为"只读"属性。

(3)将素材文件夹下的 wast110. scr 文件删除。

测试题 2

在 d 盘建立如图 T. 1 所示的文件(夹),并对文件完成以下操作：

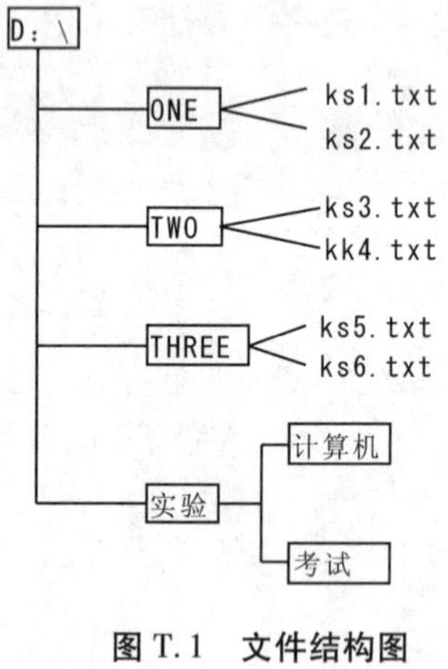

图 T. 1　文件结构图

(1)在 d 盘下新建 ONE 文件夹,并在该文件夹中新建 ks1. txt 和 ks2. txt。然后按照图示新建其他的文件夹和文件。

(2)将 ks1. txt 复制到"计算机"文件夹中。

(3)将 ks3. txt 移动到"计算机"文件夹中,并重命名为 kk3. txt。

(4)将 ks2. txt 的属性更改为:"只读"和"隐藏"。

(5)将 kk4. txt 和 THREE 删除到回收站。

(6)在 c 盘新建"计算机"文件夹,并将 ONE 和 TWO 复制到该文件夹中,将"实验"文件夹移动到 c 盘的"计算机"文件夹中 。

(7)在本系统中,查找名为"NOTEPAD"的文件,并为其在桌面上建立快捷方式,然后将该快捷方式图标复制到"考试"文件夹。

(8)查找所有名为"WIN *. EXE"且字节数大于或等于 200 KB 的文件,将所找的第一个文件复制到"考试"文件夹。

(9)将 kk4. txt 还原。

(10)最后将在 c 盘和 d 盘新建的文件夹和文件复制到你的 U 盘。

3.2 字处理软件 Word 2010 测试

测试题 1

(摘自 2012 年 9 月全国计算机等级考试一级 MS Office 考试试卷)

对 cs1. docx 文档中的文字按如下具体要求进行编辑、排版,最后以"csz1. docx"为文件名保存于桌面上。

【文档开始】

索引的概念和索引表的类型定义

索引查找(Index Search)又称分级查找。它在日常生活中有广泛的应用。例如,要在《数据结构》一书中查找"二叉树"的相关内容,可先在目录中查找对应章节的页码,然后再到该页码的正文是教材的主要内容,被称为主表;目录是为了便于查找主表而建立的索引,被称为索引表。索引表可以有多级。

在计算机中为索引查找而建立的主表和各级索引表的级数和数量不受限制,可根据具体需要确定。例如,一个学校的教师登记表如下表所示,此表可看做按记录前后位置顺序排列的线性表,若以每个记录的"职工号"作为关键词,则线性表(假定用 LA 表示)可简记为 LA = (JS001,JS002,JS003,JS004,DZ001,DZ002,DZ003,JJ001,JJ002,HG001,HG002,HG003)。

职工登记表

职工号 姓名 单位 职称 工资

JS001 王大明 计算机 教授 680

JS002 吴进 计算机 讲师 440

JS003 刑怀学 计算机 讲师 460

DZ001 赵利 电子 助教 360

DZ002 刘平 电子 讲师 480

DZ003 张卫 电子 副教授 600

JJ001 安晓军 机械 讲师 450

JJ002 赵京军 机械 讲师 440
HG001 孙亮 化工 教授 720
HG002 陆新 化工 副教授 580
HG003 王方 化工 助教 400
【文档结束】

(1)将标题段文字(索引的概念和索引表的类型定义)设置为楷体四号红色字,绿色边框,黄色底纹,居中。

(2)设置正文各段落文字“索引查找(Index Search)……HG001,HG002,HG003)”右缩进1字符,行距为1.2倍;各段落首行缩进2字符;将正文第一段(索引查找(Index Search)……索引表可以有很多级。)分三栏(栏宽相等),首字下沉2行。

(3)设置页眉文字为“第7章查找”,字体大小为小五号字。

(4)将文中后12行文字转换为一个12行5列的表格。设置表格居中,表格第1~4列列宽为2厘米,第5列列宽为1.5厘米,行高为0.8厘米,表格中所有文字全部居中。

(5)删除表格的第8,9两行,排序依据为“工资”列(主要关键字),“数字”类型降序对表格进行排序,设置表格所有框线为1磅红色单实线。

最终效果如图T.2所示。

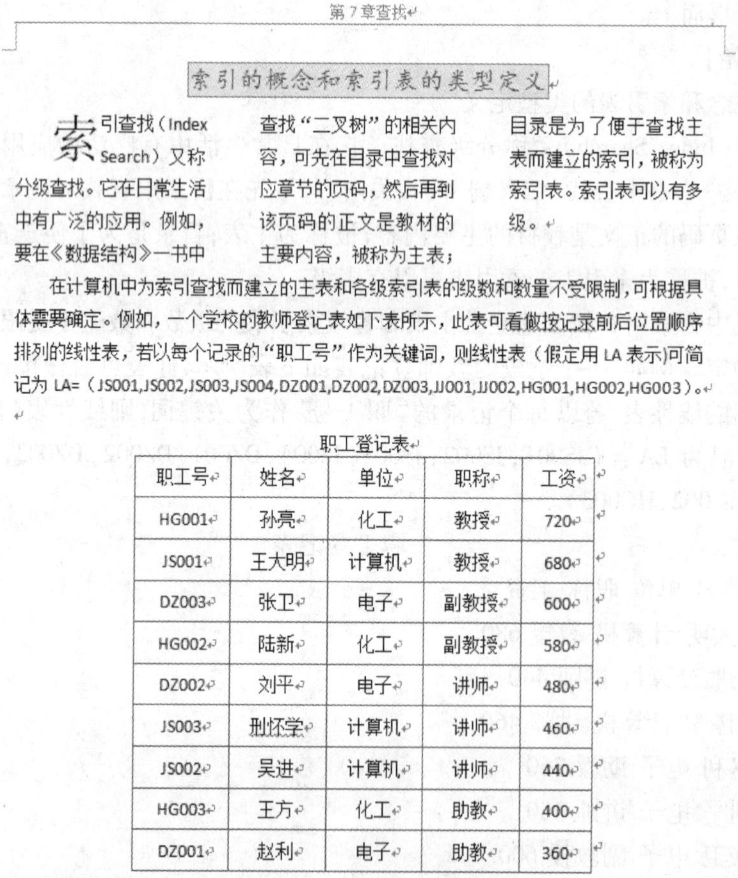

第7章查找

索引的概念和索引表的类型定义

索引查找(Index Search)又称分级查找。它在日常生活中有广泛的应用。例如,要在《数据结构》一书中查找“二叉树”的相关内容,可先在目录中查找对应章节的页码,然后再到该页码的正文是教材的主要内容,被称为主表;目录是为了便于查找主表而建立的索引,被称为索引表。索引表可以有多级。

在计算机中为索引查找而建立的主表和各级索引表的级数和数量不受限制,可根据具体需要确定。例如,一个学校的教师登记表如下表所示,此表可看做按记录前后位置顺序排列的线性表,若以每个记录的“职工号”作为关键词,则线性表(假定用LA表示)可简记为LA=(JS001,JS002,JS003,JS004,DZ001,DZ002,DZ003,JJ001,JJ002,HG001,HG002,HG003)。

职工登记表

职工号	姓名	单位	职称	工资
HG001	孙亮	化工	教授	720
JS001	王大明	计算机	教授	680
DZ003	张卫	电子	副教授	600
HG002	陆新	化工	副教授	580
DZ002	刘平	电子	讲师	480
JS003	刑怀学	计算机	讲师	460
JS002	吴进	计算机	讲师	440
HG003	王方	化工	助教	400
DZ001	赵利	电子	助教	360

图T.2　csz1文件效果

测试题2

(摘自2009年9月全国计算机等级考试一级MS Office考试试卷)

对cs2.docx文档中的文字按如下具体要求进行编辑、排版,最后以“csz2.docx”为文件名保存于桌面上。

【文档开始】

新型硬盘借口—串行ATA及UltraATA133

随着硬盘容量和速度的飞速增加,硬盘借口也经历了很多次革命行的改变,从最早的PIO模式到今天的串行ATA及UtraATA133,传输速率已经翻了几十倍。

随着硬盘内部率逐渐上升,外部借口也必须提高传输速率才不至于成为数据传输时的瓶颈,在这种环境下,串行ATA及UltraATA133规范诞生了。

串行ATA规范是计算机行业工作组制定的,它采用与并行ATA借口相同的传输协议,但硬件借口则不同,串行ATA肌借口的电压更低,而且数据线也更少。

ULtraATA133是Maxtor公司提出的,是UltraATA100的后续规范,但它兵没有得到ATA官方组织T13的正式认可,所以严格说来,UltraATA133应该算是企业规范而并非行业规范,或许直接叫它Fast Drives更为妥当。

由于串行ATA并不能向下兼容并行ATA设备,所以从并行ATA全面过渡到串行ATA要相当长的一段时间,在这期间,硬盘的发展速度不可能因此而停下来。而UltraATA133作为这一过渡期的折中解决方法,很可能成为最后一种并行ATA借口规范。

UltraATA借口规格一览表

UltraATA借口　UDMA模式　时钟频率　数据传输率　数据连接

UltraATA33 mode0 8.33MHz(120ns) 16.66MB/s 40针40线

mode1 6.67MHz(150ns) 26.66MB/s 40针40线

mode2 8.33MHz(120ns) 33.33MB/s 40针40线

UltraATA66 mode3 11.1MHz(90ns) 44.44MB/s 40针80线

mode4 16.67MHz(60ns) 66.66MB/s 40针80线

UltraATA100 mode5 25MHz(400ns) 100MB/s 40针80线

UltraATA133 mode6 33.33MHz(30ns) 133.3MB/s 40针80线

【文档结束】

(1)将文中所有错词“借口”替换为“接口”。

(2)将标题段文字(新型硬盘接口—串行ATA及UltraATA133)中的中文设置为16磅蓝色宋体,西文使用中文字体,倾斜、居中,并添加红色阴影边框。

(3)将正文各段文字(随着硬盘容量……并行ATA借口规范。)中的中文文字设置为10.5磅宋体,英文文字设置为10.5磅Arial字体,各段落首行缩进2字符。

(4)将文中后8行文字装换成一个8行5列的表格,将表格中第1列的第2~4行单元格合并,第5~6行单元格合并。

(5)设置表格列宽为 2.6 厘米,表格居中;设置表格中所有文字水平居中;为表格添加“白色 背景 1 深色 15%”的底纹。

最终效果如图 T.3 所示。

新型硬盘接口—串行 ATA 及 UltraATA133

随着硬盘容量和速度的飞速增加，硬盘接口也经历了很多次革命行的改变，从最早的 PIO 模式到今天的串行 ATA 及 UltraATA133,传输速率已经翻了几十倍。

随着硬盘内部率逐渐上升,外部接口也必须提高传输速率才不至于成为数据传输时的瓶颈，在这种环境下，串行 ATA 及 UltraATA133 规范诞生了。

串行 ATA 规范是计算机行业工作组制定的，它采用与并行 ATA 接口相同的传输协议，但硬件接口则不同，串行 ATA 肌接口的电压更低，而且数据线也更少。

ULtraATA133 是 Maxtor 公司提出的，是 UltraATA100 的后续规范，但它乓没有得到 ATA 官方组织 T13 的正式认可，所以严格说来，UltraATA133 应该算是企业规范而并非行业规范，

或许直接叫它 Fast Drives 更为妥当。

由于串行 ATA 并不能向下兼容并行 ATA 设备，所以从并行 ATA 全面过渡到串行 ATA 要相当长的一段时间，在这期间，硬盘的发展速度不可能因此而停下来。而 UltraATA133 作为这一过渡期的折中解决方法，很可能成为最后一种并行 ATA 接口规范。

UltraATA 接口规格一览表

UltraATA 接口	UDMA 模式	时钟频率	数据传输率	数据连接
UltraATA33	mode0	8.33MHz(120ns)	16.66MB/s	40 针 40 线
	mode1	6.67MHz(150ns)	26.66MB/s	40 针 40 线
	mode2	8.33MHz(120ns)	33.33MB/s	40 针 40 线
UltraATA66	mode3	11.1MHz(90ns)	44.44MB/s	40 针 80 线
	mode4	16.67MHz(60ns)	66.66MB/s	40 针 80 线
UltraATA100	mode5	25MHz(400ns)	100MB/s	40 针 80 线
UltraATA133	mode6	33.33MHz(30ns)	133.3MB/s	40 针 80 线

图 T.3　csz2 文件效果

测试题 3

(摘自 2006 年 3 月全国计算机等级考试一级 MS Office 考试试卷)

对 cs3. docx 文档中的文字按如下具体要求进行编辑、排版,最后以“csz3. docx”为文件名保存于桌面上。

【文档开始】

人民币汇率调整没有时间表

中国国家外汇管理局官员今日在参加博鳌亚洲论坛时表示,人民币汇率调整取决于诸多因素,动不动的问题现在还没有统一的结论,人民币汇率调整没有时间表。

这位官员承认,灵活的汇率制度对整个经济是有好处的。他认为,如果中国不能实现一个较为灵活的货币制度,要继续稳定经济就会有些困难,对于中国经济的发展势头

不利。

他同时表示,有关汇率调整至少应进行更多的研究工作,其中包括研究汇率改变之后对中国的邻居会有怎样的影响。同时,前来参加讨论的亚洲管理学院院长奥堪伯亦持相同看法。

他认为,一个武断的使人民币升值的决定并不是一件好事情,中国应继续审视,先进行金融部门的改革,而后考虑人民币升值。

2005 年 6 月 14 日人民币汇率表

货币名称　现汇买入价　现钞买入价　卖出价　基准价

美元　826.41 821.44 828.89 827.65

日元　7.542 0 7.485 3 7.579 8 7.648 6

欧元　1 001.24 992.71 1 004.24 1 000.80

港币　106.28 105.64 106.60 106.37

【文档结束】

(1)将标题段(人民币汇率调整没有时间表)文字设置为二号、华文彩云、加粗,文本效果设为“渐变填充-橙色,强调文字颜色 6,内部阴影”,居中,并添加蓝色粗波浪下划线。

(2)将正文第一段(中国国家外汇管理局……没有时间表)设置为悬挂缩进 2 字符,段后间距 0.3 行。

(3)为正文第 2 段、第 3 段(这位官员承认……持同样看法。)添加项目符号“◆”;将正文第 4 段(他认为……考虑人民币升值。)分为带分隔线的等宽两栏,栏间距 2 字符。

(4)将文中最后 5 行文字转换为一个 5 行 5 列的表格,设置表格居中,表格列宽为 2.2 厘米,行高为 0.6 厘米,表格中所有文字水平居中。

(5)设置表格所有框线为 1 磅蓝色单实线,按“货币名称”列根据“拼音”升序排列表格内容。

最终效果如图 T.4 所示。

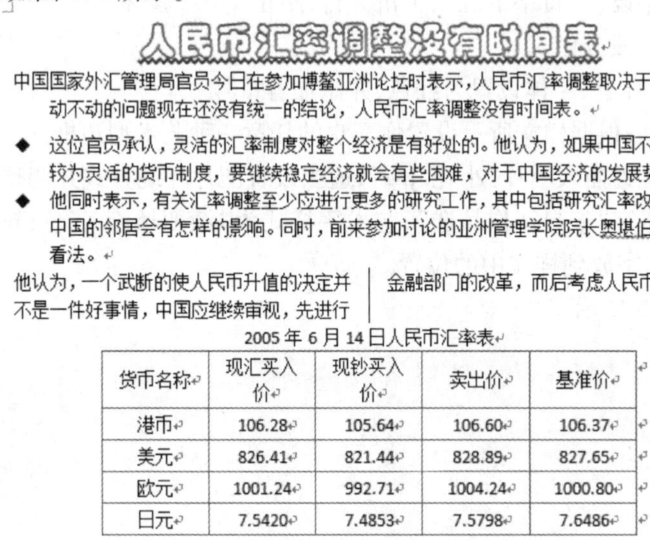

人民币汇率调整没有时间表

中国国家外汇管理局官员今日在参加博鳌亚洲论坛时表示,人民币汇率调整取决于诸多因素,动不动的问题现在还没有统一的结论,人民币汇率调整没有时间表。

◆ 这位官员承认,灵活的汇率制度对整个经济是有好处的。他认为,如果中国不能实现一较为灵活的货币制度,要继续稳定经济就会有些困难,对于中国经济的发展势头不利。

◆ 他同时表示,有关汇率调整至少应进行更多的研究工作,其中包括研究汇率改变之后对中国的邻居会有怎样的影响。同时,前来参加讨论的亚洲管理学院院长奥堪伯亦持相同看法。

他认为,一个武断的使人民币升值的决定并不是一件好事情,中国应继续审视,先进行金融部门的改革,而后考虑人民币升值。

2005 年 6 月 14 日人民币汇率表

货币名称	现汇买入价	现钞买入价	卖出价	基准价
港币	106.28	105.64	106.60	106.37
美元	826.41	821.44	828.89	827.65
欧元	1001.24	992.71	1004.24	1000.80
日元	7.5420	7.4853	7.5798	7.6486

图 T.4　csz4 文件效果

测试题4

打开 cs4. docx,对该文档进行下列操作:

(1)选定全文设首行缩进为2字符。行间距为18磅,其他不变。

(2)将“第一部分　有关法律法规”应用标题1,将“中华人民共和国会计法”应用标题2,将“第一章　总　则”应用标题3。

(3)修改“标题1”的格式为:对齐方式为水平居中;字体为微软雅黑;字号为小二;段落间距为段前1行,段后1行。修改“标题2”的格式为:对齐方式为水平居中;字体为宋体;字号为小三;段落间距为段前0.5行,段后0.5行。修改“标题3”的格式为:对齐方式为水平居中;字号为小四;段落间距同“标题2”。

(4)将相应的标题格式应用到文中对应的相关大小标题。

(5)在每一部分之后插入分节符。给每一节插入页码(位置:页面底端,对齐方式:外侧)。

(6)进行页面设置,A4的纸,左边距为2.5厘米,右、上、下边距均为2厘米,预览。

(7)在文档前面制作目录,将目录部分重新设置起始页码,并将部分的页眉设为“目录”。

测试题5

对文章《匆匆》进行如下设置:

(1)将标题字体设置为隶书、黄色、小初号字、居中,间距为段后1行。

(2)将第2行“现代著名作家朱自清”字体设置为黑色、小三号字,居右,右缩进1厘米,间距段后0.5行。

(3)将正文字体设置为楷体,第1段深蓝色,第2,3段蓝色,第4,5段绿色,字号小四号,行距22磅,首行缩进2个字符。

(4)为第一段文字设置“首字下沉”,下沉2行,距正文0.2厘米。

(5)为正文第4,5 段分栏。

(6)将正文中的“日子”字体设置为红色,并添加着重号。

(7)设置页面边框,根据样文所示设置你喜欢的任意一种艺术型边框。

(8)在样文所示位置插入图片“小花. jpg”,适当设置图片环绕方式并调整图片大小。

(9)插入竖排艺术字“朱自清作品选”,艺术字样式为“渐变填充-蓝色;轮廓-白色”,设置文字大小,并将艺术字放到样文中的位置。

最终效果如图T.5所示。

匆匆

现代著名作家朱自清

朱自清作品选

燕子去了，有再来的时候；杨柳枯了，有再青的时候；桃花谢了，有再开的时候。但是，聪明的，你告诉我，我们的日子为什么一去不复返呢？——是有人偷了他们罢：那是谁？又藏在何处呢？是他们自己逃走了：现在又到了哪里呢？

我不知道他们给了我多少日子；但我的手确乎是渐渐空虚了。在默默里算着，八千多日子已经从我手中溜去；象针尖上一滴水滴在大海里，我的日子滴在时间的流里，没有声音也没有影子。我不禁头涔涔而泪潸潸了。

去的尽管去了，来的尽管来着，去来的中间，又怎样的匆匆呢？早上我起来的时候，小屋里射进两三方斜斜的太阳。太阳他有脚啊，轻轻悄悄地挪移了；我也茫茫然跟着旋转。于是——洗手的时候，日子从水盆里过去；吃饭的时候，日子从饭碗里过去；默默时，便从凝然的双眼前过去。我觉察他去的匆匆了，伸出手遮挽时，他又从遮挽着的手边过去，天黑时，我躺在床上，他便伶伶俐俐地从我身边跨过，从我脚边飞去了。等我睁开眼和太阳再见，这算又溜走了一日。我掩着面叹息。但是新来的日子的影儿又开始在叹息里闪过了。

在逃去如飞的日子里，在千门万户的世界里的我能做些什么呢？只有徘徊罢了，只有匆匆罢了；在八千多日的匆匆里，除徘徊外，又剩些什么呢？过去的日子如轻烟却被微风吹散了，如薄雾，被初阳蒸融了；我留着些什么痕迹呢？我何曾留着象游丝样的痕迹呢？我赤裸裸来到这世界，转眼间也将赤裸裸地回去罢？但不能平的，为什么偏要白白走这一遭啊？

你聪明的，告诉我，我们的日子为什么一去不复返呢？

图 T.5 《匆匆》排版效果

3.3 电子表格软件 Excel 2010 测试

测试题 1

(1)输入如图 T.6 所示的工作表。

	A	B	C	D	E	F	G	H	I	J	K	L	M	N
1	2015年上半年南方集团公司员工销售情况一览表													
2	职工编号	姓名	分部门	1月	2月	3月	4月	5月	6月	上半年销售合计	奖金	上半年奖金	销售业绩	特别奖
3	9010	包宏伟	一部	6.2	8.9	4.6	3.7	6.3	9.4					
4	9001	陈万地	一部	9.1	9.5	17.3	8.1	9.4	13.9					
5	9011	张惠	二部	5.4	4.5	3.4	3.1	3.8	3.2					
6	9012	闫朝霞	二部	7.7	5.8	3.5	9.6	6.6	8.3					
7	9013	吉祥	一部	3.5	7.2	8	6.7	7.3	5					
8	9014	李燕	三部	5.7	6.2	6.9	6.7	3.1	4.4					
9	9002	李娜娜	二部	6.5	6.5	9.9	7.3	9.1	8.2					
10	9003	刘康锋	三部	7.7	9.5	7.1	6.5	10	9.3					
11	9004	刘鹏举	一部	9.2	9.4	9.8	9.5	5.9	4.8					
12	9005	齐飞扬	三部	5.2	7.3	6.1	6.8	3	7.6					
13	9006	孙玉敏	二部	4.5	7.9	6	5.1	4.9	8.4					
14	9059	王清华	一部	3.7	9.8	9.3	7.3	4.2	5.2					
15	9060	谢如康	三部	3.2	9.3	4.1	6	5.2	8.7					
16		平均值												
17		最高值												
18	注：表中销售数据单位为“万元”，奖金数据单位为“元”													

图 T.6　公司员工销售情况

(2)利用公式计算表中空白单元的值。部分空白单元的计算标准如下：

①“销售业绩”的评定标准为:“上半年销售合计”值在 60 万元以上(含 60 万元)者为“优异”,在 48 ~ 60 万元(含 48 万元)者为“优秀”,在 36 ~ 48 万元(含 36 万元)者为“良好”,在 24 ~ 36 万元(含 24 万元)者为“合格”,24 万元以下者为“不合格”。

②“奖金”的计算标准为:“销售业绩”优异者的奖金值为 20 000 元,优秀者的奖金值为 10 000 元,良好者的奖金值为 6 000 元,合格者的奖金值为 2 000 元,不合格者没有奖金。

③“特别奖”的发放标准为:“上半年销售合计”值最高的销售人员(可能不唯一)奖励 5 000 元,其余人员不奖励。

④“上半年奖金”值为“奖金”与“特别奖”之和。

(3)按图 T.6 所示格式设置表格的框线及字符对齐形式。

(4)将表中的数值设置为小数,且保留一位小数。

(5)将表标题设置为隶书、22 号,其余文字与数值均设置为仿宋体、12 号。

(6)将表中销售额在 8.5 万元以上的数值显示为红色,同时将月销售额在 4 万元以下的数值显示为蓝色。

(7)将表中“销售业绩”与“特别奖”两列交换位置。

(8)将“分部门”所在列的列宽调整为10,将每月销售额所在列的列宽调整为“最适合的列宽”。

(9)统计表中员工人数。

(10)图表操作:

①根据表中提供的数据,绘制如图 T.7 所示的簇状柱形图。

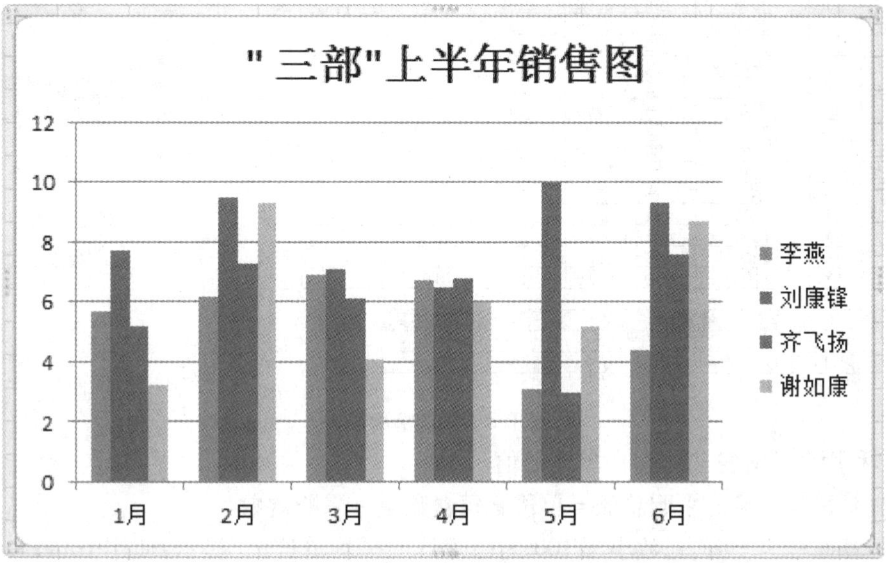

图 T.7 图表效果

②移动数据系列的位置,将“谢如康”移到“李艳”与“刘康峰”之间。

③删除图表中的“齐飞扬”数据系列。

④在图表中显示“谢如康”数据系列的值。

⑤将图表标题格式设为楷体、14 号。

⑥为图标增加分类轴标题“月份”,数值轴标题“销售额(单位:万元)”。

⑦设置图表区的图案填充效果为“红黄双色”,且有角部辐射。

⑧将绘制的嵌入式图表转换为独立式图表。

⑨绘制所有员工 3 月份销售额的饼形图。

(11)数据统计与分析:

①将表中记录按“上半年销售合计”升序排列。

②统计各“分部门”上半年的销售合计值,且顺序为“一部”、“二部”和“三部”。

③显示“上半年销售合计”值在 40 万元以上(含 40 万元)的记录。

④显示分部门为“一部”,且“上半年销售合计”值在 40 万元以上的记录。

测试题 2

(1)输入如图 T.8 所示的工作表。

	A	B	C	D	E	F	G	H
1	采购情况表							
2	产品	瓦数	寿命(小时)	商标	单价	每盒数量	采购盒数	采购总额
3	白炽灯	200	3000	上海	4.50	4	3	
4	氖管	100	2000	上海	2.00	15	2	
5	日光灯	60	3000	上海	2.00	10	5	
6	其他	10	8000	北京	0.80	25	6	
7	白炽灯	80	1000	上海	0.20	40	3	
8	日光灯	100	未知	上海	1.25	10	4	
9	日光灯	200	3000	上海	2.50	15	0	
10	其他	25	未知	北京	0.50	10	3	
11	白炽灯	200	3000	北京	5.00	3	2	
12	氖管	100	2000	北京	1.80	20	5	
13	白炽灯	100	未知	北京	0.25	10	5	
14	白炽灯	10	800	上海	0.20	25	2	
15	白炽灯	60	1000	北京	0.15	25	0	
16	白炽灯	80	1000	北京	0.20	30	2	
17	白炽灯	100	2000	上海	0.80	10	5	
18	白炽灯	40	1000	上海	0.10	20	5	
19								
20	情况						计算结果	
21	商标为上海,瓦数小于100的白炽灯的平均单价:							
22	产品为白炽灯,其瓦数大于等于80且小于等于100的品种数:							

J	K	L
条件区域1:		
商标	产品	瓦数
上海	白炽灯	<100

J	K	L
条件区域2:		
产品	瓦数	瓦数
白炽灯	>=80	<=100

图 T.8　采购情况表

(2)利用公式计算表中空白单元的值。

①计算采购总额。采购总额 = 单价 * 每盒数量 * 采购盒数。

②计算商标为上海,瓦数小于 100 的白炽灯的平均单价。(提示:使用 DAVERAGE 函数)

③计算产品为白炽灯,其瓦数大于等于 80 且小于等于 100 的品种数。(提示:使用 DCOUNT 函数)

(3)将表中产品单价在 3 元以上的显示为红色,1 元以下的显示为蓝色。

(4)将表中数据复制到 sheet2 中并进行排序,要求先按商标排序,商标相同再按采购总额降序排列。

(5)将表中数据复制到 sheet3 工作表中,进行高级筛选,筛选条件是"产品为白炽灯,商标为上海",筛选结果存储在 sheet3 中。

(6)在 sheet4 工作表中建立数据透视表,要求显示不同商标的不同产品的采购数量,行区域设置为"产品",列区域设置为"商标",计数项为"采购盒数",效果如图 T.9 所示。

计数项:采购盒数	列标签		
行标签	北京	上海	总计
白炽灯	4	5	9
氖管	1	1	2
其他	2		2
日光灯		3	3
总计	**7**	**9**	**16**

图 T.9　数据透视表样图

(7)在 sheet5 工作表中建立数据透视图,要求显示不同商标的不同产品的采购数量总计,行区域设置为"产品",列区域设置为"商标",求和项为"采购盒数",效果如图 T.10 所示。

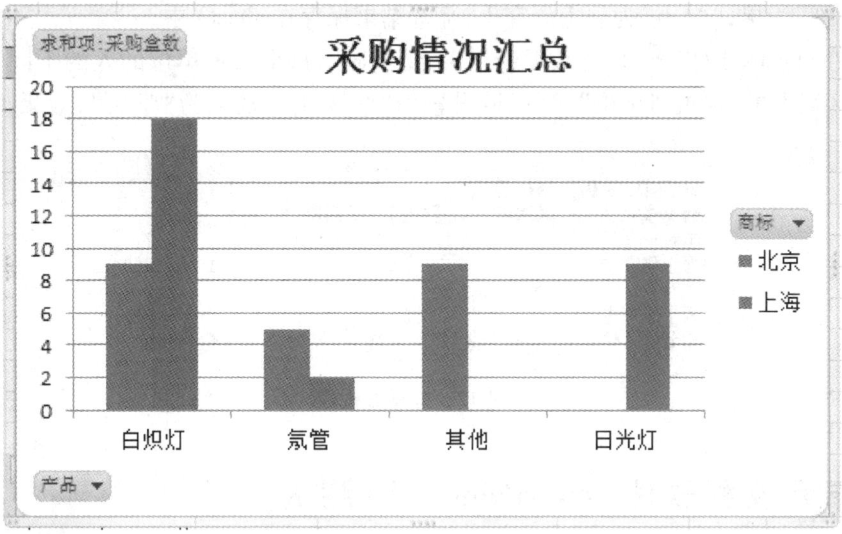

图 T.10　数据透视图

测试题 3

(1)输入如图 T.11 所示的工作表。

	A	B	C	D	E	F	G	H	I	J	K	L	M	N	O
1	公务员考试成绩表														
2	报考单位	报考职位	准考证号	姓名	性别	出生年月	年龄	学历	学位	笔试成绩	笔试成绩比例分	面试成绩	面试成绩比例分	总成绩	排名
3	市高院	法官(刑事)	050008502132	董江波	女	1973/03/07		博士研究生		154.00		68.75			
4	区法院	法官(刑事)	050008505460	傅珊珊	男	1973/07/15		本科		136.00		90.00			
5	一中院	法官(刑事)	050008501144	谷金力	女	1971/12/04		博士研究生		134.00		89.75			
6	市高院	法官(刑事)	050008503756	何再前	女	1969/05/04		本科		142.00		76.00			
7	市高院	法官(民事、行政)	050008502813	何宗文	男	1974/08/12		大专		148.50		75.75			
8	三中院	法官(民事、行政)	050008503258	胡孙权	男	1980/07/28		本科		147.00		89.75			
9	市高院	法官(民事、行政)	050008500383	黄威	男	1979/09/04		硕士研究生		134.50		76.75			
10	区法院	法官(民事、行政)	050008502550	黄芯	男	1979/07/16		本科		144.00		89.50			
11	市高院	法官(民事、行政)	050008504650	贾丽娜	男	1973/11/04		硕士研究生		143.00		78.00			
12	三中院	法官(民事、行政)	050008501073	简红强	男	1972/12/11		本科		143.00		90.25			
13	一中院	法官(刑事、男)	050008502309	郎怀民	男	1970/07/30		硕士研究生		134.00		86.50			
14	一中院	法官(民事、男)	050008501663	李小珍	男	1979/02/16		硕士研究生		153.50		90.67			
15	一中院	法官(民事、男)	050008504259	项文双	男	1972/10/31		硕士研究生		133.50		85.00			
16	三中院	法官	050008500508	肖凌云	男	1972/06/07		本科		128.00		67.50			
17	区法院	法官(男)	050008505099	肖伟国	男	1974/04/14		大专		117.50		78.00			
18	区法院	法官(民事)	050008503790	谢立红	男	1977/03/04		本科		131.50		58.17			

图 T.11　公务员考试成绩表

(2)利用公式计算表中空白单元的值进行如下操作:

①使用日期函数根据“出生年月”计算年龄。

②使用 IF 函数根据“学历”完成学位列的计算。计算方法为:博士研究生—博士,硕士研究生—硕士,本科—学士,其他—无。

③计算“笔试成绩比例分”。计算方法为:笔试成绩比例分 = 笔试成绩/2 * 60% 。

④计算“面试成绩比例分”。计算方法为:面试成绩比例分 = 面试成绩 * 40% 。

⑤计算“总成绩”。计算方法为:总成绩 = 笔试成绩比例分 + 面试成绩比例分。

⑥使用 RANK 函数计算排名。

(3)将表中数据复制到 sheet2 中并进行排序,要求按总成绩降序排列。

(4)将表中数据复制到 sheet3 工作表中,进行高级筛选,筛选条件是“报考单位”为一中院,“性别”为男,“学历”为硕士研究生,筛选结果保存在 sheet3 中。

(5)在 sheet4 工作表中建立数据透视表,要求显示每个报考单位的人的不同学历的总人数,行区域设置为“报考单位”,列区域设置为“学历”,计数项为“学历”,效果如图 T.12 所示。

计数项:学历	列标签				
行标签	区法院	三中院	市高院	一中院	总计
本科	3	3	1		7
博士研究生			1	1	2
大专	1		1		2
硕士研究生			2	3	5
总计	4	3	5	4	16

图 T.12　数据透视表

3.4　演示文稿软件 PowerPoint 2010 测试

测试题 1

打开 PowerPoint 2010,建立一个空演示文稿,并进行如下操作:

(1)第 1 张幻灯片标题为“教学内容”;副标题有 3 项,分别为:“3.1 Word 2010 基本操作”、“3.2 文档排版”、“3.3 图文混排”。

(2)插入一张幻灯片,版式为“标题和内容”;标题为“3.1 Word 2010 基本操作”;文本为“Word 2010 主界面如下:”;内容为一张 Word 2010 的主界面图片;调整好文本与内容的大小与距离。

(3)在第 1 张幻灯片之前插入一张幻灯片,版式为“标题”;标题为“第 3 章 字处理软件 Word 2010”。

(4)在第 3 张幻灯片之后插入一张幻灯片,版式为“两栏内容”,标题为“3.2 文档排版”。插入一张搜索关键字为“车”的剪贴画;文本为两项,分别是“在 Word 中插入剪贴画”和“将剪贴画缩放 150%”。

(5)格式化第 2 张幻灯片。应用主题“暗香扑面”;标题字体设为华文新魏、54 号;副标题内容左对齐,字体为楷体、加粗。

(6)为第 2 张幻灯片中的“3.1 Word 2010 基本操作”内容设置超链接,链接到本文档的第 3 张幻灯片;为“3.2 文档排版”设置超链接,链接到本文档的第 4 张幻灯片。

(7)格式化第 4 张幻灯片。格式化背景,填充效果为“粉色面巾纸”;标题字体加粗;剪贴画缩放 150%;修改文本的项目符号的样式,文本字体设置为隶书、32 号。

(8)通过幻灯片母版,为每张幻灯片插入日期(自动更新)及幻灯片编号,页脚“Office 软件”。

(9)为第 4 张幻灯片添加动画,文本添加“形状进入”效果,速度为非常快;剪贴画为随机线条进入效果。

(10)所有幻灯片切换效果为:推进、持续时间为 0.2 s、声音为风铃。

(11)保存文稿,命名为“第 3 章”,并观看放映效果。

测试题 2

随着现代教育技术的提高，越来越多的教师开始使用现代信息技术手段来进行教学活动，其中应用最多的就是使用教学课件。最近，中学的地理老师要制作一个课件，用来演示地球绕太阳公转运动的效果。幻灯片示例如图 T. 13 所示。参照示例完成幻灯片的制作。

地球公转

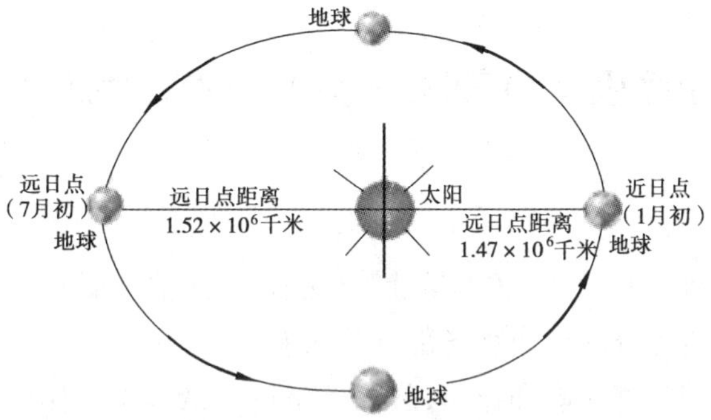

图 T. 13　地球公转幻灯片样图

测试题 3

利用 PowerPoint 制作一份“个人简历”，具体要求如下：

（1）文稿长度不少于 6 张幻灯片（含封面）。

（2）设计一个较美观的首页封面。

（3）要求简历内容包括：个人小档案（姓名、性别、年龄、政治面貌等）、学习经历、专业特长、就业意向等。

（4）尽可能地利用文稿演示软件的各种功能优化设计效果，如幻灯片的切换方式、自定义动画、超级链接、动作按钮等。

测试题 4

李青是荆州小学的老师，负责对低年级学生进行培训，其 PowerPoint 演示文稿的制作水平广受好评。最近，她应学校少先队的邀请，制作一份宣传水知识及节水工作重要性的演示文稿。提供的文字资料及素材参见“水资源利用与节水. docx”，制作要求如下：

（1）标题页包含演示主题、制作单位（荆州小学少先队）和日期（2015 年 5 月 30 日）。

（2）演示文稿须指定一个主题，幻灯片不少于 15 页，且版式不少于 3 种。

（3）演示文稿中除文字外要有 2 张以上的图片，并有 2 个以上的超链接进行幻灯片之间的跳转。

（4）动画效果要丰富，幻灯片切换效果要多样。

（5）演示文稿播放的全程需要有背景音乐。

（6）将制作完成的演示文稿以“水资源利用与节水. pptx”为文件名进行保存。

附　录

附录 1　全国计算机等级考试一级 MS Office 考试大纲(2013 年版)

基本要求

1. 具有微型计算机的基础知识(包括计算机病毒的防治常识)。

2. 了解微型计算机系统的组成和各部分的功能。

3. 了解操作系统的基本功能和作用,掌握 Windows 的基本操作和应用。

4. 了解文字处理的基本知识,熟练掌握文字处理 MS Word 的基本操作和应用,熟练掌握一种汉字(键盘)输入方法。

5. 了解电子表格软件的基本知识,掌握电子表格软件 Excel 的基本操作和应用。

6. 了解多媒体演示软件的基本知识,掌握演示文稿制作软件 PowerPoint 的基本操作和应用。

7. 了解计算机网络的基本概念和因特网(Internet)的初步知识,掌握 IE 浏览器软件和 Outlook Express 软件的基本操作和使用。

考试内容

一、计算机基础知识

1. 计算机的发展、类型及其应用领域。

2. 计算机中数据的表示、存储与处理。

3. 多媒体技术的概念与应用。

4. 计算机病毒的概念、特征、分类与防治。

5. 计算机网络的概念、组成和分类;计算机与网络信息安全的概念和防控。

6. 因特网网络服务的概念、原理和应用。

二、操作系统的功能和使用

1. 计算机软、硬件系统的组成及主要技术指标。

2. 操作系统的基本概念、功能、组成及分类。

3. Windows 操作系统的基本概念和常用术语,文件、文件夹、库等。

4. Windows 操作系统的基本操作和应用:

(1)桌面外观的设置,基本的网络配置。

(2)熟练掌握资源管理器的操作与应用。

(3)掌握文件、磁盘、显示属性的查看、设置等操作。

(4)中文输入法的安装、删除和选用。

(5)掌握检索文件、查询程序的方法。

(6)了解软、硬件的基本系统工具。

三、文字处理软件的功能和使用

1. Word 的基本概念,Word 的基本功能和运行环境,Word 的启动和退出。

2. 文档的创建、打开、输入、保存等基本操作。

3. 文本的选定、插入与删除、复制与移动、查找与替换等基本编辑技术;多窗口和多文档的编辑。

4. 字体格式设置、段落格式设置、文档页面设置、文档背景设置和文档分栏等基本排版技术。

5. 表格的创建、修改;表格的修饰;表格中数据的输入与编辑;数据的排序和计算。

6. 图形和图片的插入;图形的建立和编辑;文本框、艺术字的使用和编辑。

7. 文档的保护和打印。

四、电子表格软件的功能和使用

1. 电子表格的基本概念和基本功能,Excel 的基本功能、运行环境、启动和退出。

2. 工作簿和工作表的基本概念和基本操作,工作簿和工作表的建立、保存和退出;数据输入和编辑;工作表和单元格的选定、插入、删除、复制、移动;工作表的重命名和工作表窗口的拆分和冻结。

3. 工作表的格式化,包括设置单元格格式、设置列宽和行高、设置条件格式、使用样式、自动套用模式和使用模板等。

4. 单元格绝对地址和相对地址的概念,工作表中公式的输入和复制,常用函数的使用。

5. 图表的建立、编辑和修改以及修饰。

6. 数据清单的概念,数据清单的建立,数据清单内容的排序、筛选、分类汇总,数据合并,数据透视表的建立。

7. 工作表的页面设置、打印预览和打印,工作表中链接的建立。

8. 保护和隐藏工作簿和工作表。

五、PowerPoint 的功能和使用

1. 中文 PowerPoint 的功能、运行环境、启动和退出。

2. 演示文稿的创建、打开、关闭和保存。

3. 演示文稿视图的使用,幻灯片基本操作(版式、插入、移动、复制和删除)。

4. 幻灯片基本制作(文本、图片、艺术字、形状、表格等插入及其格式化)。

5. 演示文稿主题选用与幻灯片背景设置。

6. 演示文稿放映设计(动画设计、放映方式、切换效果)。

7. 演示文稿的打包和打印。

六、因特网(Internet)的初步知识和应用

1. 了解计算机网络的基本概念和因特网的基础知识,主要包括网络硬件和软件,TCP/IP 协议的工作原理,以及网络应用中常见的概念,如域名、IP 地址、DNS 服务等。

2. 能够熟练掌握浏览器、电子邮件的使用和操作。

考试方式

1. 采用无纸化考试,上机操作。考试时间为 90 分钟。

2. 软件环境:Windows 7 操作系统,Microsoft Office 2010 办公软件。

3. 在指定时间内,完成下列各项操作:

(1)选择题(计算机基础知识和网络的基本知识)。(20 分)

(2)Windows 操作系统的使用。(10 分)

(3)Word 操作。(25 分)

(4)Excel 操作。(20 分)

(5)PowerPoint 操作。(15 分)

(6)浏览器(IE)的简单使用和电子邮件收发。(10 分)

附录 2　计算机一级 MS Office 考试样题

一、选择题

1. 计算机硬件系统主要包括:中央处理器(CPU)、存储器和(　　)。

A. 显示器和键盘　　B. 打印机和键盘　　C. 显示器和鼠标　　D. 输入/输出设备

2. 一个汉字的国标码需用 2 字节存储,其每个字节的最高二进制位的值分别为(　　)。

A. 0,0　　B. 1,0　　C. 0,1　　D. 1,1

3. 若要将计算机与局域网连接,则至少需要具有的硬件是(　　)。

A. 集线器　　B. 网关　　C. 网卡　　D. 路由器

4. 运算器的功能是(　　)。

A. 进行逻辑运算　　B. 进行算术运算或逻辑运算

C. 进行算术运算　　D. 做初等函数的计算

5. 王码五笔字型输入法属于(　　)。

A. 音码输入法　　B. 形码输入法　　C. 音形结合的输入法　　D. 联想输入法

6. 如果删除一个非零无符号二进制偶整数后的 2 个 0,则此数的值为原数(　　)。

A. 4 倍　　B. 2 倍　　C. 1/2　　D. 1/4

7. 设任意一个十进制整数 D,转换成对应的无符号二进制整数为 B,那么就这两个数字的长度(即位数)而言,B 与 D 相比(　　)。

A. B 的数字位数一定小于 D 的数字位数

B. B 的数字位数一定大于 D 的数字位数

C. B 的数字位数小于或等于 D 的数字位数

D. B 的数字位数大于或等于 D 的数字位数

8. 一个汉字的内码和它的国标码之间的差是(　　)。

A. 2020H　　B. 4040H　　C. 8080H　　D. AOAOH

9. RAM 的特点是(　　)。

A. 海量存储器

B. 存储在其中的信息可以永久保存

C. 一旦断电,存储在其上的信息将全部消失,且无法恢复

D. 只用来存储中间数据

10. 当电源关闭后,下列关于存储器的说法中,正确的是(　　)。

A. 存储在 RAM 中的数据不会丢失　　B. 存储在 ROM 中的数据不会丢失

C. 存储在软盘中的数据会全部丢失　　D. 存储在硬盘中的数据会丢失

11. 下列叙述中,正确的是(　　)。

A. 内存中存放的是当前正在执行的程序和所需的数据

B. 内存中存放的是当前暂时不用的程序和数据

C. 外存中存放的是当前正在执行的程序和所需的数据

D. 内存中只能存放指令

12. 计算机系统软件中最核心的是(　　)。

A. 语言处理系统　　B. 操作系统　　C. 数据库管理系统　　D. 诊断程序

13. 传播计算机病毒的两大可能途径之一是(　　)。

A. 通过键盘输入数据时传入　　B. 通过电源线传播

C. 通过使用表面不清洁的光盘　　D. 通过 Internet 网络传播

14. 十进制整数 75 转换成无符号二进制整数是(　　)。

A. 01000111　　B. 01001011　　C. 01011101　　D. 01010001

15. 计算机网络的目标是实现(　　)。

A. 数据处理　　B. 文献检索　　C. 资源共享和信息传输　　D. 信息传输

16. 下列关于汉字编码的叙述中,错误的是(　　)。

A. BIG5 码是通行于香港和台湾地区的繁体汉字编码

B. 一个汉字的区位码就是它的国标码

C. 无论两个汉字的笔画数目相差多大,但它们的机内码的长度是相同的

D. 同一汉字用不同的输入法输入时,其输入码不同但机内码却是相同的

17. TCP 协议的主要功能是(　　)。

A. 对数据进行分组　　B. 确保数据的可靠传输

C. 确定数据传输路径　　D. 提高数据传输速度

18. 十进制数 101 转换成二进制数等于(　　)。

A. 1101011　　B. 1100101　　C. 1000101　　D. 1110001

19. 计算机技术中,下列的英文缩写和中文名字的对照中,正确的是(　　)。

A. CAD-计算机辅助制造　　B. CAM-计算机辅助教育

C. CIMs-计算机集成制造系统　　D. CAI-计算机辅助设计

20. 汉字的区位码是由一个汉字在国标码表中的行号(即区号)和列号(即位号)组成。正确的区号、位号的范围是(　　)。

A. 区号 1 ~95,位号 1 ~95　　B. 区号 1 ~94,位号 1 ~94

C. 区号 0 ~94,位号 0 ~94　　D. 区号 0 ~95,位号 0 ~95

二、Windows 操作系统的使用

21. 将考生文件夹下 BNPA 文件夹中的 RONGHE. COM 文件复制到考生文件夹下的 EDZK 文件夹中,文件名改为 SHAN. COM。

22. 搜索考生文件夹下的 HAP. TXT 文件,然后将其删除。

23. 为考生文件夹下 MPEG 文件夹中的 DEVAL. EXE 文件建立名为 KDEV 的快捷方式,并存放在考生文件夹下。

24. 搜索考生文件夹中的 FUNCWRI 文件,然后将其设置为"只读"属性。

25. 将考生文件夹下 PQNE 文件夹中的 PHEA. TMP 文件复制到考生文件夹下的 XDM 文件夹中,文件名为 AHF. TMP。

三、Word 操作

26. 在考生文件夹下打开文档 WORD. docx,按照要求完成下列操作并以该文件名(WORD. docx)保存文档。

【文档开始】

黄河将进行第 7 次调水调沙新华网济南 6 月 17 日电黄河本年度调水调沙将于 6 月 19 日进行,这将是自 2002 年以来黄河进行的第 7 次调水调沙。

据山东省黄河河务部门介绍,本次调水调沙历时约 12 天,比去年延长 2 天。花园口站及以下各主要控制站最大流量约每秒 3 900 立方米。此次调水调沙流量大、持续时间长、水流冲刷力强,对黄河防洪工程和滩区安全都是一次考验。

山东黄河河务局根据黄河防总要求,对调水调沙工作进行了全面部署。

黄河调水调沙就是通过水库进行人为控制,以水沙相协调的关系,对下游河道进行冲刷,最终减少下游河道淤积。自 2002 年开始的调水调沙,使黄河下游过流能力由不足每秒 2 000 立方米,提高到每秒 3 500 立方米以上。

黄河历次调水调沙泥沙入海量统计

年份	泥沙入海量(万吨)
2002	6 640
2003	12 070

续表

年份	泥沙入海量(万吨)
2004	6 071
2005	12 000
2006	6 011
2007	4 400

【文档结束】

(1)将标题段("黄河将进行第7次调水调沙")文字设置为小二号蓝色黑体,并添加红色双波浪线。

(2)将正文各段落("新华网济南……3 500 立方米以上。")文字设置为五号宋体,行距设置为18磅;设置正文第一段("新华网济南……第7次调水调沙。")首字下沉2行(距正文0.2厘米),其余各段落首行缩进2字符。

(3)在页面底端(页脚)居中位置插入页码,并设置起始页码为"Ⅲ"。

(4)将文中后7行文字转换为一个7行2列的表格;设置表格居中,表格列宽为4厘米,行高0.6厘米,表格中所有文字水平居中。

(5)设置表格所有框线为1磅蓝色单实线;在表格最后添加一行,并在"年份"列键入"总计",在"泥沙人海量(万吨)"列计算各年份的泥沙入海量总和。

四、Excel 操作

27. 完成下列操作:(1)打开工作簿文件 EXCEL. xlsx,将工作表 Sheet1 的 A1:D1 单元格合并为一个单元格,内容水平居中,计算"总计"行的内容,将工作表命名为"费用支出情况表"。

公司费用支出情况表(万元)			
年度	房屋	水电	人员工资
2011	17.3	15.63	34.36
2012	23.45	18.25	42.23
2013	26.4	22.17	46.78
总计			

(2)打开工作簿文件 EXC. xlsx,对工作表"选修课程成绩单"内的数据清单的内容进行分类汇总(提示:分类汇总前先按主要关键字"课程名称"升序排序),分类字段为"课程名称",汇总方式为"平均值",汇总项为"成绩",汇总结果显示在数据下方,将执行分类汇总后的工作表还保存在 EXC. xlsx 工作簿文件中,工作表名不变。

五、PowerPoint 操作

28. 打开考生文件夹下的演示文稿 yswg. pptx，按照下列要求完成对此文稿的修饰并保存。

北斗卫星导航系统
中国北斗卫星导航系统
• 中国北斗卫星导航系统（BeiDou Navigation Satellite System，BDS）是中国自行研制的全球卫星导航系统。
• 继美国全球定位系统（GPS）、俄罗斯格洛纳斯卫星导航系统（GLONASS）之后第三个成熟的卫星导航系统。
系统构成
• 北斗卫星导航系统由空间段计划由35颗卫星组成，包括5颗静止轨道卫星、27颗中地球轨道卫星、3颗倾斜同步轨道卫星。

（1）第 1 张幻灯片的主标题文字的字体设置为“黑体”，字号设置为 57 磅，加粗，加下划线。第 2 张幻灯片图片的动画设置为“切入”、“自底部”，文本动画设置为“擦除”、“自顶部”。第 3 张幻灯片的背景填充预设颜色为“茵茵绿原”，类型方向为“线性对角—左上到右下”。

（2）第二张幻灯片的动画出现顺序为先文本后图片。使用“复合”模板修饰全文。放映方式为“观众自行浏览”。

六、浏览器（IE）的简单使用和电子邮件收发

29. 某模拟网站的主页地址是：ITITP：//LOCALHOST：65531/Examweb/INDEx. HTM，打开此主页，浏览“航空知识”页面，查找“水轰 5（sH-5）”的页面内容，并将它以文本文件的格式保存到考生目录下，命名为“sh5hzj. txt”。